Records of
Ministry of Ecology and Environment
Press Conferences
2024

生态环境部新闻发布会实录

2024

生态环境部 编

中国环境出版集团·北京

本书编写组

组　长：郭　芳

副组长：裴晓菲　赵　莹

成　员：杨立群　董入雷　郭琳琳
王昆婷　方琬夷　杨　沛
姚　瑶　轩瑞雪

前言

2024年，生态环境部持续深入推进新闻发布工作，通过权威准确传递生态环境保护的政策措施、工作情况和进展成效，深入宣传习近平生态文明思想、党的二十届三中全会精神和全国生态环境保护大会精神，及时答疑释惑，增进公众对我国生态文明建设和生态环境保护事业的理解，动员全社会共同参与美丽中国建设。

在过去的一年里，生态环境部孙金龙书记接受了党的二十届三中全会精神解读“权威访谈”，黄润秋部长出席了全国两会“部长通道”采访活动；黄润秋部长、赵英民副部长、郭芳副部长、董保同副部长共同出席了“推动高质量发展”系列主题新闻发布会；赵英民副部长出席了《碳排放权交易管理暂行条例》国务院政策例行吹风会；郭芳副部长出席了《中国的海洋生态环境保护》白皮书新闻发布会。

与此同时，生态环境部还举办了10场例行新闻发布会，通报重点工作，回应热点问题，分别围绕美丽中国建设、生态环境科技、海洋生态环境保护与执法监管、生物多样性保护和生态保护监管、突发环境事件应急处置、土壤和农业农村生态环境保护、美丽河湖保护与建设、固体废物与化学品环境管理、应对气候变化、生态环境执法等主题，介绍相关工作。

本书对以上新闻发布会内容进行了集纳和整理，共分为三部分，第一部分收录了生态环境部孙金龙书记接受党的二十届三中全会精神解读“权威访谈”实录，黄润秋部长出席全国两会“部长通道”采访活动实录，黄润秋部长、赵英民副部长、郭芳副部长、董保同副部长出席国新办“推动高质量发展”系列主题新闻发布会实录；第二部分收录了赵英民副部长出席《碳排放权交易管理暂行条例》国务院政策例行吹风会摘录、郭芳副部长出席《中国的海洋生态环境保护》白皮书新闻发布会摘录；第三部分收录了生态环境部全年10场例行新闻发布会实录。

希望本书能够对生态环境保护工作者、生态环境新闻工作者以及关心支持生态环境保护工作的社会各界读者有所借鉴。

由于编者水平有限，不妥之处，敬请批评指正。

本书编写组

2025年1月

目录

全国两会及重大主题新闻发布活动实录

国新办新闻发布会实录

例行新闻发布会实录

全国两会及重大主题新闻发布活动实录

QUANGUO LIANGHUI JI
ZHONGDA ZHUTI
XINWEN FABU HUODONG
SHILU

党的二十届三中全会精神解读“权威访谈”实录

2024年8月10日

生态环境部党组书记孙金龙

中国式现代化是人与自然和谐共生的现代化。党的二十届三中全会审议通过的《中共中央关于进一步全面深化改革 推进中国式现代化的决定》（以下简称《决定》）提出："聚焦建设美丽中国，加快经济社会发展全面绿色转型，健全生态环境治理体系，推进生态优先、节约集约、绿色低碳发展，促进人与自然和谐共生。"为深入学习贯彻党的二十届三中全会精神，《人民日报》记者、新华社记者、中央广播电视总台记者采访了生态环境部党组书记孙金龙。

记者：《决定》提出"深化生态文明体制改革"，这一战略部署具有什么样的重要意义？

孙金龙：《决定》明确将"聚焦建设美丽中国，加快经济社会发展全面绿色转型，健全生态环境治理体系，推进生态优先、节约集约、绿色低碳发展，促进人与自然和谐共生"作为进一步全面深化改革总目标的重要方面，同时用专章对深化生态文明体制改革作出重大部署，充分体现了以习近平同志为核心的党中央对生态文明建设的高度重视和战略谋划，为新时代新征程深化生态文明体制改革、全面推进美丽中国建设指明了前进方向，具有重大而深远的意义。

深化生态文明体制改革是推进人与自然和谐共生现代化的根本动力。当前，我国生态文明建设同时面临实现生态环境根本好转和碳达峰碳中和两大战略任务，全面推进美丽中国建设任务十分艰巨。深化生态文明体制改革，着力破解生态文明领域的突出矛盾和问题，有利于推动构建与美丽中国建设相适应的体制机制，为推进人与自然和谐共生的现代化注入强劲动力。

深化生态文明体制改革是以高水平保护支撑高质量发展的必然要求。当前，我国经济社会发展已进入加快绿色化、低碳化的高质量发展阶段，深化生态文明体制改革，坚决破除影响高水平保护、制约高质量发展的体制机制障碍，有利于加快推动发展方式绿色低碳转型，以高水平保护培育绿色生产力、支撑高质量发展。

深化生态文明体制改革是不断增进人民群众生态环境福祉的重要保障。良好生态环境是最公平的公共产品，是最普惠的民生福祉。深化生态文明体制改革，强化生态文明制度建设和执行力，有利于持续提升生态环境治理现代化水平，推动生态环境持续改善、全面改善和根本好转，让美丽中国建设成果更多更公平惠及全体人民。

此外，深化生态文明体制改革还是参与引领全球环境与气候治理的迫切需要。

记者：深化生态文明体制改革是全面深化改革的重要内容。新时代以来，我国生态文明体制改革取得了哪些重要成果？

孙金龙：党的十八大以来，以习近平同志为核心的党中央把生态文明建设作为关系中华民族永续发展的根本大计，统筹加强生态文明顶层设计和制度体系建设，推动生态环境治理体系和治理能力现代化水平明显提高。

一是生态文明制度体系实现系统性重塑。坚持用最严格制度最严密法治保护生态环境，生态文明载入了党章和宪法，制定修订《中华人民共和国环境保护法》及30余部生态环境法律法规，党中央、国务院印发实施《关于加快推进生态文明建设的意见》《生态文明体制改革总体方案》，几十项具体改革方案相继实施，中国特色社会主义生态环境保护法律体系和生态文明“四梁八柱”性质的制度体系基本形成。

二是生态文明建设责任得到全面压紧压实。牢牢牵住责任制这个“牛鼻子”，严格落实生态环境保护“党政同责”“一岗双责”，建立实施污染防治攻坚战成效考核等制度，党委领导、政府主导、企业主体、社会组织和公众共同参与的现代环境治理体系更加严密健全。特别是习近平总书记亲自谋划、亲自部署、亲自推动的中央生态环境保护督察制度，成为夯实生态文明建设政治责任的重大制度创新和改革举措。

三是自然资源和生态环境管理体制改革取得重大突破。组建自然资源部，统一行使全民所有自然资源资产所有者职责，统一行使所有国土空间用途管制和生态保护修复职责；组建生态环境部，整合分散在各相关部门的生态环境保护职责，统一行使生态和城乡各类污染排放监管与行政执法职责。实施省以下生态环境机构监测监察执法垂直管理制度改革和生态环境保护综合执法改革，优化流域海域生态环境管理和行政执法职能配置，生态环境监测监察执法的独立性、统一性、权威性和有效性不断加强。

四是生态环境治理体系改革持续深化。生态环境保护工作实现以抓污染物总量减排为主向以改善生态环境质量为核心转变，完成生态环境质量监测事权上收，完成固定污染源排污许可全覆盖，全面禁止“洋垃圾”入境。科学划定生态保护红线，设立首批国家公园。

推行排污权交易，建成全球规模最大的碳排放权交易市场。

记者：深化生态文明体制改革主要包括哪些目标任务？生态环境部将重点从哪些方面推进？

孙金龙：《决定》对深化生态文明体制改革作出重大部署，我们将重点从四方面推动生态环境领域改革任务举措落实落地。

一是健全美丽中国建设责任体系。建设美丽中国是全面建设社会主义现代化国家的重要目标，必须坚持和加强党的全面领导，从根本上确保美丽中国建设政治责任落到实处。我们将深入推进中央生态环境保护督察，健全中央生态环境保护督察常态长效机制。推动建立地方党政领导干部生态环境保护责任制。此外，还将健全美丽中国建设实施体系和推进落实机制，开展美丽中国建设成效考核，推进美丽中国先行区建设。推进生态环境法典编纂，强化美丽中国建设法治保障。

二是健全现代环境治理体系。推进生态环境治理责任体系、监管体系、市场体系、法律法规政策体系建设。实施分区域、差异化、精准管控的生态环境管理制度，全面实行排污许可制。建立新污染物协同治理和环境风险管控体系，推进多污染物协同减排。深化环境信息依法披露制度改革，构建环境信用监管体系，激发企业内生动力。

三是健全生态保护修复监管制度。充分发挥生态环境部门职能作用，强化对生态和环境的统筹协调和监督管理。持续推进“绿盾”自然保护地强化监督，建立生态保护红线生态破坏问题监督机制。

强化生物多样性保护工作协调机制，实施生物多样性保护重大工程。拓宽绿水青山转化金山银山的路径，健全生态保护补偿和生态产品价值实现机制。完善国家生态安全工作协调机制，提升国家生态安全风险研判评估、监测预警、应急应对和处置能力。

四是健全绿色低碳发展机制。着力构建生态环境领域促进新质生产力“1+N”政策体系，全面开展多领域多层次减污降碳协同创新，大力发展绿色环保产业。健全资源环境要素市场化配置体系，深入推进排污权有偿使用和交易制度建设。进一步发展全国碳市场，完善全国温室气体自愿减排交易市场。构建市场导向的绿色技术创新体系，推动绿色低碳科技自立自强。

记者：《决定》对健全生态环境治理体系作出部署，提出“完善精准治污、科学治污、依法治污制度机制”。今后如何更好地落实和体现精准、科学、依法治污要求？

孙金龙：当前，随着污染防治攻坚不断深入推进，触及的矛盾问题层次更深、领域更广。新时代新征程上，我们将全面准确落实精准、科学、依法治污要求，不断提高生态环境治理现代化水平，以更高标准谋划和推进生态环境保护工作。坚持精准治污，要强化精准思维，做到精准施策；坚持科学治污，要尊重自然规律，自觉按照规律办事；坚持依法治污，必须依法行政，善于运用法治思维和法治方式开展工作，坚持在法治轨道上深化生态文明体制改革，统筹推进污染治理、生态保护、督察执法与应对气候变化等工作。

全国两会“部长通道”采访活动实录

2024年3月8日

生态环境部部长黄润秋

香港《紫荆》杂志记者：近年来，生态环境质量改善的成效有目共睹，老百姓明显能感觉到身边的环境在变好，但去年多地仍然出现重污染天气，请问黄部长，如何看待2023年生态环境保护工作取得的进展和成效？对今年的工作有哪些考虑和安排？谢谢！

黄润秋：感谢这位记者朋友的提问。看看今天外面的天空，瓦蓝瓦蓝的，细颗粒物（$PM_{2.5}$）浓度值是个位数，说老实话，我站在这个地方心情也放松了不少。李强总理在政府工作报告中用生态环境质量稳中改善肯定了过去一年生态文明建设领域取得的成绩，应该说这个成绩是来之不易的。过去的2023年是生态环境保护工作形势十分复杂的一年，我们遇到了诸多困难和挑战。就大气环境治理而言，首先是疫情转段以后，全社会经济活动明显回升，部分领域污染物的排放量大幅增加，这给我们稳住大气环境质量带来了很大的压力。另外，去年的气象条件极为不利。2023年我国气象条件进入了一个新的厄尔尼诺周期，它的典型特征就是在平均气温升高的同时，阶段性的冷暖交替变得越来越频繁、越来越剧烈，给我们改善大气环境质量带来严重的冲击。比如，上半年受到来自西北及蒙古国的强冷空气影响，我国发生了17次大范围的强沙尘天气，为近十年来最多，仅此一项，就让我们的优良天数比例下降了3.3个百分点，这个数目可不小。又如，年底一次高温、高湿、静稳不利气象条件所导致的重污染天气过程，就将全国$PM_{2.5}$平均值拉高了1.1 $\mu g/m^3$。

所以，面对这么一个严峻形势，我们和有关部门一道，采取了一系列有力的措施，来减缓和对冲这样的不利影响。比如，我们加快了重点行业超低排放改造进程，去年全国钢铁行业完成了超低排放改造 2.2 亿 t，超过了前三年的总和；我们完成了北方地区农村清洁取暖改造 200 万户，有效降低了散煤使用。我们还在国内全面实施了轻型汽车国 6B 阶段[①]的排放标准。另外，我们加大了监督帮扶力度，督促地方整改了 8.7 万个涉气环境问题。这些措施应该说产生了很好的效果，扭转了被动局面，推动环境质量稳中改善。

就大气环境质量而言，去年全国地级及以上城市 $PM_{2.5}$ 平均浓度为 30 $\mu g/m^3$，保持了稳中向好的总体态势。与全社会排放程度比较低的疫情期间三年平均值相比，$PM_{2.5}$ 平均浓度下降了 1 $\mu g/m^3$；与 2023 年年度目标相比，$PM_{2.5}$ 平均浓度下降了 3 $\mu g/m^3$；与疫情前 2019 年相比改善幅度就更大了，四年之内 $PM_{2.5}$ 平均浓度下降了 6 $\mu g/m^3$，改善幅度为 16.7%。这是大气环境质量。水环境质量就更为喜人了，去年全国地表水水质优良断面比例达到 89.4%，比“十四五”时期的目标还高出 4.4 个百分点；这些年，我们的“母亲河”——长江、黄河干流水质稳定保持在Ⅱ类。这样的数据还有很多，我就不一一列举了。总之一句话，经过不平凡的 2023 年，我们伟大的祖国变得愈加亮丽。

展望 2024 年，政府工作报告提出，生态环境质量要持续改善。我们将坚决贯彻落实党中央、国务院的决策部署，以美丽中国建设

① 即国家第六阶段机动车污染物排放标准第二阶段。

为统领，协同推进降碳、减污、扩绿、增长，深入推进中央生态环境保护督察，以高水平保护支撑高质量发展。重点有以下几个方面的工作：

第一，要持续深入打好污染防治攻坚战，以更高标准打几个漂亮的标志性战役。我们考虑要在空气质量改善、水环境质量提升、水生态修复、农村环境整治，以及危险废物的风险管控等领域取得一些标志性的成果，为美丽中国建设开好局、起好步打牢基础。

第二，要聚焦区域重大战略推进美丽中国先行区建设，并分层次地推进美丽省域、美丽城市、美丽乡村、美丽海湾、美丽河湖建设。

第三，要大力推进绿色低碳高质量发展，围绕碳达峰碳中和，以减污降碳为抓手，推动产业结构、能源结构、交通运输结构的优化调整。加快生态环境分区管控，进一步落实好、建设好全国碳市场尤其是最近启动的全国温室气体自愿减排交易市场，为绿色转型做好支撑。

第四，我们将进一步加大对生态系统保护和修复的监督力度，着力提升我国生态系统的持续性、多样性、稳定性。

谢谢大家！

《成都商报》红星新闻记者：黄部长好，近年来媒体报道了多起第三方环保服务机构弄虚作假问题，生态环境部去年也多次采取“四不两直”方式赴地方检查，推动各地开展第三方环保服务机构弄虚作假问题专项整治，请问整治效果如何？今年还有哪些工作安排？谢谢！

黄润秋：感谢这位《成都商报》的记者，我在成都生活、工作了30多年，很有感情。环境影响评价（以下简称环评）和环境监测是生态环境保护领域的基础性制度，非常重要。但是，近年来各地相继曝出第三方环保服务机构在环评文件编制及企业自行监测过程中数据造假的行为，造假手段五花八门，花样层出不穷，比如在环评文件编制过程中编造数据、假冒他人签名，在环境监测过程中更换监测样品、干扰采样探头、编造假报告和假台账、篡改仪器参数，更有甚者用黑客程序侵入公共计算机系统修改监测数据，性质极其恶劣，而且造假的趋势还在向专业化、链条化方向发展。这些违法行为破坏了公平的市场秩序，极大地损害了政府的公信力和老百姓的环境权益，也冲击了我们的底线。对这些行为我们绝不能容忍，必须坚决打击，而且要铲除其滋生的土壤。

“十四五”以来，我们会同最高人民法院、最高人民检察院、公安部、国家市场监督管理总局，连续四年针对第三方环保服务机构造假的问题开展专项整治。我们采用“四不两直”检查、监督帮扶、大数据监管乃至中央生态环境保护督察等有效手段来打击第三方环保服务机构造假行为，应该说取得了很好的效果。总体有以下几个方面：

第一，查处了一批典型案件，形成了有效震慑。这三年我们查处了2 260家有违法行为的第三方环保服务机构，向有关部门移送了193起案件进行刑事立案，还公开曝光了457个典型案例。另外，我们还查处了企业在环境自行监测方面的造假案件4 255起，向有关部门移送了930起涉嫌违法犯罪的案件。这些案件包括去年在社会上影响比较大的山东锦华公司的环评造假案、江西展航公司的环评造假案、广东广禾公司的机动车检测造假案等，这些案件都已经宣判，并且产生了很好的社会效果，起到了震慑和警示作用。

第二，推动了行刑衔接，提升了监管执法效能。我们和最高人民检察院、公安部一起构建了行刑衔接、一体化推进的联动执法机制，形成了共同会商、共同挂牌督办、共同公布典型案件以及共同部署相关工作的“组合拳”，有效地提升了我们的监管执法效能。比如，我前面提到的山东锦华公司的环评造假案，环评公司利用挂靠、伪造他人签名的方式充当虚假环评文件的编制者，这些年伪造虚假的环境影响报告书48份、环境影响报告表879份，数目巨大、性质恶劣。过去这类案件在查处过程中存在“三难”，第一立案难，第二取证难，第三定性难，通过联动执法机制和地方联动，我们有效地解决了这“三难”的问题。目前，这起案件的4名涉案人员已经受到刑事处罚，可以说这是环评制度建立后因造假入刑的第一案。

第三，进一步完善了法律制度。最高人民法院和最高人民检察院修订出台了“两高”司法解释，明确在环境影响评价、环境监测以及碳排放检验检测过程中，第三方环保服务机构提供虚假证明文件犯罪的定罪量刑标准。最近，国务院出台了《碳排放权交易管理暂行条例》，对碳排放数据造假行为予以严惩，既罚机构也罚责任人，对于情节严重的还要取消其执业资格。这些制度毫无疑问都增强了我们对第三方环保服务机构的监管能力。

下一步，生态环境部将与有关部门一起，持续开展专项整治行动，保持打击第三方环保服务机构造假违法行为的高压态势。同时，我们还会进一步加强“大数据 + 人工智能”的“穿透式”监管，用科技的力量筑牢防范造假的防线。最后，我们也欢迎新闻媒体以及今天在场的各位记者朋友发挥好舆论监督优势，和我们一道推动第三方环保服务市场健康有序发展。

谢谢大家！

“推动高质量发展”系列主题新闻发布会实录

2024年9月25日

新闻发布会现场

国务院新闻办新闻局局长、新闻发言人寿小丽：女士们、先生们，大家上午好！欢迎出席国务院新闻办新闻发布会。今天我们继续举行“推动高质量发展”系列主题新闻发布会，我们非常高兴邀请到生态环境部部长黄润秋先生介绍情况，并回答大家关心的问题。出席今天新闻发布会的还有生态环境部副部长赵英民先生，生态环境部副部长郭芳女士，生态环境部副部长、国家核安全局局长董保同先生。

下面，我们首先请黄润秋先生作介绍。

生态环境部部长黄润秋

生态环境部部长黄润秋：谢谢主持人。各位媒体朋友，大家上午好！非常高兴今天再次与大家见面。首先，我代表生态环境部，向大家长期以来对生态环境保护工作的关心、参与和支持表示衷心的感谢！

高质量发展是全面建设社会主义现代化国家的首要任务，是新时代的硬道理。近年来，生态环境部以习近平生态文明思想为指引，坚持以高水平保护推动高质量发展，协同推进降碳、减污、扩绿、增长，统筹发展和保护的成效不断提升。

我们持续深入打好污染防治攻坚战，生态环境的“含金量”显著提升。我们坚持精准治污、科学治污、依法治污，以更高标准打好蓝天、碧水、净土保卫战，生态环境质量明显改善，人民群众对生态环境的满意度从2017年的不足80%提升到2023年的91%以上。这方面，我相信各位媒体朋友都深有体会。我们头顶上的蓝天越来越多了。去年全国重点城市$PM_{2.5}$平均浓度为30 μg/m^3，比十年前下降了54%，重污染天数下降了83%，优良天数比例也连续四年达到86%以上。北京的改善就更加显著了，我们过去讲“APEC蓝”“阅兵蓝”“冬奥蓝”，实际上“北京蓝”已经渐成常态。我们身边的水越来越清了。去年全国地表水优良（Ⅰ～Ⅲ类）水质断面比例达到89.4%，比十年前提高了25.3个百分点。长江干流连续四年、黄河干流连续两年稳定达到Ⅱ类水质。近岸海域水质优良比例达到85%，创造了历史新高。另外，我们身边的生态越来越美了。全国森林覆盖率去年达到了24.02%，本世纪以来全球新增绿化面积约1/4来自中国，我们先后命名了572个生态文明建设示范区和240个“绿水青山就是金山银山”实践创新基地，城乡生态环境更加宜居。

我们着力推动减污降碳协同增效，发展的“含绿量”明显增加。一方面，我们持续推动产业结构优化调整，累计淘汰落后煤炭产能 10 亿 t、钢铁产能 3 亿 t、水泥产能 4 亿 t；95% 以上煤电机组和 45% 以上粗钢产能完成超低排放改造，建成全球规模最大的清洁电力体系和清洁钢铁生产体系。另一方面，我们加快推进能源清洁高效利用，煤炭消费占一次能源消费的比重从十年前的 67.4% 下降到去年的 55.3%；燃煤锅炉从近 50 万台减少到不足 10 万台；我们还完成了北方地区 3 900 万户的清洁取暖和散煤治理改造。同时，在交通运输绿色转型方面，十年来我们累计淘汰高排放车辆超过 4 000 万辆，新能源公交车占比由十年前的不到 20% 提高到去年的 80% 以上，大宗货物清洁运输水平也在持续提升。

我们坚决守牢美丽中国建设安全底线，高质量发展的生态根基更加稳固。我国陆域生态保护红线面积占比超过了 30%，以国家公园为主体的自然保护地体系基本建立，90% 的陆地生态系统类型和 74% 的国家重点野生动植物种群得到有效妥善保护，生物多样性持续恢复，实现固体废物“零进口”，各类突发环境事件也得到了妥善处置。另外，2017 年以来全国累计完成 18.5 万个行政村环境整治，2.4 万个乡镇及以上饮用水水源地划定了保护区，核与辐射安全态势持续保持平稳，核安全防线进一步筑牢。

我们全面推进生态文明体制改革，绿色低碳高质量发展制度体系不断改善。党中央建立实施了中央生态环境保护督察等一系列重大制度，“绿水青山就是金山银山”和“生态优先、绿色发展”的理念更加深入人心。我们加快构建现代环境治理体系，基本建立了全域覆盖的生态环境分区管控体系，实现了固定污染源排污许可全覆盖，实施京津冀环境综合治理国家重大科技专项，推动监测数智化转型，建成全球规模最大的碳排放权交易市场，生态环境治理能力明显提升。中国还展现出负责任大国的担当，作出了碳达峰碳中和的庄严承诺，推动达成“昆明—蒙特利尔全球生物多样性框架”（以下简称“昆蒙框架”），成为全球环境治理和可持续发展的重要参与者、贡献者和引领者。

习近平总书记强调，当前生态文明建设仍处于压力叠加、负重前行的关键期。接下来，生态环境部将深入贯彻党的二十大和二十届二中、三中全会精神，全面落实全国生态环境保护大会部署，深化生态文明体制改革，全力推动生态环境持续改善和根本好转，努力建设人与自然和谐共生的美丽中国。

我就先简要介绍这些。下面，我和我的各位同事愿意回答记者朋友的提问。谢谢大家！

寿小丽：谢谢黄部长的介绍，下面我们进入提问环节，提问前请通报一下所在的新闻机构。请大家开始举手提问。

中央广播电视总台央视记者：去年，中共中央、国务院印发了《中共中央　国务院关于全面推进美丽中国建设的意见》，对美丽中国建设进行了系统部署。所以我想请问黄部长，您对美丽中国有什么样的场景描述？生态环境部目前开展了哪些工作，下一步还有哪些打算？谢谢！

黄润秋：谢谢这位记者朋友的提问。这个问题是一个很激发人想象力的问题。古往今来，有不少描写祖国壮丽河山的诗词歌赋和名人画作，比如唐代诗人杜甫的“迟日江山丽，春风花草香”；元代画家黄公望的《富春山居图》；更有现代著名文学家老舍先生写到的，“天堂是什么样子，我不晓得，但是从我的生活经验去判断，北平之秋便是天堂”。写得多美啊！

习近平总书记曾多次用“蓝天白云、繁星闪烁”“清水绿岸、鱼翔浅底”“鸟语花香、田园风光”“碧海蓝天、洁净沙滩”等优美生动的词汇，为我们描绘出一幅“人与自然和谐共生”的美丽中国新画卷。建设美丽中国，是习近平总书记念兹在兹的“国之大者”，也是中国人民心向往之的奋斗目标。作为生态环境部部长，这也是我和我的同事的奋斗方向和目标指引。

我理解，美丽中国至少有三个层面的含义，可以形象地表达为“外美”“内丽”“气质佳”。“外美”就是生态环境美，这是美丽中国最重要、最显著，也是最根本的标志，也就是天蓝、地绿、水清，城乡人居环境优美；“内丽”就是发展的高质量，这是美丽中国的内在要求，也就是绿色低碳的生产生活方式广泛形成，新质生产力、绿色生产力成为发展的主引擎；“气质佳”就是制度机制优，这是美丽中国的关键支撑，也就是生态环境治理体系和治理能力现代化基本实现。

党中央确定的目标是到 2035 年美丽中国目标基本实现。因此，当前和今后十年是全面推进美丽中国建设的关键时期，生态环境部将切实担起牵头部门的责任，持续推动美丽中国建设工作，可以概括为“四个一”。第一个“一”是构建一套“1+1+N”的实施体系，这里前两个“1”分别指已经出台的《中共中央　国务院关于全面推进美丽中国建设的意见》和即将出台的建设美丽中国先行区的实施意见，“N”是美丽城市、美丽乡村以及绿色金融、绿色交通、科技支撑等24项分领域行动方案，在各相关部门的大力支持下，这些文件正陆续出台。第二个“一”是推出一批标志性改革成果，出台加强生态环境分区管控的意见，深化省以下生态环境机构监测监察执法制度改革，稳步扩大全国碳市场行业覆盖范围，研究制定生态环境保护督察工作条例等。第三个“一”是培育一系列实践示范样板。我们先后推出了56个美丽河湖、20个美丽海湾优秀案例，持续实施“无废城市”、低碳城市创新试点，探索生态产品价值实现的有效路径。第四个“一”是实施“一揽子”支撑保障措施。构建美丽中国建设成效考核评价体系，打好法治、市场、科技、政策“组合拳”。

下一步，我们将锚定美丽中国目标，分阶段、分步骤、有计划地系统推进美丽中国建设，实现“十四五”深入攻坚、“十五五”巩固拓展、“十六五”整体提升。同时，我们还将开展美丽中国建设全民行动，大力弘扬生态文化，引导践行绿色低碳生活方式，汇聚起美丽中国建设的磅礴力量，共同谱写各美其美、美美与共的美丽中国新篇章。谢谢！

《中国青年报》记者：我们知道，近年来生态环境部开展蓝天保卫战取得了一定的成效，人们从几年前的晒蓝天，到现在对蓝天已经习以为常。请问现阶段大气污染防治新的难点和重点在哪里？下一步的工作重点有哪些？谢谢！

黄润秋：这个问题请赵英民副部长来回答。

生态环境部副部长赵英民

生态环境部副部长赵英民：谢谢您的提问。近年来，蓝天保卫战取得的成效大家有目共睹，就像刚才黄部长提到的，过去十年，我国 $PM_{2.5}$ 浓度显著下降，成为全球空气质量改善速度最快的国家。蓝天不仅数量上去了，“品质”也更高了。联合国环境规划署将北京空气质量改善成效誉为“北京奇迹”，“红墙黄瓦映蓝天”已成为市民、游客相册里的“标配”。

根据《中共中央　国务院关于全面推进美丽中国建设的意见》要求，到 2035 年，全国 $PM_{2.5}$ 浓度要下降到 25 μg/m^3 以下，这意味着全国 339 个城市 $PM_{2.5}$ 全年平均浓度要达到现在北京 6 月到 9 月的水平，实现这个目标还面临着不小的挑战。过去，我们大力推动落后产能淘汰和北方地区清洁取暖，全面打击违法违规排污行为，取得积极成效，但是目前这些措施带来的减排红利已大幅减少，我国大气污染治理进入深水区，未来要更多依靠产业结构、能源结构、交通运输结构的绿色低碳转型，协同推进降碳、减污、扩绿、增长。此外，近年来我国春季沙尘、夏季异常高温、秋冬季高湿静稳等不利气象因素频现，也给大气环境质量带来了较大冲击。可以说，持续改善大气环境质量任重道远。

下一步，我们将锚定美丽中国目标，以持续打好蓝天保卫战为抓手，扎实推进绿色低碳转型发展，以空气质量持续改善来推动经济高质量发展。一是突出精准治污，加大结构优化调整力度，高质量推进钢铁、水泥、焦化行业超低排放改造，推动燃煤锅炉关停整合和工业炉窑清洁能源替代，加快推广新能源车，推动减污降碳协同增效。二是突出科学治污，以重点区域为主战场，以降低 $PM_{2.5}$ 浓度为主线，以减少重污染天气为重点，大力推动氮氧化物（NO_x）和挥发性有机物（VOCs）减排，协同控制臭氧（O_3）污染。三是突出依法治污。进一步完善法律法规标准体系，深入推进排污许可管理，严格依法监管、依法治理，落实“一企一策”，坚决反对“一刀切”。

我相信，通过全社会的共同努力，一定能打赢这场蓝天保卫战，让蓝天白云、繁星闪烁渐成常态，让老百姓的蓝天幸福感更加可持续。谢谢！

《每日经济新闻》记者： 我们知道，水是生命之源、生产之要、生态之基，请问生态环境部在水生态环境保护方面都开展了哪些工作，接下来将如何推动水环境质量进一步好转？谢谢！

黄润秋：好，请郭芳副部长来回答这个问题。

生态环境部副部长郭芳

生态环境部副部长郭芳：谢谢这位记者的提问。保护江河湖泊，事关人民群众福祉，事关中华民族长远发展。正如刚才黄润秋部长介绍的，近年来，我们持续推进碧水保卫战，重拳减排、铁腕治污，我国水生态环境发生了重大转折性变化。在这里，我向大家再重复几个数据。刚才部长也和大家介绍了，2023 年，全国地表水优良（Ⅰ~Ⅲ类）水质断面比例达到 89.4%，已经超出“十四五”目标 4.4 个百分点；长江干流连续四年、黄河干流连续两年全线达到Ⅱ类水质，“母亲河”正逐步恢复生机活力。我们主要开展了以下四个方面的工作：

水环境治理持续深化。我们都知道，水的问题是在水里，但是根子在岸上，只有抓牢入河排污口排查整治这个“牛鼻子”，倒逼岸上各类污染源治理，才能解决问题。目前，已累计排查河湖岸线56万km，推动解决近20万个污水直排、乱排问题。比如，环太湖地区持续加强控源截污，2023年，主要入湖河流水质优良比例达到100%，突出的表现是太湖蓝藻水华的最大面积同比减少了50.8%；今年上半年，太湖未监测到明显水华，处于2007年暴发大面积水华以来的最低水平，治理成效显著。

水生态保护修复持续推进。“十四五”时期以来，在全国七大流域开展了水生态状况监测调查，以长江流域为重点开展了水生态考核试点，构建以水生态系统健康为核心的指标体系，引导地方加大水生态保护修复力度。长江刀鲚时隔三十年，再次上溯到长江中游江段和洞庭湖区，大家很喜爱的“微笑天使”江豚也在沿江频频现身。

生态用水保障持续加强。出台重点流域水生态环境保护规划，明确重点河湖生态流量保障目标，强化流域生态环境统一监管，推动解决河流断流干涸、湖泊湿地萎缩等突出问题。2023年，断流二十多年的永定河实现了全年全线有水，山西晋祠千年古泉三十年来首次复流。

流域管理改革持续深化。推动出台长江、黄河保护法，设立七大流域生态环境监督管理机构，统筹开展流域督察、省域督察，健全跨省流域横向生态保护补偿机制，有效激发流域上下游协同保护的积极性。新安江作为全国跨省流域生态补偿机制试点，十二年来，省界断面水质始终保持在Ⅱ类，补偿从“试点”成为“经验”，该经验目前已经在23个省域、27个流域进行了复刻推广。

当然，我们也要看到，水污染防治、水生态修复依然任重道远。下一步，我们将以美丽河湖建设为重要抓手，加强水资源、水环境、水生态“三水统筹”，督促地方补齐环境基础设施突出短板，推动重要流域构建上下游贯通一体的生态环境治理体系，稳定改善水生态环境质量，让越来越多的河湖呈现“清水绿岸、鱼翔浅底”的美好景象。谢谢！

中国新闻社记者：统筹高质量发展和高水平保护，是推进中国式现代化需要正确把握的重大关系，也是生态环境保护工作面临的重大考题。请问如何理解高水平保护？生态环境部门将从哪些方面破题？谢谢！

黄润秋：感谢这位记者朋友的提问，我来回答您这个问题。在生态文明建设的道路上，正确处理好发展与保护的关系是一个永恒的主题，也是一个世界性的难题。去年召开的全国生态环境保护大会上，习近平总书记创造性地提出了新征程推进生态文明建设需要处理好的“五个重大关系”。其中，首要的就是正确处理高质量发展和高水平保护的关系，这是管总的，是起引领作用的。生态优先、绿色低碳的高质量发展，也只有依靠高水平保护才能实现，因此，高水平保护是高质量发展的根本保障和应有之义；反过来，高质量发展可以为高水平保护提供强劲动力。那么，什么是高水平保护？

如何以高水平保护支撑高质量发展？我有以下认识：

其一，要更加注重源头防控，形成高水平的调控体系。这是从根源上降低碳排放和污染物排放、改善环境质量的治本之策，要深入实施生态环境分区管控、差异化管控，从源头上为优化生产力布局提供绿色标尺；全面开展多领域、多层次减污降碳协同创新，加快推动高耗能、高排放等重点行业绿色低碳转型。

其二，要更加注重精准管控，形成高水平的治理体系。进一步把精准治污的要求贯穿到我们工作的全过程和各方面，精准识别生态环境问题的类型及成因，找准主要矛盾和矛盾的主要方面，做到问题、时间、区位、对象、措施“五个精准”，靶向治疗、精准施策，不搞“一刀切”，不搞简单治理、粗放治理，更不能走过场、搞形式主义。

其三，要更加注重规范倒逼，形成高水平的标准体系。通过推动标准体系的优化升级，规范各类污染物的排放行为，倒逼行业技术进步，引领经济社会发展绿色转型。

其四，要更加注重市场引导，形成高水平的政策体系。健全排污权、碳排放权等环境要素市场化配置体系，加快构建环境信用监管体系，统筹实施生态产品价值实现、生态保护补偿、生态环境损害赔偿等制度，从而激发保护生态环境的内生动力。

其五，要更加注重科技赋能，形成高水平的技术体系。深化生态环境领域科技体制改革，构建绿色技术创新体系，实施生态环境科技创新重大行动，提升美丽中国建设科技支撑能力。

高质量发展是高水平保护的目标指向和价值取向。其中，新质生产力是实现高水平保护和高质量发展双向转化的重要抓手。近期，生态环境部出台了生态环境领域促进新质生产力的一系列政策措施，将进一步发挥生态环境保护的引领、优化和倒逼作用，促进经济社会发展全面绿色转型，以高水平保护塑造发展新动能、新优势，不断厚植高质量发展的绿色底色。谢谢！

封面新闻记者：生态环境监测是生态环境保护的基础，是生态文明建设的重要支撑。请问生态环境部在生态环境监测方面开展了哪些工作？下一步，将如何推动构建现代化生态环境监测体系，为建设人与自然和谐共生的现代化提供监测保障？谢谢！

黄润秋：这个问题请董保同副部长来回答。

生态环境部副部长、国家核安全局局长董保同

生态环境部副部长、国家核安全局局长董保同：谢谢您的提问。生态环境监测确实是生态环境保护的基础性、支撑性工作。近年来，在习近平生态文明思想的科学指引下，生态环境监测工作上了一个新台阶，我们建成了全球规模最大、要素最齐全、技术手段较先进的生态环境监测网络，对生态环境保护、污染防治攻坚发挥了重要的支撑作用。刚才黄部长介绍的那些成绩，我们的监测数据是最有力的证明。

从网络规模来看，我部直接组织监测的站点达3.3万个，其中空气点位1 734个，地表水点位3 646个，地下水点位1 912个，海洋点位1 359个，辐射监测点位1 834个，土壤监测点位更多，有2.2万个。这个体系覆盖了所有地级及以上城市、重点流域和管辖海域。

从监测要素来看，除了水、大气、土壤这些传统重点监测的内容，近年来还增加了生态质量监测、生物多样性监测、温室气体监测、新污染物监测等很多新领域的监测，从监测要素上基本做到了全覆盖。

从技术手段来看，现在传统的手工监测已经不是主要方式了，自动化监测已经成为主要方式，无人机、走航车、激光雷达成为各地监测站的“标配”，我部作为牵头用户的在轨卫星达到7颗，这为监测的科学化提供了有力保障。

基于这张现代化的监测网络，我们现在基本能做到各方面监测数据的“真、准、全、快、新”，对污染防治攻坚起到了非常重要的支撑作用。我们能够掌握基数、掌握动态、发现问题，也能够把握规律，指导污染防治攻坚深入推进。

下一步，我们将按照党的二十届三中全会的部署要求，重点推进生态环境监测体系现代化，这是我们的总目标，具体抓手主要是推进监测数智化转型。具体有以下三个方面：

第一，完善监测网络。刚才说过，整个网络体系有了，还要进一步健全“天空地海”一体化监测网络，补齐短板，比如海洋监测、生态质量监测、生物多样性监测、新污染物监测等。同时，还要进一步加强自动化、数字化和智能化的转型。

第二，强化监测监管。社会上比较关注排污单位的第三方监测数据造假问题，要进一步强化“穿透式”监管，依法严厉打击、遏制数据造假。

第三，强化数据应用。加强监测数据集成融合、智慧分析，更精准地支撑污染防治攻坚。刚才，记者也问到了美丽中国建设，下一步，我们要提出一套美丽中国建设监测指标体系，美丽中国怎么美，监测数据告诉您。谢谢！

《浙江日报》潮新闻记者：农村是城市的后花园，农村污染治理是深入打好污染防治攻坚战的重要任务，也是实施乡村振兴战略的重要举措。请问生态环境部在农业农村污染治理方面取得了哪些进展？下一步将采取哪些措施绘就宜居宜业和美乡村的新画卷？谢谢！

黄润秋：这个问题请郭芳副部长来回答。

郭芳：谢谢您的提问。美丽乡村是美丽中国建设不可或缺的重要部分，浙江“千万工程”就是从群众反映最突出的环境问题入手，坚持二十余年，实现了从“脏乱差”到“绿富美”的华丽转身，为农村污染防治、美丽乡村建设提供了有益经验。

近年来，生态环境部会同有关部门着力推广“千万工程”经验，注重“房前屋后”，紧盯“田边道旁”，推动解决群众关心的环境问题。“十四五”时期以来，全国新增完成行政村环境整治 6.7 万个，农村生活污水治理率达到 45% 以上，化肥、农药利用率超过 41%，畜禽粪污综合利用率达到 78%，农膜回收率达到 80% 以上，通过“两项重点整治，一个系统加强”，农村生态环境得到明显改善。

“重点整治之一”是农村生活污水整治。不照搬“城市经验”，而是提出“三基本”整治目标，即“基本看不到污水横流、基本闻不到臭味、基本听不到村民怨言”。我们以不让污水直排环境作为底线，指导各地因地施策，选择合适的工艺和治理模式，特别鼓励资源化利用。在云南文山等地，将无害化处理后的生活污水还田利用，种菜、种粮、种花，投入少、易管护、成本低、肥效好，备受当地农民欢迎。

“重点整治之二”是整治农村黑臭水体。“十四五”时期以来，共治理国家监管黑臭水体 3 700 余个、省级监管水体 6 100 余个，昔日的“臭水沟”“污水塘”现在都变成群众身边的“山水画”“民心广场”。举个例子，在山西晋城，黑臭水体的治理融入了当地传统村落文化传承，重现“一汪碧水绕古村”的画面，其中有个米西村，现在成了热门游戏《黑神话：悟空》里铁佛寺的取景地，国庆长假也快到了，有兴趣的朋友可以到实地去体验。

“一个系统加强”是系统加强农用地土壤保护，注重“治用养”

结合，确保老百姓“吃得放心”。全国共划出210个重点区域，执行重金属特别排放限值。支持近400个遗留废渣治理项目，完成了2 300余家企业整治。推动落实黑土地保护措施，恢复保持地力，促进土壤有机质含量提升和土壤健康。

当然，我国村庄面广量大，各类环境问题还是会时有发生，比如一些地方农村污水处理设施虽已建成但不正常运营，畜禽粪污、生活垃圾乱堆乱放等。为此，我们健全了问题发现机制，并且为了不增加基层的负担，不以层层报数来评判工作成效，而是通过随机抽样（也包括请媒体朋友们监督）来发现问题。我们和人民网专门形成了一个通道，把人民网基层来信作为我们的问题线索，“四不两直”开展调查取证、案例通报、定期调度，及时发现问题、解决问题，拓展农村环境整治的成效。

下一步，重点还是围绕美丽中国建设目标，出台美丽乡村建设实施方案，统筹推动乡村生态振兴、农村人居环境整治，有力防治农业面源污染，久久为功，努力把农村建设成为“留得住青山绿水、记得住乡愁”的美丽宜居幸福家园。谢谢！

《光明日报》记者：核安全是核电发展的生命线，怎么重视都不为过。请问生态环境部在核与辐射安全方面采取了哪些保障措施？谢谢！

黄润秋：好，这个问题请董保同副部长来回答，同时他也是国家核安全局局长。

董保同：谢谢您的提问。就像您刚才讲的，核安全是核电发展的生命线，确保核安全责任重于泰山。这些年来，生态环境部（国家核安全局）认真贯彻习近平总书记提出的总体国家安全观和核安全观，在确保核安全方面做了很多扎实的工作。主要有以下五个方面：

第一，依法压实企业的主体责任。核电厂都是企业在运营。我们督促企业自觉把核安全摆在最高优先级，有效运行企业内部安全保障体系，同时做到各个环节无缝衔接。

第二，坚持最高标准、最高质量。一是制定最严格的法规标准，并且安全标准比一般行业要高得多。二是实施最严格的质量保障体系，包括设备和各项工作管理都要求高质量，确保安全。三是从源头抓起，坚持成熟设计、纵深防御，从设计上考虑各种因素、各种风险，设置多重安全屏障，确保不发生事故。四是从人员的角度，对操纵员、核级焊工、无损检验等重要且特殊的岗位实行资质管理和严格考核，依靠高水平人员去运行管理。

第三，从核安全监管的角度，认真履行监管职责，实施全过程严格、独立的监管。从核电厂的选址、设计到建造、调试、运行，以及将来的退役和一些重要设备的制造，都实行全过程许可。而且，在一些关键环节设置了若干控制点，都要进行现场检查，不达标准绝不放行，这是非常严格的。同时，我们对辐射环境的监测是全天候的，包括流出物的监测、辐射环境质量的监测等，有 1 834 个辐射环境监测点，24 小时全天候运行，整个过程是非常严格的。另外，对重要核安全问题，坚持保守决策，确保安全，不能冒险。这些都是核安全监管方面的明确要求。

第四，推行有效的经验反馈。一个核电厂遇到的问题，其他核电厂都要吸取经验教训。建造运行中，有一些异常事件要及时报告，而且报告以后全行业都要周知、举一反三。从更大范围讲，如果国外一些核电站出现问题，我们也要及时了解，让全行业借鉴。同时，我们的一些好的经验做法，也会作为良好实践在国际上推广。核安全是命运共同体，不管哪里出了问题，都可能影响世界各国核电事业的发展。

第五，强化核安全科研。我们建设了生态环境部核与辐射安全中心，作为核安全监管科研基地，开展科研攻关，真正做到知其然且知其所以然。通过企业和行业同向发力，共同确保核安全。

截至目前，我国有已经颁发运行许可证的核电机组 57 台、建造许可证的 30 台、核准待建的 15 台，加起来共 102 台。我国核电技术已经实现二代向三代的迭代升级，四代技术陆续开始应用，所以整体上我国核电已进入世界先进行列。从核安全角度来看，我国保持了良好的核安全记录，环境监测数据没有监测到异常，从整体上保障了核事业高质量发展。

下一步，我们将贯彻落实党的二十届三中全会精神和习近平总书记在全国生态环境保护大会上的重要要求，着力构建严密的核安全责任体系，不断完善现代化核安全监管体系，进一步加强核安全监管，实现高水平核安全，也更好地保障公众安全和环境健康。谢谢！

海报新闻记者：碳市场是中国实施积极应对气候变化国家战略和推动实现碳达峰碳中和目标的重要政策工具。请问在碳市场运行和管理上，生态环境部做了哪些工作？未来如何更好发挥碳市场功能，推动绿色低碳转型，助力碳达峰碳中和目标实现？另外，统计核算作为碳排放管理的基础性制度，目前进展如何？谢谢！

黄润秋：这个问题请赵英民副部长来回答。

赵英民：谢谢这位记者的提问。碳市场是利用市场机制控制温室气体排放、实现碳达峰碳中和目标的重要举措，也是国际上通行的气候治理政策工具。党中央、国务院高度重视碳市场建设，2021 年 7 月和 2024 年 1 月，先后启动了全国碳排放权交易市场和全国温室气体自愿减排交易市场，共同构成了我国的全国碳市场体系，碳市场建设取得了积极进展和成效。概括起来，可以从四个方面来讲：

一是法律法规体系基本建成。国务院颁布了《碳排放权交易管理暂行条例》，生态环境部会同有关部门制定了碳排放核算核查、注册登记、交易结算等 33 项规章制度，初步形成了多层级、较完备的法律法规制度体系。

二是基础设施支撑体系基本建成。建成了“全国碳市场信息网”，成立了全国碳排放权和温室气体自愿减排注册登记与交易机构，建成并稳定运行注册登记、交易结算和管理平台等基础设施。

三是碳市场数据质量和管理能力大幅提升。建立碳排放数据质量常态化监管机制。利用大数据等技术探索建立了一整套数据质量监管体系，大幅提升监管效能，碳排放数据质量显著改善。另外，全国碳市场科学规范的数据核算标准和方法也为碳足迹管理打下坚实基础。

四是全国碳市场实现了稳起步、稳运行，市场活力稳步提升。截至今年 8 月底，碳排放权交易市场累计成交量为 4.76 亿 t、成交额达 279 亿元，碳价在 90 元 /t 上下波动，总体处于合理水平。今年年初，全国温室气体自愿减排交易市场一经启动，就引起了国内外各方的关注，充分显示了通过市场手段调动全社会积极参与降碳、减污、扩绿、增长的有效性和重要性。

碳排放统计核算是管理和控制温室气体排放的基础。近年来，我们持续组织开展国家和省级温室气体清单编制，定期发布统一、权威的各级各类排放因子，持续完善能源活动和工业过程的碳排放统计核算制度，为满足社会各界多用途碳排放核算需求提供了基础支撑服务。今年 5 月，我们联合 14 个部委印发了《关于建立碳足迹管理体系的实施方案》，明确了四个方面 22 项重点工作任务，目前我们已经发布了我国产品碳足迹核算通则国家标准，为具体产品碳足迹核算标准制定创造了条件。

下一步，我们将按照党中央、国务院的决策部署，完善碳排放统计核算制度，进一步扩大碳市场行业覆盖范围，发布更多方法学，纳入更多参与主体，严格监管碳市场数据质量，着力构建更加有效、更有活力、更具国际影响力的碳市场。谢谢！

寿小丽：继续提问，还有两位记者举手，最后两个问题。

红星新闻记者：党的二十届三中全会《中共中央关于进一步全面深化改革　推进中国式现代化的决定》提出，实施分区域、差异化、精准管控的生态环境管理制度，能否请您介绍一下生态环境分区管控工作？下一步还有哪些考虑？谢谢！

黄润秋：这个问题还是请郭芳副部长来回答。

郭芳：谢谢您的提问。刚才黄润秋部长开篇也介绍了全域覆盖的生态环境分区管控体系。众所周知，我国幅员辽阔，不同地区的自然条件、承载能力、功能定位差异都很大，这就要求必须处理好发展与保护的关系，从源头加强生态环境准入管理。生态环境分区管控，就是根据生态保护红线、环境质量底线和资源利用上线，实施差异化管控的制度，是一个区域生态环境管理的源头和基础，为发展“明底线”“划边框”。

从2017年开始，生态环境部先后在连云港等4个城市和长江经济带试点，两年后在全国推开。目前，生态环境分区管控体系已基本建立，省、市两级生态环境分区管控方案均已发布实施。全国共划定了优先保护、重点管控、一般管控三类单元共44 604个，并且做到“一单元一清单”，这个清单是准入清单，明确了在这个单元里“什么能做、什么不能做”。在这个基础上，各省（自治区、直辖市）生态环境分区管控信息平台已经完成基本功能建设并上线运行，支撑了政策落地、环境准入、园区管理、执法监管的数智化应用，初步实现了“一图全览、一键研判、一站服务”。比如，厦门市率先向社会开放了分区管控应用系统，招商引资项目先到这个平台上看看符不符合条件、工艺达不达标、能不能进这个园区，经过指导，累计有上万个项目优化了布局或调整了工艺，减少了低效投资，优化了营商环境。

党的二十届三中全会明确提出“实施分区域、差异化、精准管控的生态环境管理制度”，为下一步工作指明了方向。我们将抓好改革任务落实，做到“三个进一步”。

进一步夯实工作基础。推动分区管控纳入生态环境法典，加大国家重大科技专项支持力度，研究分区管控的单元划分、精准管控等关键核心技术。

进一步强化平台应用。制定信息平台建设指南和接口规范，大量环境监测数据都会接到信息平台上。加强国家、省两级平台互联互通，拓展应用场景，提升应用效能。

进一步形成制度合力。开展与国土空间规划衔接、减污降碳协同等试点工作，强化政策协同。开展生态环境分区管控与环境影响评价、排污许可等制度联动改革，完善源头预防体系，抓早抓实，力争在环境管理的初始环节就实现以高水平保护促进高质量发展。谢谢！

寿小丽：好，最后一个问题。

凤凰卫视记者：现在生态环境保护已经成为全球治理的重要议题和国际竞争合作的重要领域，中国也实现了由全球环境治理参与者到引领者的重大转变。请问可否为我们简单介绍这些变化，下一步将如何为全球生态文明建设贡献更多的中国智慧和中国方案？谢谢！

黄润秋：谢谢这位记者朋友的提问。您提到的这个话题，我是深有感触的，下面我来简要回答一下这个问题。

我清楚地记得，2022 年在加拿大蒙特利尔召开联合国《生物多样性公约》第十五次缔约方大会（COP15），中国是主席国，我是大会主席，当我在闭幕会上重重敲下手中的木槌，宣布“昆蒙框架”这项经过近十年艰苦谈判、对于保护地球生物多样性将起到里程碑作用的全球协议通过的时候，数千人的会议大厅里响起了雷鸣般的掌声，参会人员欢呼雀跃、相互拥抱，纷纷对中国作为主席国作出的贡献表示敬意和祝贺。那一刻，我感到由衷的自豪。这是中国作为主席国首次主持国际重大环境公约谈判并取得成功。我也深深地体会到，这是习近平主席亲自关怀和高位推动的结果。习近平主席两次在大会上发表视频讲话，对谈判进程和“昆蒙框架”的达成起到了关键的推动作用，彰显了中国作为一个负责任大国的情怀和担当。

应对气候变化领域也是如此。2015年，也正是在习近平主席的亲自推动下，达成了应对气候变化的《巴黎协定》。此后，在推动《巴黎协定》落实的历次气候变化大会上，中国都发挥了“稳定器”、推动者、行动派、实干家的作用。我们广泛凝聚各缔约方共识，共同推动气候变化领域构建公平合理、合作共赢的全球治理体系，得到国际社会的充分肯定和普遍赞许。

这些年来，习近平主席相继提出了全球发展倡议、全球安全倡议、全球文明倡议，这些重大倡议都把环境与气候治理作为重要内容，为携手构建地球生命共同体提供了强大动力。我们向世界庄严承诺“二氧化碳排放力争于2030年前达到峰值，努力争取2060年前实现碳中和”的碳达峰碳中和目标愿景，宣布不再新建境外煤电项目，帮助发展中国家和小岛屿国家发展可再生能源和提升应对气候变化能力，我们还和 40 多个国家签署了应对气候变化合作和援助协议，开发实施“非洲光带”项目，向全球提供了 60% 的风电设备、70% 的光伏组件设备。过去十年间，正是因为中国在可再生能源领域取得的巨大技术进步和大规模应用，才有力推动了全球风电和光伏发电成本分别下降 60% 以上和 80% 以上，为全球碳减排和绿色转型作出了巨大贡献，这是国际社会所公认的。

新时代以来，习近平生态文明思想在国际社会得到了高度认可，一系列的核心理念，比如绿水青山就是金山银山、生态优先绿色发展、人与自然和谐共生、共建地球生命共同体等，在全球范围内得到广泛传播，成为引领全球环境治理的先进理念，为全球可持续发展贡献了中国智慧、中国方案。所以说，我国实现了由全球环境治理参与者到引领者的重大转变。

面向未来，我们将秉持人类命运共同体的理念，持续深化生态环境领域国际合作，积极参与和引领全球环境与气候治理，合力保护人类共同的地球家园，为共建清洁美丽世界作出更大贡献。

谢谢各位记者朋友！

寿小丽：谢谢黄润秋部长，谢谢各位发布人，谢谢各位记者朋友的参与，今天的新闻发布会就到这里，大家再见！

国新办新闻发布会

GUOXINBAN
XINWEN FABUHUI
SHILU

《碳排放权交易管理暂行条例》国务院政策例行吹风会摘录

2024年2月26日

例行吹风会现场

国务院新闻办新闻局副局长、新闻发言人谢应君：女士们、先生们，上午好！欢迎大家出席国务院政策例行吹风会。近日，《碳排放权交易管理暂行条例》（以下简称《条例》）公开发布，为帮助大家更好地了解相关情况，今天我们邀请到生态环境部副部长赵英民先生、司法部立法四局局长张要波先生，请他们向大家介绍《条例》的有关情况，并回答大家关心的问题。

下面，我们先请赵英民副部长介绍情况。

生态环境部副部长赵英民：谢谢主持人。女士们、先生们，新闻界的朋友们，大家上午好！非常高兴有机会向大家介绍国务院刚刚颁布的《条例》以及全国碳市场的建设情况。首先，感谢大家长期以来对生态环境保护工作以及全国碳市场建设的关心和支持。

党中央、国务院高度重视应对气候变化工作。习近平总书记强调，应对气候变化不是别人要我们做，而是我们自己要做，是我国可持续发展的内在要求。要积极稳妥地推进碳达峰碳中和，要建成更加有效、更有活力、更具国际影响力的碳市场。

建设统一的全国碳市场，是推动我国经济社会绿色化、低碳化发展的重大制度创新。党的二十大报告、《中共中央　国务院关于完整准确全面贯彻新发展理念做好碳达峰碳中和工作的意见》与《中共中央　国务院关于全面推进美丽中国建设的意见》等文件中，都对全国碳市场建设提出了明确的要求。全国碳市场不仅可以发挥市场在碳排放资源配置中的决定性作用，还可以实现有效市场和有为政府的有机结合，是实现全社会降碳低成本的政策工具，受到国际社会的高度重视。

中国的碳市场由全国碳排放权交易市场（强制碳市场）和全国温室气体自愿减排交易市场（自愿碳市场）组成。强制和自愿两个碳市场既各有侧重、独立运行，又互补衔接、互联互通，共同构成了全国碳市场体系。

日前，李强总理签署了国务院令，公布《条例》自今年5月1日起施行。《条例》是我国应对气候变化领域的第一部专门的法规，首次以行政法规的形式明确了碳排放权市场交易制度，具有里程碑意义。《条例》重点就明确体制机制、规范交易活动、保障数据质量、惩处违法行为等诸多方面作出了规定，为我国碳市场健康发展提供了强大的法律保障，开启了我国碳市场的法治新局面。《条例》的出台对我国碳达峰碳中和目标的实现和推动全社会绿色低碳转型具有重要的意义。

全国强制碳市场启动两年半以来，总体运行平稳，制度规范日趋完善，市场活跃度逐步提升，碳排放数据质量全面改善，碳排放管理能力明显提升，价格发现机制作用日益显现。今年年初，自愿碳市场启动以来，运行总体平稳。全国碳市场在促进企业减排温室气体、推动行业绿色低碳转型高质量发展的同时，也为全社会开展气候投融资、碳资产管理等碳定价活动锚定了基准价格，推动社会各界关注应对气候变化工作，积极参与降碳、减污、扩绿、增长，推动生产生活方式的低碳化、绿色化，从而推动全社会的绿色低碳发展。

下一步，我们将以《条例》出台为契机，全面贯彻落实有关要求，进一步完善相关政策配套制度，保障市场健康平稳有序运行，严格依法管理规范操作，积极推进碳市场建设，为实现碳达峰碳中和目标与建设美丽中国作出贡献。

下面，我愿意回答记者朋友们的提问。谢谢！

谢应君：谢谢赵英民副部长。下面欢迎大家提问，提问前请通报一下所在的新闻机构。

《人民日报》记者：2021年7月，全国碳排放权交易市场正式上线交易，请问目前碳排放权交易市场的建设和运行状况如何？在推动实现碳达峰碳中和目标方面发挥了哪些作用？谢谢！

赵英民：谢谢您的提问。按照党中央、国务院的决策部署，全国碳排放权交易市场也就是我们所说的强制碳市场选择了以发电行业为突破口，2021年7月正式开市，目前已经顺利完成了两个履约周期。第一个履约周期是2019—2020年，第二个履约周期是2021—2022年，实现了预期的建设目标。目前，全国碳排放权交易市场覆盖年二氧化碳排放量约51亿t，纳入重点排放单位2 257家，成为全球覆盖温室气体排放量最大的碳市场。全国碳排放权交易市场建设两年半以来，在各方的大力支持和努力下，主要取得了四个方面的成效：

一是建立了一套较为完备的制度框架体系。国务院印发实施《条例》，生态环境部出台管理办法和碳排放权登记、交易、结算三个管理规则，以及发电行业碳排放核算报告核查技术规范和监督管理要求等，对注册登记、排放核算、报告、核查、配额分配、配额交易、配额清缴等涉及碳排放权交易的关键环节和全流程提出了明确要求与规范，初步形成了由行政法规、部门规章、标准规范以及注册登记机构和交易机构业务规则组成的全国碳排放权交易市场法律制度体系和工作机制。

二是建成了“一网、两机构、三平台”的基础设施支撑体系。建成了全国碳市场信息网，集中发布全国碳市场权威信息资讯。成立全国碳排放权注册登记机构、交易机构，对配额登记、发放、清缴、交易等相关活动实施精细化管理。建成并稳定运行全国碳排放权注册登记系统、交易系统、管理平台三大基础设施，实现了全业务管理环节在线化、全流程数据集中化、综合决策科学化，全国碳排放权交易市场基础设施支撑体系基本形成。

三是碳排放核算和管理能力明显提高。建立碳排放数据质量常态化长效监管机制，实施“国家—省—市”三级联审，运用大数据、区块链等信息化技术智能预警，将数据问题消灭在“萌芽”阶段。创新建立履约风险动态监管机制，督促企业按时足额完成清缴。参与碳市场企业均建立了碳排放管理的内控制度，将碳资产管理纳入日常生产经营活动，相关企业的管理能力和核算能力显著提升。

四是市场表现平稳向好。表现在以下几个方面：一是市场活跃度和第一个履约周期相比，第二个履约周期有明显提升。截至去年年底，全国碳排放权交易市场累计成交量达到 4.4 亿 t，成交额约 249 亿元。第二个履约周期成交量比第一个履约周期增长了 19%，成交额比第一个履约周期增长了 89%。二是碳价整体呈平稳上涨态势。由启动时的 48 元 /t 上涨至 80 元 /t 左右，上涨了 66% 左右。第二个履约周期企业参与交易的积极性明显提升，参与交易的企业占总数的 82%，比第一个履约周期上涨了近 50%。

全国碳排放权交易市场的健康运行，为碳达峰碳中和目标实现、推动全社会绿色低碳发展发挥了重要作用。主要有以下几个方面：

一是落实了企业的减碳责任。利用碳市场碳排放配额分配，将碳减排目标要求直接分解到企业，使企业成为减碳的主体，压实了企业责任，树立了"排碳有成本、减碳有收益"的低碳意识，实现了对第一大碳排放重点行业（电力行业）碳排放的有效控制。

二是降低了行业和全社会的减碳成本。通过碳排放配额交易，碳市场为企业履行减碳责任提供了更为灵活的选择，帮助行业实现了低成本的减碳。据测算，这两个履约周期中，全国电力行业总体减排成本降低了约 350 亿元。随着碳排放权交易市场覆盖行业范围的不断扩大，碳排放资源在全国范围内不同行业间的优化配置将最终实现全国总的减排成本最小化。

三是碳市场形成的碳价，为开展气候投融资、碳资产管理等碳定价活动锚定了基准价格参考，促进了气候投融资工具创新，为低碳、零碳、负碳技术投融资提供了基础支撑、资金支撑。以碳市场为核心的中国碳定价机制正在逐步形成，促进了全社会生产生活方式的低碳化，从而推动了绿色低碳高质量发展。

四是探索建立了符合我国实际的重点行业碳排放统计核算体

系，培养了一大批碳减排、碳管理的专业人才和相关机构，为推动实现碳达峰碳中和目标打下了坚实基础。谢谢!

……

红星新闻记者：目前，碳排放权交易覆盖的行业具体有哪些?对于下一步碳市场扩容有怎样的考虑?谢谢!

赵英民：谢谢您的提问。中国的碳排放主要集中在发电、钢铁、建材、有色金属、石化、化工、造纸、航空等重点行业，这八个行业占我国二氧化碳排放的75%左右，这些重点行业工业化程度高，有一定的人才、技术、管理基础，更容易实现对碳排放的量化控制管理和影响含碳产品与服务的价格。目前，全国碳排放权交易市场纳入了发电行业。刚才我介绍，全国碳排放权交易市场覆盖年二氧化碳排放量大约是51亿t，占全国二氧化碳排放总量的40%以上。将高排放行业尽早纳入全国碳排放权交易市场，也就是说抓住全国75%的排放，充分发挥市场在碳排放资源配置中的决定性作用，可以使我们全社会的降碳成本实现最优、最小化，从而助力实现我国的碳达峰碳中和目标，推动绿色低碳转型和美丽中国建设。

《条例》对确定行业覆盖范围和重点排放单位相关的工作程序进行了明确，未来我们将坚持稳中求进、先易后难的原则，结合我国经济社会发展阶段和情况、国家控制温室气体排放的总体要求，综合考虑行业的碳排放量、数据质量基础、减污降碳协同、行业高质量发展等因素，优先纳入碳排放量大、产能过剩严重、减污降碳协同效果好、数据质量基础好的重点行业。扩围工作将把握好节奏力度，科学合理确定不同行业的纳入时间，分阶段、有步骤地积极推动碳排放权交易市场覆盖碳排放重点行业，从而构建更加有效、更有活力、更具国际影响力的碳市场。

关于碳市场扩容，目前我们已经开展了两项工作，给大家介绍一下：

一是生态环境部每年在全国范围内对上述重点行业组织开展了年度的碳排放核算报告核查工作，也就是除电力行业之外，其他七个行业虽然没有纳入配额管控，但是其碳排放核算报告核查工作，我们已经开展起来了。

二是开展扩容的专项研究。我们对重点行业的配额分配方法、核算报告方法、核算要求指南、扩容实施路径等，开展了专题研究评估论证，相关的技术文件起草工作已经基本完成，我们正在积极推动，争取尽快实现我国碳排放权交易市场的首次扩容。

碳排放控制和管理，对于政府部门、行业乃至重点排放单位都是新生事物。我们将坚持成熟一个、纳入一个的原则，充分借鉴运用好已有的碳排放管理制度和经验，加强拟纳入行业碳排放管理的制度建设、数据管理、宣传培训，使这些行业的重点排放单位在纳入碳市场后，能够满足碳市场的管理要求，确保碳市场健康发展，同时推动相关行业和重点排放单位绿色低碳转型与高质量发展，提升企业的市场竞争力。谢谢！

《南方日报》南方＋记者：目前，中国已建成全球规模最大的碳市场，但与国际上已经成熟的碳市场相比，我国碳交易机制还存在一些问题，比如碳市场活跃度不足等。请问《条例》的发布，将为我国碳市场建设提供怎样的发展条件？谢谢！

赵英民：谢谢您的提问。全国碳排放权交易市场启动两年半以来，总体运行平稳，我们也组织专家进行了评估，总的结论就是中国的碳市场总体表现要好于发达国家碳市场建设初期。但是作为一个仍处于起步阶段的新生事物，与发达国家成熟的碳市场相比，中国碳排放权交易市场还有很多需要进一步建设和完善的地方。刚才您提到的市场活跃度，以及行业覆盖范围等问题，都需要我们在碳市场下一步建设中逐一克服。

《条例》立足我国经济社会发展现状，就当前碳市场存在的难点问题，有针对性地作出了相应的规定，应该说，为我们逐一克服、解决这些问题提供了强大的法律支撑和保障。除刚才我介绍的要着力扩大行业覆盖范围之外，进一步推动碳市场建设还有以下几个方面的工作，在《条例》中都有所明确。

一是逐步推行免费分配和有偿分配相结合的碳配额分配方式。目前，中国的碳排放权交易市场配额分配方式是免费发放，国际上成熟的碳市场大都已经开展了免费分配和有偿分配相结合的实践。《条例》明确，配额分配根据国家有关要求逐步推行免费分配和有偿分配相结合的方式。适时引入有偿分配并逐步提升有偿分配比例，这样有利于控制碳排放总量，使碳价更真实地反映碳减排成本，更好地发挥市场作用，从而推动碳达峰碳中和目标实现，也提升我国碳市场在国际碳定价当中的话语权。

二是建立市场稳定机制。目前，全国碳排放权交易市场有效的市场调控手段不足，市场稳定机制尚不完善。《条例》将市场调节需要作为制定碳排放配额总量和分配方案的重要考虑因素，开展市场调控，平衡市场供需，防止碳价格失控等市场风险，为保障碳市场健康平稳有序运行提供了法律保障。

三是对丰富交易主体和产品作出规定。目前，全国碳排放权交易市场只是将二氧化碳一种温室气体纳入了管控范围，行业范围还仅仅是发电行业，虽然这个行业排放量很大，但交易产品只是碳排放配额现货。《条例》规定，碳排放权交易覆盖的温室气体种类和行业范围，由国务院生态环境主管部门会同有关部门根据国家温室气体排放控制的目标研究提出，报国务院批准后实施。碳排放权交易产品包括碳排放配额和经国务院批准的其他现货交易产品。

下一步，我们将本着碳市场作为控制温室气体排放政策工具的基本定位，在有效防范风险的前提下，按照《条例》的有关规定，优化配额分配方式，逐步扩大行业覆盖范围，不断丰富交易品种、交易主体、交易方式，激发市场活力，充分发挥市场机制在碳减排资源配置中的决定性作用，从而推动经济社会的绿色低碳转型。谢谢！

中央广播电视总台央视记者：刚才谈到数据造假的问题，我们知道数据质量是碳市场的生命线。请问新出台的《条例》在数据质量方面的规定是怎样的？目前这方面的管理成效怎样？今后生态环境部还将从哪些方面来加强管理，确保数据质量？谢谢！

赵英民：谢谢您的提问。数据质量是保证碳市场健康平稳有序的基础，可以说是碳市场的生命线。党中央十分关心，生态环境部高度重视，我们把保障和提升碳市场的排放数据质量作为一项政治任务，主要采取了以下五个方面的措施：

一是健全完善制度。这里既有法律规定，也有技术规范，还有司法解释。推动最高人民法院、最高人民检察院修订《最高人民法院　最高人民检察院关于办理环境污染刑事案件适用法律若干问题的解释》，将温室气体排放数据造假纳入刑事制裁范畴。修订了相关碳排放数据核算报告技术指南，碳核算公式由过去的 27 个精简到 12 个，简单来说，就是提升了这些核算公式的有效性、规范性和可操作性，使核算的不确定性大幅降低。

二是建立“国家—省—市”三级联审的长效工作机制。创造性开展碳排放关键参数月度存证，提升基础数据的准确性和可追溯性，及时发现问题苗头。

三是充分利用大数据信息化手段实现“穿透式”监管。通过全国碳市场管理平台，第二个履约周期对 300 多万个参数数据进行自动识别校验，及时发现并解决了 7.2 万余个数据异常问题。

四是严厉打击弄虚作假等违法行为。通过两轮碳排放报告专项监督帮扶，对发现的问题逐一拉条挂账、分类处理、整改销号。对违法企业严肃处罚并核减其碳排放配额，对问题严重的技术服务机构公开曝光，对弄虚作假行为形成有力震慑。

五是全面加强宣传培训。刚才我讲碳市场是新生事物，通过大范围培训，重点排放单位和技术服务机构的碳排放核算与管理能力得到了明显提升。去年，我们一共组织了 134 场约 1.1 万人参加的培训，实现了市场参与主体全覆盖。

通过上述五个方面的措施，碳排放数据质量大幅改善，碳排放报告的规范性、准确性、时效性大幅提升，企业管理效能也明显增强，与第一个履约周期相比，第二个履约周期监督帮扶发现的碳排放数据不规范企业数量大幅下降，并且以此探索出了一套行之有效、可复制、可推广的管理经验。

《条例》对数据质量管理提出了新的更高要求，为切实守住数据质量这一生命线，在打击碳排放数据造假、遏制虚报瞒报碳排放数据等行为方面，真正长出了“牙齿”，可以总结为六个字：严控、严查、严罚。

严格控制主要体现在：明确相关机构和人员禁止事项与处罚措施，通过配套制度规范，持续压减数据造假空间，通过建设完善的全国碳市场管理平台，利用区块链、数字化技术手段，保证数据无法篡改。通过“年度核查 + 日常监管”的工作模式，持续强化数据质量审核。

严肃督查主要体现在：通过全国碳市场管理平台大数据筛查异常数据，通过投诉举报发现问题线索，在此基础上进行现场检查核实，对发现的问题线索不查清绝不放过，问题疑点不查清绝不放过，问题整改不到位绝不放过。

严厉处罚主要体现在：明确各相关部门的监管职责，对碳排放数据弄虚作假“零容忍”，严惩重罚，公开曝光违法违规行为。

《条例》从四个方面规定了防范和惩处碳排放数据造假的具体要求：一是强化重点排放单位的主体责任；二是加强对技术服务机构的管理；三是强化监督检查；四是加大处罚力度。在这些方面，《条例》都作出了具体翔实的规定。我相信，下一步随着《条例》的贯彻落实，碳市场数据质量会在第二个履约周期的基础上进一步提升。谢谢！

中国新闻社记者：今年1月22日，全国温室气体自愿减排交易市场启动。请问全国碳排放权交易市场与全国温室气体自愿减排交易市场二者有什么关系？《条例》中是否有相关规定？谢谢！

赵英民：谢谢您的提问。全国温室气体自愿减排交易市场是继全国碳排放权交易市场之后，我国推出的又一个助力实现碳达峰碳中和目标的重要政策工具。两个工具都是通过市场机制控制和减少温室气体排放，两者既有区别、独立运行，又有联系、互为补充，共同构成了我国的碳市场体系。通俗来说，碳排放权交易市场是强制性的，自愿减排交易市场是自愿性的。碳排放权交易市场的参与主体目前主要是具有控制温室气体排放法律义务的排放企业，也就是《条例》中所说的重点排放单位，由政府向这些企业分配碳排放配额，并规定企业向政府清缴与其实际排放等量的配额，清缴完之后，配额盈余的企业就可以在市场上通过交易出售获益。配额不足的企业，就需要从市场上购买，从而实现激励先进、约束落后的政策导向，降低整个行业乃至全社会的降碳成本。

自愿减排交易市场的目的是鼓励各类主体自主自愿地采取额外的温室气体减排行动，产生的减排效果经过科学方法量化核证后，通过市场来出售，从而获取相应的减排贡献收益。这里需要注意的是，自愿减排项目需要满足三个条件：一是额外性；二是真实性；三是唯一性。我想，真实性大家都好理解，这个项目是真的，这个减排量是准确的。唯一性也好理解，这个项目只能算一次，不能算两次、三次，不能重复计算。我重点讲一下额外性。额外性是自愿减排交易市场的一个特点，体现在可交易的减排量必须是人为活动产生的，而且是为减排做出了额外的努力。比如，像原始森林、海洋本身是要吸收二氧化碳的，是有碳汇的，但是这样的碳汇不是额外人为努力而产生的，所以就不能开发为自愿减排项目的产品。另外，已经达到市场平均盈利水平的项目也不具有额外性。比如，我国现在的一些可再生能源，投资本身已经实现商业盈利了，出于市场资本逐利的目的产生的减排量，就属于非额外性的。因此，必须是在商业上不具有可行性或在同行业碳减排基准线之下时，必须通过自愿减排交易市场获取收益才能使这个项目有效运行，实现减排目标，这才体现它的额外性。所以，从这一点上，大家可能都注意到了我们首批发布的四个方法学，首批要经过额外性论证。自愿减排交易市场本着先易后难的原则，首批发布的这四个方法学都有较好的额外性，比如海上风电，准确地说是深远海并网发电。因为大家都知道，岸上风电肯定比海上风电成本低，所以为了鼓励远海风电，方法学明确远海并网发电是首批方法学。还有光伏发电，大家都很清楚，但是这次首批四个方法学中是光热并网发电，因为基于目前的技术，光热并网发电在商业成本回收方面还有些困难，所以这是国家要鼓励的，包括森林碳汇、红树林营造，都是这个逻辑。因此，额外性就非常重要。

还有一个，也是自愿减排交易市场的特点，就是在核算时要符合保守性的原则。核算项目到底减了多少温室气体，或者吸收多少温室气体，有的时候不那么确定，或者选择参数的时候是一个范围，那么我们的规定要符合保守性原则，要确保核算的碳减排量不被高估。如果有一个范围，那就是要符合这个保守性原则。我想，这些都是自愿减排交易市场的特点。

产生高质量的碳信用是自愿减排交易市场健康发展的基础，需要市场各参与主体的共同努力。项目业主和第三方审定与核查机构都需要对项目的真实性作出承诺，生态环境部和国家市场监督管理总局也将联合开展事中、事后监管。总体来说，自愿减排交易市场将动员更广泛的行业企业自主、自愿开展温室气体减排行动，将创造巨大的绿色市场机遇，也会带动全社会共同参与绿色低碳发展。

两个市场通过配额清缴抵销机制实现互联互通。《条例》规定，纳入全国碳排放权交易市场的企业可以按照国家有关规定，购买经核证的温室气体减排量用于清缴其碳排放配额。强制碳市场和自愿碳市场的衔接，将更好地形成政策合力，进一步激发绿色低碳创新动力，引导社会各方共同参与减碳，从而推动落实碳达峰碳中和目标。谢谢！

新黄河客户端记者：2011 年以来，全国多地启动了地方碳排放权交易市场试点工作，请问此次《条例》的出台，对地方碳排放权交易市场有哪些影响？谢谢！

赵英民：谢谢您的提问。我国碳市场建设是从地方试点开始起步的。2011 年明确了北京、天津、上海、重庆、湖北、广东、深圳等 7 个省市开展碳排放权交易试点，并且先后启动交易，覆盖了电力、钢铁、水泥等 20 多个行业近 3 000 家企业，有效促进了企业温室气体减排，强化了社会各界的低碳意识，特别是为全国统一的碳市场建设探索积累了宝贵的经验。

根据《中共中央　国务院关于加快建设全国统一大市场的意见》要求，我们正在建设全国统一的碳市场，实行统一的行业核算标准、统一的监管规则、统一的交易结算、统一的配额分配方案。《条例》明确了全国碳市场和目前地方试点碳市场的关系，我想主要有三个方面：一是明确《条例》出台以后不再新建地方碳市场。二是纳入全国碳排放权交易市场的行业和企业不再参加地方试点碳市场，就是不重复管控。三是地方试点碳市场应当参照这次发布的《条例》，健全完善相关的管理制度，加强监督管理。

总体来说，在全国碳排放权交易市场运行的同时，地方试点碳市场还将存在一段时间，生态环境部将指导地方试点碳市场在扩大行业覆盖范围、实行总量控制、有偿分配、市场稳定机制等方面先行先试，继续发挥好地方碳市场试点作用，为全国碳市场建设运行提供实践经验。谢谢！

谢应君：最后一个问题。

《光明日报》记者：《条例》提出加强碳排放权交易领域的国际合作与交流。请问在开展跨境碳交易和与欧盟就碳边境调节机制开展对话方面有什么考虑？谢谢！

赵英民：谢谢您的提问。我国高度重视碳市场领域的国际交流与合作，已经与多个国家和地区以及国际组织建立了良好的碳市场交流合作关系。事实上，全国碳排放权交易市场和全国温室气体自愿减排交易市场建设，就充分借鉴和吸收了国际社会其他碳市场建设的经验与教训。

《联合国气候变化框架公约》下《巴黎协定》第六条，为国际社会开展全球跨境碳交易提供了重要指导。目前，《巴黎协定》第六条的具体实施细节还在谈，国际社会还没有达成共识。但是，这是国际社会共同应对气候变化的正道，我们认为，应该在多边机制下，大家加强沟通，争取早日就国际碳市场达成一致，从而推动全球碳减排。

欧盟碳边境调节机制是一项单边措施，目前已经引发世界各国特别是广大发展中国家的高度关注。我们认为，全球气候治理应该坚持公平、共同但有区别的责任和各自能力等国际社会早已达成共识的原则，充分认识发展中国家和发达国家不同的历史责任与不同的发展阶段，充分尊重国家自主贡献“自下而上”的制度安排，充分尊重不同国家的国情和能力基础，通过《巴黎协定》第六条的谈判，达成广泛的全球碳市场合作共识，也要避免采取单边行动，减少对区域外国家不必要的负面外溢效应。谢谢！

谢应君：感谢各位发布人的介绍，感谢各位记者朋友的参与，今天的吹风会就到这里。再见！

《中国的海洋生态环境保护》白皮书新闻发布会摘录

2024年7月11日

新闻发布会现场

国务院新闻办新闻局副局长、新闻发言人邢慧娜：女士们、先生们，大家上午好！欢迎出席国务院新闻办新闻发布会。今天，国务院新闻办公室发布《中国的海洋生态环境保护》白皮书（以下简称白皮书），同时举行新闻发布会，向大家介绍和解读白皮书的主要内容。

白皮书以习近平新时代中国特色社会主义思想为指导，深入贯彻习近平生态文明思想，系统介绍中国构建人海和谐的海洋生态环境的政策理念，全面阐述中国统筹推进海洋生态环境保护、系统开展海洋生态环境治理、提升海洋绿色低碳发展水平的重要举措，展示中国广泛开展海洋生态环境保护国际合作、推动构建海洋命运共同体的实际行动和世界贡献，呼吁各国共同保护海洋生态环境、推动海洋可持续发展，共同建设更加清洁、美丽的世界。

白皮书由前言、正文和结束语三部分组成，共约2.7万字。其中，正文包含七部分，分别是：一、构建人海和谐的海洋生态环境；二、统筹推进海洋生态环境保护；三、系统治理海洋生态环境；四、科学开展海洋生态保护与修复；五、加强海洋生态环境监督管理；六、提升海洋绿色低碳发展水平；七、全方位开展海洋生态环境保护国际合作。

白皮书以中、英、法、俄、德、西、阿、日等8个语种发布，分别由人民出版社和外文出版社出版，在全国新华书店发行。

为了帮助大家更好地了解白皮书的有关内容，今天的发布会我们邀请到自然资源部副部长、国家海洋局局长孙书贤先生，生态环境部副部长郭芳女士，请他们向大家介绍有关情况，并回答大家关心的问题。

……

邢慧娜：谢谢孙部长，下面请郭芳女士介绍情况。

生态环境部副部长郭芳：女士们、先生们，记者朋友们，大家上午好！很高兴在这里和大家见面，首先我代表生态环境部向长期以来关心、支持中国海洋生态环境保护的各界朋友表示衷心的感谢。

正如刚才孙部长所说，习近平总书记对海洋生态文明建设和海洋生态环境保护关怀备至、寄予厚望。党的十八大以来，在习近平生态文明思想的指引下，中国海洋生态环境保护发生了前所未有的重大变化，主要体现在“四个坚持”上：

我们坚持系统观念，陆海统筹体制机制改革不断深化。中国正在打造从山顶到海洋的保护治理大格局，涉海领域改革持续推进，特别是2018年机构改革，海洋环境保护的职责整合到生态环境部，设立了三个流域海域生态环境监督管理机构，打通了陆地与海洋、贯通了生态与环境，构建了陆海统筹、河海联动的综合治理体系，部门间合作更加有力，区域间协同更加顺畅。

我们坚持人民至上，美丽海湾建设成效不断彰显。中国始终秉持生态为民、生态惠民的理念，编制实施了《“十四五”海洋生态环境保护规划》《美丽海湾建设提升行动方案》，目前正在重点打造110余个美丽海湾，在65个海湾拉网式进行海洋垃圾清理工作，推动海洋塑料垃圾的回收利用。

今天，我给各位记者朋友带来了一个小物件，这条漂亮的丝巾其实是由三个废弃塑料瓶制成的，这些塑料瓶都来自广东省广州市南沙区的公益净滩行动。我们努力争取到 2035 年把全国 283 个海湾都建成美丽海湾，让这条丝巾上描绘的“水清滩净、鱼鸥翔集、人海和谐”的美丽愿景成为现实。

我们坚持重点攻坚，近岸海域的生态环境质量持续改善。中国始终紧盯渤海、长江口—杭州湾、珠江口等沿海战略交汇点，实施重点施治，打了几场漂亮的攻坚战，实现了生态环境质量从企稳向好到明显改善的重大转变。据统计，2023 年，近海海域海水优良水质面积达到了 85% 的历史新高，较 2018 年增长了 13.7 个百分点，并且实现“六年连续增长”；24 个典型海洋生态系统自 2021 年后就消除了“不健康”的状态。

我们坚持依法治海，海洋生态环境监督执法不断加强。中国始终以最严格制度最严密法治保护海洋，先后 3 次修正和 1 次修订《中华人民共和国海洋环境保护法》，制（修）订 7 部行政法规、10 余项部门规章，形成有力的法治保障。始终坚持监管从严、执法从严，累计排查出入海排污口 5.3 万多个，完成整治 1.6 万余个，持续开展“绿盾”“碧海”专项监管执法行动，实施 3 轮中央生态环境保护督察，其间发现并督促整改了涉海突出问题 200 余项。

经过不懈坚持，大家能够感受到，近几年海水更清了、海滩更净了、海鸟更多了、滨海湿地也更美了。海洋生态环境的持续改善，是中国生态环境保护发生历史性、转折性、全局性变化的生动写照和有力实证。下一步，我们将继续推动重点海域综合治理，全面推进美丽海湾建设，不断满足人民群众享海、亲海的需求。

“相知无远近，万里尚为邻。”借此机会，我诚邀中外朋友到沿海各地走一走、看一看，共同领略中国海湾的环境之优、生态之美、治理之效，我们也愿意和各国一道，交流互鉴，务实合作，共同推动构建海洋命运共同体，让蓝色星球永葆清澄底色。

我就先介绍这么多，谢谢！

邢慧娜：谢谢郭部长的介绍。下面进入答问环节，欢迎各位媒体朋友提问，提问前请通报所在的新闻机构。

……

中国新闻社记者：白皮书介绍了中国海洋生态环境保护法治建设的有关情况。我想了解一下，中国在海洋生态环境法治建设方面开展了哪些工作？是如何以法治来保护海洋生态环境的？谢谢。

郭芳：感谢您的提问。良好的生态环境必须依靠法治保障。我们常说，要精准治污、科学治污、依法治污，依法治污就是中国生态环境保护的核心理念，就是坚持依法依规、严格监管，以最严格制度最严密法治保护海洋。对于您刚才关心的问题，我想从立法和执法两个方面作简要介绍。

在立法方面，中国制定了海洋生态环境保护的综合性法律，即《中华人民共和国海洋环境保护法》。自2012年以来，进行了3次修正和1次修订。特别是去年新修订的《中华人民共和国海洋环境保护法》，由原来的十章97条修改为九章124条，增加了27条，其中只有8条是没有任何修改的，有许多制度创新和务实举措，比如，将陆海统筹作为海洋生态环境保护的原则，重点针对海洋垃圾治理、入海排污口监管、入海河流污染防治作出了详细规定，并增加处罚事项，加大处罚力度，丰富计罚方式和处罚手段等。

《中华人民共和国湿地保护法》《中华人民共和国渔业法》《中华人民共和国海警法》则分别对滨海湿地、海洋渔业资源保护、海洋环境执法作出了明确规定。

不仅在国家层面，沿海各地在地方层面也在积极进行地方立法，比如，海南省出台了珊瑚礁和砗磲保护规定，厦门市出台了中华白海豚种群与栖息地保护的规章，效果很明显，中华白海豚种群数量从20世纪90年代初的60头增加到现在的近80头，据说厦门市民在中心城区都能看到中华白海豚的身影。

在执法方面，生态环境部和中国海警局等部门建立了监管执法机制，在常态巡查执法的基础上，共同开展“绿盾”“碧海”专项监管执法行动。2020—2022年，检查海洋工程、石油平台、海岛、倾倒区共1.9万余次，查处违法围填海、非法倾废、破坏海岛等案件360余起，严厉打击了海洋生态环境保护重点领域的违法犯罪行为。

下一步，生态环境部将继续配合立法机关做好生态环境法典的编纂工作，健全完善海洋生态环境法治体系，用法治力量守护海洋生态环境。谢谢！

《南方日报》南方+记者：近年来，中国持续推进美丽海湾建设，请问当前的进展和成效如何？在这个过程中，如何推动地方做到因地制宜，更好实现“一湾一策”“各美其美”？下一步有哪些工作考虑？谢谢。

郭芳：谢谢这位记者的提问。刚才给大家看了美丽海湾建设的成果。美丽海湾建设是海洋生态环境保护的重要抓手，我们现在的推进还是很顺利的，效果也很明显，主要是做了三件事：第一件事是“三个五年”的顶层设计；第二件事是“一湾一策”综合治理；第三件事是基层创新“示范引领”。

其一，“三个五年”的顶层设计。大家都知道，生态环境保护不是一朝一夕的事情，需要久久为功，我们从《“十四五”海洋生态环境保护规划》开始，坚持“三个五年”持续推进，力争到2035年全国283个海湾都能建成美丽海湾。目前，全国沿海11个省（自治区、直辖市）都已经制订了省级建设方案和130个具体海湾的实施计划，形成了从中央到地方全面推进美丽海湾建设的规划布局和实施体系。

其二，“一湾一策”综合治理。对那些共性问题，比如近岸海域的污染防治、海洋生态的修复恢复，以及媒体也很关注的岸滩洁净等问题，都是每个海湾建设要做的。同时，我们也很担心在建设过程中大家最后做到的是“百湾一面”，因此还是需要“一湾一策”，形成各自独特的优势和特色。因此，“一湾一策”要求每个海湾都要结合其自身的禀赋因地制宜。截至2023年年底，我们在“十四五”期间确定的1 682项具体任务措施已经完成了1/2，到现在已经完成了近2/3，其余任务措施正在推进之中。2023年，全国283个海湾，有 167 个海湾海水优良面积超过 85%，布氏鲸、中华白海豚、黑脸琵鹭等旗舰品种在多个海湾频频现身。“一湾一策”确实造就了“各美其美”，我介绍一下印象深刻的，有山东日照张北湾打造了 28 km 的阳光海岸绿道；广西北海修复沙滩 3.3 km，形成了连绵十里的秀美“银滩”。

其三，我们十分鼓励基层创新“示范引领”，特别是制度创新、机制创新、技术创新。通过遴选美丽海湾建设优秀案例，形成了一批可复制、可推广的好经验、好做法。比如，广东深圳大鹏湾常年活跃着十余个绿色环保海洋公益组织，开展百里海岸线护岸行动，带动社会公众成为美丽海湾建设的参与者和监督者。河北唐山湾利用贝藻礁生态系统重构技术，让 4 000 亩[①] 的海底重现了牡蛎成山、藻草成林、参贝相依、鱼虾相戏的盛景。

去年年底出台的《中共中央　国务院关于全面推进美丽中国建设的意见》也对美丽海湾建设提出了明确的要求，作出了专门部署。下一步，我们将切实抓好落实，通过不断完善的顶层设计和日见成效的基层实践，相互促进、相得益彰，更加有力地推动美丽海湾建设高质量开展。谢谢！

……

《环球时报》记者： 我比较关心的是内海生态环境治理的问题，因为这被认为是一个世界性难题。中国唯一的内海是渤海，能不能

① 1 亩≈ 666.67 m^2。

介绍一下渤海近年来生态环境治理的情况？我们的一些举措对于全球其他国家和地区有哪些示范性作用？谢谢！

郭芳：谢谢您的提问，同时感谢您对渤海治理的关心。确实如您所说，内海深入大陆内部，仅有海峡与外海大洋连通，所以它往往具有海域面积小、交换速度慢、海洋容量比较差、人类活动比较多的特点，很容易形成海洋环境治理的难点。国际上类似情况也比较多，像美国的切萨皮克湾、欧洲的波罗的海、日本的濑户内海，也都经过了多年治理实践，渤海是我国唯一的半封闭型内海，曾经历过近岸水质恶化、生态退化、资源衰竭、灾害频发的生态困境。中国高度重视渤海治理，一直在进行治理。特别是 2018 年以来，连续开展了两轮重点综合治理攻坚，成效还是比较明显的。2023 年，渤海近岸海域水质优良比例达到 83.5%，比 2018 年增长了 18.1 个百分点，超出了我们的平均增长速度。

在渤海治理的实践当中，中国探索形成了陆海统筹的内海生态环境综合治理模式，其中有“三个关键”。

关键之一是陆海统筹。渤海的污染主要是氮、磷的营养盐过剩，问题看似在海里，但是根子在陆上。近年来，渤海水质得以改善，就是管住了入海河流和入海排污口这两个“闸口”，打出了一套入海河流总氮治理的“组合拳”，做细、做实了入海排污口“查、测、溯、治”的“绣花活”，建立起“流域—河口—近岸海域”的陆海统筹污染治理机制。我可以跟各位记者报告，渤海的海水水质依然在不断向好。

关键之二是减污扩容。减污是比较好理解的，就是通过入海河流总氮减排、入海排污口排查整治等，减少污染物排放入海量。扩容，就是刚才孙部长介绍的，通过滨海湿地的保护修复和生态岸线的修复，扩大海洋本身的环境容量。比如黄河口、滦河口的滨海盐沼、海草床修复，就有效提升了区域内对污染物的容纳降解能力。通过污染治理和生态修复两手发力、协同提升，有效促进了渤海海洋生态环境的质量改善。

关键之三是区域协同。渤海治理涉及多个部门、多个地区。在治理过程中，可以说中国制度优势充分彰显，各方资源和力量都能够充分调动起来，建立起责任明晰、分工协作、共同发力的协调联动机制；健全了近岸海域协同治理和会商通报机制，强化入海河流上下游联防联控机制，推动各项治理任务一一落实。可以说，渤海治理的成果都是合力推动的结果。

渤海综合治理的“三个关键”，成为全球内海生态环境治理的新方案，也是我们提供的中国方案、中国智慧。我们期待与各有关国家一道，加强这一领域的技术合作和交流。下一步，我们将继续保持渤海综合治理的力度，推动渤海生态环境质量持续改善。谢谢！

……

《北京青年报》记者：刚才郭部长介绍了《中华人民共和国海洋环境保护法》在最新修订之后的一些变化，我们也注意到，最新修订的《中华人民共和国海洋环境保护法》中，对加强海洋生物多样性保护作出了一系列新的规定，请问，我国现在海洋生物多样性的情况是怎样的？下一步在恢复生物多样性方面，生态环境部还有哪些工作要开展？谢谢。

郭芳：谢谢这位记者的提问。您关心的生物多样性问题，现在越来越受到世界的关注。万物各得其和以生，各得其养以成。生物多样性使地球充满了生机，也是地球生命共同体的根基和血脉。海洋作为地球上最大的生态系统，是生物多样性最为丰富的宝藏。保护海洋生物多样性，就是延续地球最古老、最美丽的生命故事。

中国是一个海洋大国，我们共记录到海洋生物物种2.8万余种，大约占世界已知海洋生物物种总数的11%，是全球海洋生物多样性最为丰富的国家之一。中国高度重视海洋生物多样性保护，一直在推进保护修复和监管治理，新修订的《中华人民共和国海洋环境保护法》也将保护海洋生物多样性作为重点，要求健全调查、监测、评估和保护体系，维护和修复重要的海洋生态廊道。

根据《2023年中国海洋生态环境状况公报》，纳入监测的24处典型海洋生态系统健康状况总体有所好转，自2021年起，保持"不健康"状况清零，海洋生物多样性稳步提高。媒体朋友也一直非常关心，海洋生物和人类和谐相处的报道、画面越来越多，比如，在珠江口和三娘湾的中华白海豚，深圳湾和涠洲岛的布氏鲸，现在都成为当地的网红、城市的代言。

2022年12月，COP15推动达成了"昆蒙框架"，它是具有里程碑意义的。据此，经国务院批准，生态环境部会同有关部门编制出台了《中国生物多样性保护战略与行动计划（2023—2030年）》（以下简称《行动计划》），将海洋作为重要领域和关键目标，将重点加强河口、海湾、红树林、珊瑚礁、海草床等海洋生态系统的修复、恢复。刚才孙部长也作了比较详细的介绍。

下一步，生态环境部等有关部门将认真落实“昆蒙框架”要求，深入实施《行动计划》，指导督促沿海地方结合美丽海湾建设，系统开展海湾精细化调查，着力实施生态保护和修复、恢复，持续强化调查监测和监督管理，多措并举保护好海洋生物多样性。谢谢！

……

香港《紫荆》杂志记者：白皮书里介绍到，去年浙江省“蓝色循环”海洋塑料废弃物治理新模式获得了联合国“地球卫士奖”。请问截至目前，这一海洋减塑模式的推广应用情况如何？中国为全球海洋生态环境保护和治理还贡献了哪些中国智慧和中国方案？谢谢。

郭芳：谢谢您对“蓝色循环”的肯定。海洋塑料污染治理目前确实是全球性难点，也是大家的关注点。浙江台州探索形成了“蓝色循环”海洋塑料废弃物治理新模式，采取大数据、区块链技术，打通了海洋塑料污染治理、资源高值回收利用和渔民共同富裕的路径，实现了生态价值、社会价值、经济价值的共赢。因此，它在2023年全球2 500个申报项目中脱颖而出，获得了联合国“地球卫士奖”，殊为不易。

目前，“蓝色循环”的推广应用步伐还是很快的。据我们了解，“蓝色循环”不仅在浙江全省得到推广应用，而且推广到了长三角地区以及东南沿海，福建、山东、海南都设立了“蓝色循环”示范中心。“蓝色循环”模式在国际上也得到充分认可，新加坡、法国、德国、韩国、日本、泰国、瑞士也都在推广应用。不仅是原来比较单一的塑料废弃瓶，一些海水养殖使用的渔网、渔具现在也都纳入回收序列当中。

“蓝色循环”先进的技术解决方案和运营模式以及高质量的海洋回收塑料再制品，得到了不少跨国企业、行业协会、金融机构甚至海外政府机构的青睐，参与主体越来越广泛。为此，生态环境部联合多部门印发《沿海城市海洋垃圾清理行动方案》，更好地推动了海洋垃圾的回收收集，为“蓝色循环”这样的项目提供更多的“原料”。我们相信，这样能够进一步发挥良好的作用。

党的十八大以来，沿海各地都在开展海洋生态环境保护与治理实践创新，比较突出的不仅有您提到的“蓝色循环”，还有刚才孙部长详细介绍的“厦门实践”，以及我刚才介绍的“渤海治理”。我们还通过美丽海湾优秀案例评议，推出了一批具有辨识度、影响力、美誉度的标志性成果。目前，我们已经在进行第三批美丽海湾优秀案例的评议，为全球海洋治理提供新思路、新范例。

这些经验和探索，既是“中国的”，更是“世界的”。中国愿意与各国一道，共同开启构建海洋命运共同体的崭新篇章，共同呵护人类赖以生存的“蓝色家园”，为子孙后代留下碧海蓝天。谢谢！

邢慧娜：今天的发布会到此结束，感谢两位部长，感谢在座的各位媒体朋友，大家再见！

例行新闻发布会

实录

LIXING
XINWEN FABUHUI
SHILU

1月例行新闻发布会实录

2024年1月30日

1月30日，生态环境部举行1月例行新闻发布会。生态环境部综合司司长孙守亮、办公厅副主任李红兵出席发布会，介绍我国推进美丽中国建设工作进展情况。生态环境部新闻发言人裴晓菲主持发布会，通报近期生态环境保护重点工作进展，并共同回答了记者提问。

1 月例行新闻发布会现场（1）

1 月例行新闻发布会现场（2）

生态环境部宣传教育司司长、新闻发言人裴晓菲

裴晓菲：各位媒体朋友，大家上午好！欢迎参加生态环境部2024年首场例行新闻发布会，我是新任宣传教育司司长、新闻发言人裴晓菲，非常高兴和大家在这个平台相识。作为一名新闻宣传战线的新兵，我将向我的前任刘友宾先生学习，和我的同事一道，及时、准确、全面地介绍我国生态文明建设和生态环境保护政策、行动与最新进展，真诚地回应媒体和公众关切，期待与各位记者朋友保持良好的交流与合作，也希望得到大家的支持。

今天发布会的主题是“全面推进美丽中国建设”。我们邀请到生态环境部综合司司长孙守亮先生、办公厅副主任李红兵先生，共同回答大家关心的问题。

下面，我先通报四项近期重点工作。

一、《中共中央　国务院关于全面推进美丽中国建设的意见》发布

《中共中央　国务院关于全面推进美丽中国建设的意见》（以下简称《意见》）近日发布，对新时代新征程全面推进美丽中国建设作出系统部署，是指导全面推进美丽中国建设的纲领性文件。

《意见》紧扣党的二十大关于未来五年、到2035年和本世纪中叶美丽中国建设目标要求，聚焦2035年生态环境根本好转、美丽中国目标基本实现，提出经过三个五年努力，推动生态环境质量实现从量变到质变的改善。

《意见》明确了全面推进美丽中国建设的重点任务，提出要持续深入推进污染防治攻坚、加快发展方式绿色转型、提升生态系统多样性稳定性持续性、守牢美丽中国建设安全底线、打造美丽中国建设示范样板、开展美丽中国建设全民行动、健全美丽中国建设保障体系。

全面推进美丽中国建设责任重大、使命光荣，着力抓好《意见》的贯彻落实，要加强组织领导、健全实施机制、强化宣传推广、开展考核评价。也希望社会各界行动起来，开展美丽城市、美丽乡村、美丽河湖、美丽海湾建设，共同绘就美丽中国新画卷。

二、2024年全国生态环境保护工作会议召开

1月23—24日，2024年全国生态环境保护工作会议在北京召

开，总结 2023 年生态环境保护工作，分析当前面临的形势，安排部署 2024 年重点任务。

过去一年，面对严峻复杂的生态环境保护形势，全国生态环境系统坚定践行习近平生态文明思想，协同推进经济高质量发展和生态环境高水平保护，大力推进美丽中国建设，生态环境治理取得新成效。

大气环境质量方面，2023 年全国地级及以上城市 $PM_{2.5}$ 平均浓度为 30 μg/m^3，优于年度目标（32.9 μg/m^3）约 3.0 μg/m^3，相较 2019 年下降了 16.7%。2023 年全国优良天数比例为 85.5%，扣除沙尘异常超标天数后为 86.8%，好于年度目标 0.6 个百分点，较 2019 年上升 3.5 个百分点。全国重污染天数比例为 1.6%，扣除沙尘异常重污染天数后为 1.1%，与年度目标持平。水环境质量方面，2023 年全国地表水水质优良（Ⅰ～Ⅲ类）断面比例为 89.4%，同比上升 1.5 个百分点，劣Ⅴ类断面比例为 0.7%，同比持平。土壤环境质量方面，2023 年全国受污染耕地和重点建设用地安全利用得到有效保障。

2024 年是实现“十四五”规划目标任务的关键一年，也是全面推进美丽中国建设的重要一年，生态环境部将坚持稳中求进、以进促稳、先立后破，突出精准治污、科学治污、依法治污，以美丽中国建设为统领，协同推进降碳、减污、扩绿、增长，持续攻坚克难、深化改革创新。全力抓好八大重点任务：积极推进美丽中国先行区建设、持之以恒打好污染防治攻坚战、积极推动绿色低碳高质量发展、加大生态保护修复监管力度、确保核与辐射安全、加强生态环境督察执法和风险防范、大力推进生态环境领域科技创新、加快健全现代环境治理体系。

三、全国生态环境系统 117 个先进集体和 45 名先进工作者获得表彰

1 月 24 日，全国生态环境系统先进集体和先进工作者表彰大会在北京召开，对先进集体和先进工作者现场进行表彰授奖，并请部分受表彰对象作先进事迹报告。

近年来，在以习近平同志为核心的党中央坚强领导下，全国生态环境系统积极担当作为、忠诚履职奉献，为深入打好污染防治攻坚战、推动生态环境质量持续改善、提高人民群众生态环境获得感幸福感作出重要贡献，涌现出一大批业绩突出、事迹感人的先进典型。

为表彰先进，弘扬生态环境保护铁军精神，激励全国生态环境系统广大干部职工奋进新征程、建功新时代，经自下而上、逐级推荐、差额评选，人力资源社会保障部、生态环境部决定授予北京市生态环境局大气环境处等 117 家单位“全国生态环境系统先进集体”称号，授予沈秀娥等 45 名同志“全国生态环境系统先进工作者”称号。

本次表彰是各级生态环境部门组建以来首次开展的全国性表彰，是对全国生态环境系统干部队伍建设阶段性成果的集中检阅，是全系统干部队伍精神风貌的集中展示，也是全系统工作成效的一次精彩展现。全系统干部职工要深入学习贯彻习近平生态文明思想和全国生态环境保护大会精神，以受表彰的集体和个人为榜样，弘

扬政治强、本领高、作风硬、敢担当，特别能吃苦、特别能战斗、特别能奉献的生态环境保护铁军精神，在奋进人与自然和谐共生的现代化新征程上争先创优。

四、《中国生物多样性保护战略与行动计划（2023—2030年）》发布

生物多样性是人类赖以生存和发展的基础，是地球生命共同体的血脉和根基。我国历来高度重视生物多样性保护工作，1994 年首次发布《中国生物多样性保护行动计划》，并不断推进生物多样性保护与时俱进、创新发展，走出了一条中国特色生物多样性保护之路。

生态环境部近日发布新版的《中国生物多样性保护战略与行动计划（2023—2030 年）》（以下简称《行动计划》），是贯彻落实党中央、国务院决策部署的重要举措，也是我国作为 COP15 主席国持续推动“昆蒙框架”落实的切实行动，向世界彰显了负责任大国担当。

《行动计划》作为国家生物多样性保护总体规划和《生物多样性公约》履约核心工具，明确了我国新时期生物多样性保护战略，部署了生物多样性主流化、应对生物多样性丧失威胁、生物多样性可持续利用与惠益分享、生物多样性治理能力现代化等 4 个优先领域，每个优先领域下设 6 ~ 8 个优先行动，广泛涵盖法律法规、政策规划、执法监督、宣传教育、调查监测评估、保护恢复、生态产品价值实现、国际履约与合作等内容，为各部门、各地区推进生物

多样性保护工作提供指引。

裴晓菲：下面进入提问环节，提问前请通报一下所在的新闻机构。

以“新图景、新格局、新起点、新担当”全面推进美丽中国建设

《人民日报》记者：中共中央、国务院近期印发了《中共中央　国务院关于全面推进美丽中国建设的意见》，前一段时间召开的中央经济工作会议也提出要建设美丽中国先行区。请问如何理解美丽中国建设这个目标图景？生态环境部在相关方面做了哪些工作？下一步有哪些具体的安排？具体在美丽中国先行区建设方面有没有一些工作考虑？

生态环境部综合司司长孙守亮

孙守亮：感谢这位记者朋友的提问。建设美丽中国是全面建设社会主义现代化国家的重要目标，是实现中华民族伟大复兴中国梦的重要内容，举旗定向、统揽全局，意义重大而深远。自党的十八大提出“努力建设美丽中国”以来，以习近平同志为核心的党中央对美丽中国建设的决策部署一以贯之、不断深化，在生态文明建设上彰显了强大的战略定力和强烈的使命担当。

我在学习贯彻《意见》的过程中，体会比较深，可以用四个关键词来概括，即“新图景、新格局、新起点、新担当”。

第一，描绘了“新图景”。从提出建设美丽中国的要求到愿景、蓝图，再到部署，形成现在的路线图、施工图、任务书和责任状，不仅真真切切地“看得见”，而且实实在在地“抓得住”“落得下”，这非常提振信心。《意见》作出三个阶段的战略安排，到 2027 年，美丽中国建设成效显著；到 2035 年，美丽中国目标基本实现；展望本世纪中叶，美丽中国全面建成。这是面向强国目标、民族复兴的宏伟蓝图。具体到生态环境领域，我们聚焦到 2035 年生态环境根本好转、美丽中国目标基本实现，结合我国当前生态环境保护的结构性、根源性、趋势性特点，生态环境治理路径也要经历三个阶段，即“十四五”深入攻坚，实现生态环境持续改善；“十五五”巩固拓展，实现生态环境全面改善；“十六五”整体提升，实现生态环境根本好转。这是一步一个台阶推动生态环境质量改善实现从量变到质变，久久为功，实现美丽中国的路线图。

第二，构建了“新格局”。《意见》明确指出，要加快形成以实现人与自然和谐共生现代化为导向的美丽中国建设新格局。新时代新征程建设美丽中国，我理解重在“全面”，展开来讲，体现为“四个全”。第一个“全”是强调推动经济社会发展绿色化、低碳化，加快推进能源、工业、交通运输、城乡建设、农业等全领域转型；第二个“全”是以美丽中国先行区建设为牵引，分阶段、分批次推进美丽蓝天、美丽河湖、美丽海湾、美丽山川、美丽城市、美丽乡村等全方位提升；第三个“全”是因地制宜、梯次推进西部、东北、中部、东部等美丽中国建设全地域覆盖；第四个“全”是全社会行动，鼓励园区、企业、社区、学校等基层单位开展绿色、清洁、零碳引领行动，把建设美丽中国转化为社会行为自觉。这就要求我们的工作与时俱进，做到看得更广、谋得更深、想得更透、落得更实。

第三，标定了“新起点”。这些年，我们坚持以习近平生态文明思想为指引，持续加强对美丽中国建设的战略谋划和顶层设计，研究美丽中国建设指标体系，立足部门职责出台加强生态环境保护推进美丽中国建设的举措和文件，在区域培育、典型推广、地方实践、社会行动等方面持续发力，为新时代新征程开启全面推进美丽中国建设新篇章打下了基础、创造了条件。

在区域层面积极作为，联合有关部门聚焦区域重大战略制定实施生态环保专项规划，并持续抓好落实。突出“美”的核心导向，先后两批推出 56 个美丽河湖优秀案例、20 个美丽海湾优秀案例，命名 572 个生态文明建设示范区和 240 个“绿水青山就是金山银山”

实践创新基地，探索生态产品价值实现等有效路径。支持创造性开展地方实践，指导浙江、福建、山东、江西、四川等省级行政区和杭州、深圳、青岛等城市因地制宜开展美丽中国建设实践创新，探索形成集顶层设计、法治保障、科学规划、考核激励、制度创新、工程推进、行动突破、社会共治于一体的示范推进模式，激发动力、活力。坚持共建、共享，持续开展“美丽中国，我是行动者”系列活动，连续举办四届“美丽中国百人论坛”，六五环境日活动影响更加广泛，生态环境志愿服务不断丰富，美丽中国建设全民行动体系日益完善。

第四，彰显了“新担当”。这也是我们下一步的工作打算。建设美丽中国是一项长期且艰巨的战略任务和系统工程，需要分阶段、有计划地系统推进。我们将认真贯彻党中央、国务院决策部署，全力推进《意见》贯彻落实，发挥好职能作用，把统筹协调责任担起来，把推进实施机制建起来，把重大部署任务落下去，在全面推进美丽中国建设进程中唱主角、挑大梁。会同有关部门加快建立美丽中国建设实施体系和推进落实机制，加强工作调度推进和跟踪评估；研究制定美丽中国建设成效考核指标体系和考核办法，确保“十五五”目标实现与污染防治攻坚战成效考核工作平稳过渡、有序衔接。

当前和今后一段时期是美丽中国建设的重要时期，刚刚召开的2024年全国生态环境保护工作会议对下一步美丽中国建设工作的思路、目标和任务举措作了系统安排，强调要统筹把握当前和长远、局部和全局，突出抓好以下方面：一是以开展美丽中国先行区建设为着力点，梯次推进打造美丽中国建设示范样板；二是以推动高质量发展为主题，同步推进高质量发展和高水平保护；三是以推动减污降碳协同增效为主线，打好污染防治攻坚战标志性战役；四是以强化“五个协同”为导向，提升生态环境治理水平；五是以加强生态保护修复统一监管为突破口，提升生态系统的多样性、稳定性、持续性；六是以坚持激励、约束并重为原则，增强各方保护生态环境的内生动力，为全面推进美丽中国建设开好局、起好步，打下良好的基础。以上相关的具体内容已经公开发布，相信记者朋友们已经关注到了。

借此机会，我想同大家分享自己的一个体会。美丽中国建设，我理解，重在“行动”二字，这是第一要义。再美好的蓝图，没有行动就是空中楼阁；美丽中国建设惠及广大人民群众，是全社会共建共享的事业。无论城市还是乡村，无论单位、社区还是家庭乃至个人，都应当是行动者、实干家。我们要发挥首创精神，因地制宜、因时因事而宜开展节能降耗、节约集约、绿色低碳，不断追求更高水平的生态文明。

《意见》提出要建设美丽中国先行区，这是现阶段工作的重要着力点，我理解就是秉持“行动为要、实干为先”的精神，力争在一段时期内先形成一批实践示范样板，再接续滚动实施、分批推进，久久为功推动实现美丽中国建设目标。所以，我们在这项工作的组织实施过程中，不搞创建挂牌、不搞评比达标，实实在在地干、一步一步地建，以高水平保护推动高质量发展，以惠及民生福祉的实绩、实效论英雄。为此，我们打算搭建美丽中国建设示范案例的展示平台，这个平台将是开放的、公开的、透明的，各层次、各类别的好的创建都可以放到平台上，并配套正向激励措施，"没有最美，只有更美"，带动形成"争先创优、改革开路、持续推进、比学赶超、多做贡献"的生动局面，让美丽中国建设图景动起来、活起来，始终充满勃勃生机。

习近平生态文明思想研究中心持续深化"三高地两平台"建设

中央广播电视总台央视记者：美丽中国建设一直是习近平总书记亲自谋划、亲自推动的事情，我们也知道生态环境部成立了习近平生态文明思想研究中心，我想问一下在推进美丽中国建设的过程中，生态环境部如何更好地发挥习近平生态文明思想的引领作用？在这方面所取得的成效和进展有哪些？

生态环境部办公厅副主任李红兵

李红兵：谢谢您的提问。全面推进美丽中国建设，要坚持以习近平新时代中国特色社会主义思想特别是习近平生态文明思想为指导，坚持做到全领域转型、全方位提升、全地域建设、全社会行动，坚定不移走生产发展、生活富裕、生态良好的文明发展道路，建设天蓝、地绿、水清的美好家园。

就像刚才这位记者朋友提到的，习近平生态文明思想研究中心（以下简称研究中心）是经党中央批准、在生态环境部成立，旨在研究、宣传、阐释习近平生态文明思想的研究机构。通过持续深化"三高地两平台"（"三高地"指理论研究高地、学习宣传高地、制度创新高地，"两平台"指实践推广平台和国际传播平台）建设，发挥研究中心在习近平生态文明思想学习、研究、宣传中的"国家队"和"领头雁"作用。助推美丽中国建设，可以体现在"五个引领"

上，这“五个引领”既是已经取得的工作成效，也是下一步重点努力的方向。

一是以理论研究引领全领域转型。持续推进马克思主义理论研究和建设工程重大项目，紧紧围绕美丽中国建设的重大需求、热点和难点问题开展理论研究，突出战略性、前瞻性、基础性，注重理论联系实际，注重成果转化，助推绿色科技创新，增强美丽中国建设的内生动力，推进经济社会全领域绿色转型。

二是以制度创新引领全方位提升。注重制度建设的基础性作用，围绕美丽中国建设、深入打好污染防治攻坚战，提出制度政策创新意见建议，支撑精准治污、科学治污、依法治污，坚持系统观念、问题导向、要素统筹、城乡融合，一体推进美丽中国建设，促进全方位提升。

三是以实践推广引领全地域建设。深入开展地方美丽中国建设实践案例调研和总结，围绕其宝贵经验、成熟做法深入分析，促进地方美丽中国建设的理论升华、经验推广和实践转化，在全国范围内逐步推进美丽中国建设全地域覆盖。

四是以学习宣传引领全社会行动。加快推动习近平生态文明思想的大众化传播，通过全国生态日活动、六五环境日活动等开展习近平生态文明思想的宣讲，鼓励基层创新和先行示范，把美丽中国建设转化为全体人民的行为自觉。

五是以国际传播引领讲好美丽中国故事。持续推进对外话语创新支撑平台建设。发挥研究中心和各研究机构、智库的特长，拓展深化对外传播的形式、内容、渠道，依托重要的国际场合，积极推进习近平生态文明思想对外传播，讲好美丽中国建设的故事。

区域重大战略生态环境保护工作取得显著成效

澎湃新闻记者：全国生态环境保护大会提出，要在实施区域重大战略中进一步谋划好、规划好、落实好生态环境保护工作。请问，生态环境部在推进区域重大战略生态环境保护工作方面取得了哪些成绩？下一步有哪些工作安排？

孙守亮：谢谢您的提问，这也是大家十分关注的问题。

刚刚提到，《中共中央　国务院关于全面推进美丽中国建设的意见》对建设美丽中国先行区作出系统部署，其中特别对聚焦区域重大战略打造绿色发展高地提出了新的更高要求。长期以来，生态环境部高度重视区域重大战略生态环境保护工作，与有关地方合力开展了有益探索，取得了实实在在的工作成效，这为我们推进美丽中国先行区建设打下了良好基础。

从区域生态环境质量来看，京津冀两市一省、粤港澳大湾区中珠三角 9 个城市、长三角 41 个城市，2023 年 $PM_{2.5}$ 浓度较战略提出的 2014 年目标、2017 年目标、2018 年目标分别下降了 57.3%、34.4% 和 23.8%，地表水Ⅰ～Ⅲ类水质断面比例分别上升了 36.4 个、29.8 个、14.3 个百分点，在积极发挥动力源引擎作用的同时，实现了生态环境状况大幅改善。长江干流连续四年、黄河干流连续两年全线水质保持Ⅱ类，一江碧水、江豚腾跃、白鹳齐飞，大自然恢复的勃勃生机为大江大河高质量发展提供了源源不断的潜力和后劲。

从区域重大战略生态环境保护工作来看，主要有“三个新变化”：

一是顶层设计更加“体系化”。生态环境部联合有关部门制定印发粤港澳大湾区、成渝地区生态环境保护专项规划以及《重点流域水生态环境保护规划》，正在编制新一轮京津冀协同发展生态环境保护中长期规划，面向2035年美丽中国目标，明确方向路径。开展《长江三角洲区域生态环境共同保护规划》实施情况跟踪评估，建立问题发现和改进机制，确保目标任务按时序完成。截至目前，各区域重大战略均已制定生态环境保护专项规划，规划引领作用不断凸显。

二是工作推进更趋“常态化”。我们印发生态环境部推动国家区域重大战略生态环境保护工作措施11条，建立健全“年初工作要点—全年综合调度—年底评估考核”工作闭环，按年度滚动制定工作清单，精准推进任务落实，工作推进机制不断健全，形成了一套顺畅的打法、干法。截至目前，区域重大战略已逐步融入中央生态环境保护督察、大气污染防治协作、适应气候变化能力建设、生态状况变化调查、生态环境科技发展等生态环境各领域工作，成为提升生态环境治理水平的新支撑、新路径。

三是政策创新更为“纵深化”。我们抓住每个区域的不同特点，改革开路、点上深入、创新突破，与有关省、市密切协作，不断创新差异化区域政策，发挥重要的引领探路作用。在京津冀地区，支持三地探索区域大气污染防治协同立法，优化区域统一的重污染天气应急联动协调机制；在粤港澳大湾区，深化三地生态环境保护合作交流机制，协商妥善处理影响群众健康、老百姓关切的空气、饮用水、固体废物等区域性环境难题；在长三角地区，率先开展减污降碳协同创新试点、实施生态环境领域信用联合奖惩；在长江流域，积极推进水生态考核，川渝两地率先建立危险废物跨省转移“白名单”；在黄河流域，开展并完成2.6万余个历史遗留矿山污染状况调查工作，目前正在推进成果运用。由此可以看出，在区域重大战略实施过程中，生态环境保护工作有很多针对性、突破性、创新性探索，形成了大量优秀案例和有益经验，我们正在组织宣传推广。

下一步，我们将深入贯彻落实习近平总书记在全国生态环境保护大会上的重要讲话精神，在实施区域重大战略中进一步谋划好、规划好、落实好生态环境保护工作，研究制定关于加强区域重大战略生态环境保护推进美丽中国先行区建设的指导文件，紧紧围绕《意见》关于聚焦区域重大战略建设美丽中国先行区的定位，积极培育一批以高品质生态环境支撑高质量发展的典范样板。

这项工作面很宽，我们注重把握好“三个力”：一是聚焦用力，突出重点。集中解决区域性、流域性生态环境问题，通过高水平保护塑造发展的新动能、新优势，在打造绿色发展高地上积极作为。二是精准发力，分类指导。立足区域功能定位，发挥自身特色，分区分类制定政策措施，因地制宜在美丽城市、美丽乡村建设中蹚出各具特色的新路子。三是塑造合力，强化协作。打破传统以行政区

域为单位的环境治理模式，强化生态环境共保联治，实施减污降碳协同、生态环境基础设施建设等领域重大工程，在美丽中国建设进程中发挥先行探索、示范带动作用。

生态环境信息化助力美丽中国建设

《中国青年报》记者：《中共中央　国务院关于全面推进美丽中国建设的意见》指出，实施生态环境信息化工程，加强数据资源的集成共享和综合开发利用。请问生态环境部在推进生态环境信息化建设方面做了哪些工作？下一步将为美丽中国建设提供哪些技术支撑？

李红兵：感谢这位记者朋友的提问。信息化是现代社会发展的显著特征，已经融入经济社会发展的各个领域、各个方面，集约高效、规范有序的信息化管理模式，同样是精准治污、科学治污、依法治污的应有之义，是美丽中国建设的有力支撑。生态环境部一直高度重视、高位推进信息化建设工作，从而大幅提升信息化的支撑保障作用。

工作进展突出体现为“五个新”：

一是信息化改革创新取得新突破。生态环境部大力推进生态环境信息化“四统一、五集中”。“四统一”就是统一规划、统一标准、统一建设、统一运维。“五集中”就是数据集中、资金集中、人员集中、技术集中、管理集中。信息化基础保障能力显著增强，干部队伍数字素养明显提升，为协同推进经济社会高质量发展和生态环境高水平保护提供了坚强有力的技术支撑。

二是信息化赋能生态环境治理取得新提升。积极建设智慧高效的数字化治理体系，构建生态环境综合管理信息化平台，集成生态环境、气象、水利、交通、电力等多源数据，形成环境质量、污染源、自然生态等九类数据资源，数据总量达到 3.9 PB，打造生态环境信息化大系统，完成大气、行政许可、土壤、执法等 40 余个专题应用，实现“一图统揽、一屏调度”。持续深化空气质量保障和监督帮扶、水环境、污染地块、项目环评、排污许可、碳市场等基础数据空间展示和业务化应用场景开发，成功开辟执法监督线上战场，做到“污染防治攻坚战推进到哪里，信息化就覆盖到哪里”。

三是信息化推动政务高效运转取得新进展。生态环境部大力推进数字机关建设，通过信息化手段推动职能履行的流程优化、模式创新和效率提升，实现无纸化办公、移动办公，29 项行政许可事项全部实现“一网通办”，在线办件数量年均超过 3.5 万件，好评率达到 100%。

四是信息化共享共用取得新成效。推动数据共享共用，建成各类主题库、专题库，向各地方和国务院有关部门提供 220 余项数据资源共享服务；接入并综合开发利用人口、法人、气象、水利、电力等多源数据，数据潜能得到充分发挥，管理模式不断优化，为进一步提升生态环境领域综合研判、科学决策和精准监管提供了大数据支撑。

五是信息安全防护能力得到新加强。严格落实网络和数据安全责任制，加强信息安全防护，创建并实施信息通报、攻防演练、风险预警、应急处置等一系列网络安全联防联控机制，安全防护能力显著提升。

下一步，我们将全面贯彻落实党中央、国务院决策部署和全国生态环境保护大会精神，落实《中共中央　国务院关于全面推进美丽中国建设的意见》作出的部署，紧紧围绕美丽中国建设目标，加强数字技术应用，不断推动信息化建设与业务管理深度融合，构建美丽中国数字化治理体系，建设绿色智慧的数字生态文明，为助力经济社会高质量发展和生态环境高水平保护发挥积极作用。

2023 年监督帮扶推动污染物减排约 39.3 万 t

凤凰卫视记者：开展大气监督帮扶是做好秋冬季大气污染防治的一项重要举措，请问生态环境部在这个秋冬季采取了哪些监督帮扶措施有哪些好的做法？下一步有哪些安排？

裴晓菲：谢谢您的提问。最近十年，我国空气质量发生了历史性变化，成为世界上空气质量改善最快的国家。但是在秋冬季，受主要大气污染物排放总量增加和不利气象条件的影响，一些区域仍然会出现重污染天气多发、频发。

为做好秋冬季大气污染防治工作，有效应对重污染天气，生态环境部聚焦重点区域，突出“重污染天气应对和达标排放监督”两项任务，协同推进“线上和线下”两个战场工作，2023 年秋冬季以来，统筹全国生态环境系统业务骨干 2 400 余人，调动属地执法人员 9 700 余人次，开展了 8 轮大气污染现场和远程监督帮扶，发现问题企业 1.6 万余家，推动解决涉气环境问题 3.2 万余个。

一是现场检查，发挥震慑作用。我们抽调全国执法、监测技术骨干，每月压茬式安排两轮次现场监督帮扶，发现部分企业存在弄虚作假、超标排放、偷排偷放、重污染天气减排措施落实不到位等问题 4 254 个，其中干扰自动监测、检测报告造假、伪造台账记录等性质严重、影响恶劣的违法违规问题 537 个，移交司法 17 个，行政拘留 25 人，刑事拘留 3 人，保持从严执法的主基调。

二是线上推送，督促地方检查。通过远程推送识别线索，指导地方自查发现解决环境问题 1 万余个。带动地方建立完善的上下联动工作机制，逐级落实生态环境保护和环境质量改善主体责任。

三是用好技术，精准识别问题。我们利用卫星遥感、空气质量监测网络、污染源自动监测、用电监控等技术手段，融合各类数据信息，构建算法模型，精准识别问题线索，目前问题识别准确率已经达到 85% 以上。

监督帮扶对污染减排和环境质量改善发挥了重要作用，据初步估算，2023 年监督帮扶共推动污染物减排约 39.3 万 t。

下一步，我们将把重污染天气应对作为重中之重，持续选派业务骨干开展现场监督帮扶，督促各项措施落实落地。同时，紧盯排放强度高、污染贡献大的重点行业企业，督促企业落实污染治理主体责任，提升污染治理能力与合规达标排放水平。

推动减污降碳协同增效取得了积极进展和阶段性成效

中国新闻社记者： 减污降碳协同增效是积极稳妥推进碳达峰碳中和的重要任务举措。全国生态环境保护大会提出，要推动减污降碳协同增效，开展多领域、多层次协同创新试点。请问，目前减污降碳协同增效工作取得了哪些进展？下一步有什么打算？

孙守亮： 谢谢您的提问。这个问题很关键，也颇有热度。我理解这是因为随着污染防治攻坚战持续加力，生态环境质量改善到了由量变到质变的关键节点。习近平总书记作出科学指引，强调要保持生态文明建设的战略定力，处理好“五个重大关系”；强调要把实现减污降碳协同增效作为促进经济社会发展全面绿色转型的总抓手，协同推进降碳、减污、扩绿、增长。我们要深刻把握环境污染物和碳排放高度同根同源的特征，向结构调整、技术创新、协同共治要减排量，切实发挥好降碳行动对生态环境质量改善的源头牵引作用；同时也利用现有生态环境制度体系协同促进低碳发展，使降碳与减污相得益彰，取得“1+1>2”的效果。

刚才您也提到，去年7月，全国生态环境保护大会对推动减污降碳协同增效作出战略部署，要求开展多领域、多层次减污降碳协同创新试点。《中共中央 国务院关于全面推进美丽中国建设的意见》进一步明确了减污降碳协同增效的相关举措和安排。这些重要的部署和要求凸显了这方面工作的重要性、紧迫性。生态环境部会同相关部门和地方，以推动减污降碳协同增效为主线，取得了积极进展和阶段性成效。主要有以下几个方面：

一是形成部门协作、上下协同的工作推进格局。生态环境部等7部门联合印发《减污降碳协同增效实施方案》，强化目标协同、区域协同、领域协同、任务协同、政策协同、监管协同。制定细化落实举措，明确负责部门和预期成果，统筹推动工业领域、交通运输、城乡建设、农业领域、生态建设等重点领域协同增效。目前，31个省（自治区、直辖市）和新疆生产建设兵团均已出台减污降碳协同增效工作方案。

二是减污降碳协同治理全面展开、成效显现。可以说，协同治理的广度、深度在不断加强、不断拓展，涵盖面也越来越宽。比如，大力推进大型风电光伏基地项目建设，推动制造业绿色化发展，提高铁路、水运比例；又如，加快新能源汽车发展，发展绿色建筑；再如，促进行业绿色转型，实施钢铁、水泥、焦化行业超低排放改造等。尤其是在生态环境领域，依托现有生态环境管理体系，推动污水处理节能降耗和资源化利用，优化土壤污染修复技术路线、鼓励绿色低碳修复，组织编制大气污染物与温室气体融合清单，凝练减污降碳协同治理重大科技需求，开展碳监测评估和推进固定排放源协同管理、一体化监管执法等。通过一系列综合施策，协同治理效果正在显现，据综合测算，2013—2022年，二氧化硫（SO_2）、氮氧化物（NO_x）排放量分别下降85%、60%的同时，碳排放强度协同下降34.4%，协同效应得到了很好的印证。

三是改革探索、先行先试协同创新的氛围愈加浓厚。生态环境部支持浙江建设减污降碳协同创新区，积极探索协同治理模式，浙江在省内6个设区市、17个县区、38个园区开展了创新试点，取得了一批可复制、可推广的实践成果。去年，浙江将减污降碳协同增效的理念和措施融入杭州亚运会场馆设计与施工环节，所有场馆及办公场地100%为绿电供应，2 000余辆赛会服务车辆均为新能源汽车，物资回收利用率达到50%等，“绿色亚运”成为亮丽的名片。

下一步，我们将紧紧围绕推动减污降碳协同增效这条主线，全面展开多领域、多层次减污降碳协同创新，支撑打好几个漂亮的标志性战役，为美丽中国建设筑牢良好的生态环境基础。重点：一是突出目标任务、区域领域、政策监管协同，探索减污降碳协同管理长效机制；二是紧盯源头控制，统筹各项污染物和温室气体等减排要求，优化治理工艺和技术路线；三是加快把协同控制温室气体排放纳入相关法律法规和政策标准，推动协同增效技术成果转化；四是积极支持各地开展区域、城市和产业园区协同创新试点，培育减污降碳协同增效“试验田”。近期，生态环境部发布了首批城市和产业园区协同创新试点名单，包括21个城市和43个园区。这些试点分布比较广泛、类型多样，具有较好的代表性，涉及钢铁、有色金属、石化等多个行业。后续试点工作中，我们将加强技术指导、经验总结、案例推广，发挥好试点的示范带动作用。

生态环境部政务公开质量和实效不断提升

封面新闻记者： 政务公开是保障人民群众对建设美丽中国知情权、参与权、表达权、监督权的重要途径，是提升生态环境治理体系和治理能力现代化的制度安排。请问生态环境部在加强政务公开方面采取了哪些措施？如何为美丽中国建设凝聚社会合力？下一步还有哪些工作安排？

李红兵： 感谢这位记者朋友的提问。正如您所说，政务公开是保障人民群众知情权、参与权、表达权、监督权的重要途径，生态环境部一直高度重视政务公开工作，不断提升政务公开的质量和实效。主要采取了三方面措施开展政务公开工作，着力为人民群众了解环保、支持环保、参与环保提供便利，切实增强人民群众的满意度和获得感，为美丽中国建设凝聚社会合力。

第一，紧紧围绕人民群众关心关切深化政务公开。持续加大生态环境质量公开力度，每小时发布地级及以上城市空气质量指数，也就是大家熟悉的 AQI，以及全国地表水国控断面自动站监测数据；每半月发布全国及重点区域环境空气质量预报；每月发布全国环境空气质量状况、地表水水质月报；每季度发布地表水环境质量状况、海水水质国控点位监测数据；每年发布中国生态环境状况公报、中国海洋生态环境状况公报。持续加大生态环境政策的发布力度。通过生态环境部网站等途径，我们集中统一发布并且动态更新现行有效的部门规章共 87 件，集中发布我部制定的政策文件，让群众知晓、理解和支持生态环境政策，也为群众监督政策的执行提供便利。

第二，紧紧围绕全面推进美丽中国建设深化政务公开。及时公布生态环境系统深入打好污染防治攻坚战成效，持续发布推进蓝天、碧水、净土三大保卫战进展，以及固体废物和新污染物治理进展情况。积极公布全国温室气体自愿减排交易相关工作进展，发布第一批城市和产业园区减污降碳协同创新试点名单。公开中央生态环境保护督察信息。公布七批生态文明建设示范区和“绿水青山就是金山银山”实践创新基地名单。实施环评编制、受理、审查、审批全过程公开，主动接受社会监督。通过全国排污许可证管理信息平台向社会公开排污许可证和排污登记信息。推进环境信息依法披露制度改革，指导全国8.3万余家企事业单位依法披露环境信息。

第三，紧紧围绕拓宽渠道提升实效深化政务公开。充分发挥生态环境部网站和政务新媒体平台作用，提高传播效果。2023年生态环境部网站发布信息4 000余篇，页面浏览量近1亿次，部微信公众号和部微博总阅读量超4亿次。部网站已经打造成“不打烊的网上生态环境部”，部微信和部微博被评为“走好网上群众路线百个成绩突出账号”。在公开客观信息的基础之上，我们更加注重解读生态环境政策，通过视频动画、“一图读懂”、直播访谈、数据图表等直观的方式，精准解读政策背景和目标措施，深入细致解释回应生态环境领域专业问题，让信息更好获取、政策更好理解、群众更好参与。

下一步，生态环境部将继续坚持以人民为中心的发展思想，进一步做好新时代政务公开工作。

一是依法依规持续优化政务公开。严格遵照生态环境保护、政府信息公开等法律法规，切实保障公民的生态环境知情权、参与权、表达权、监督权。

二是不断拓展公开渠道，提升信息公开、政策解读及回应关切的质量和效果。方便群众更加及时便捷地获取、理解生态环境政策和信息。

三是强化信息管理，加强互联互通，以政务公开推进构建大环保格局，为建设人与自然和谐共生的美丽中国不断凝聚社会合力。

裴晓菲：感谢孙守亮司长和李红兵副主任，谢谢各位记者朋友们的参与，今天的发布会到此结束，再见！

1月例行新闻发布会背景材料

2023年是全面贯彻落实党的二十大精神的开局之年，是实施“十四五”规划承上启下的关键之年，也是深入打好污染防治攻坚战、推进美丽中国建设的重要之年。在部党组和部领导班子坚强领导下，综合司深入学习贯彻党的二十大精神和习近平新时代中国特色社会主义思想特别是习近平生态文明思想，认真落实全国生态环境保护大会精神，深刻领悟“两个确立”的决定性意义，以实际行动践行“两个维护”，深化落实部党组决策和部领导要求，全面推进综合业务工作，圆满完成各项年度目标任务，有力支撑生态环境保护中心工作取得新成效、迈上新台阶。

一、2023年综合业务工作情况

一是统筹谋划推进美丽中国建设。按照部党组安排，牵头起草《中共中央　国务院关于全面推进美丽中国建设的意见》，为中央系统部署美丽中国建设提供有力支撑。会同相关部委和部内司局开展美丽中国建设实施体系和推进落实机制研究。从区域、地方和社会三个层面，谋划开展美丽中国先行区建设。强化城市生态环境保护，组织开展美丽城市建设、生态社区建设。组织开展美丽中国建设成效考核前期研究。

二是大力推进区域重大战略生态环境保护工作。研究出台《生态环境部推动国家区域重大战略生态环境保护工作措施（试行）》，制定印发国家区域重大战略生态环境保护2023年度工作要点，开展工作情况综合调度。落实中央区域协调发展领导小组工作要求，开展新一轮京津冀协同发展生态环境保护规划编制工作。召开粤港澳大湾区生态环境保护工作座谈会，支持京津冀三地召开生态环境联建联防联治工作协调第二次会议，协助召开长三角区域生态环境保护协作小组工作会议和协作小组办公室会议，推动重大战略区域生态环境保护共防联治。推进海南自由贸易港建设生态安全风险防范工作。

三是全力服务支撑经济运行持续好转。组织制定《生态环境促进稳增长服务高质量发展若干措施》，提出五大行动30项举措，助推经济运行回升向好，央视对此进行了专题报道。做好稳住经济大盘督导服务后续工作，建好、用好定期会商、跟踪服务、信息反馈常态化机制。以重大工程为抓手，促进生态环境领域有效投资，完成“十四五”规划生态环境领域重大工程实施中期评估，初步形成“国家—省—市—县”四级重大工程管理体系，完善重大工程台账清单并动态更新，开展典型案例宣传。提出生态环境部门促进民营经济发展的若干措施。

四是深入开展减污降碳协同创新。稳步推开多领域、多层次试点工作，发布21个城市、43个产业园区为第一批减污降碳协同创新试点。深入推进浙江省减污降碳协同创新区建设。初步建立减污降碳统筹推进工作格局，制订印发年度工作计划并定期调度工作进展。组建减污降碳协同创新专家库，编制专家库管理办法。探索构建技术帮扶、总结推广、成果宣传工作机制，制订减污降碳协同创新试点技术帮扶工作方案，通过部“两微”平台分2批共发布24个地方典型案例，编写减污降碳协同增效读本。

五是推进深入打好污染防治攻坚战。汇总上报2022年各地区、各部门深入打好污染防治攻坚战进展情况报告。会同相关司局，推动印发《以更高标准打好标志性战役实施方案》。召开黄河生态保护治理攻坚战推进会，系统推进各项任务实施。完成2.6万个历史遗留矿山污染状况调查，深化晋陕大峡谷生态环境协作研究。建立黄河流域生态环境问题发展解决机制，累计向沿黄9省（自治区）反馈三大类58个问题，基本形成问题发现—整改—反馈—销号工作机制。扎实开展污染防治攻坚战成效考核，建立考核发现问题反馈机制，充分发挥考核“指挥棒”作用。

六是保障生态安全协调机制有序运行。贯彻总体国家安全观，支撑完善国家生态安全工作协调机制，以务实举措推动健全国家生态安全法治体系、战略体系、政策体系、应对管理体系，提升国家生态安全风险研判评估、监测预警、应急应对和处置能力，守牢美丽中国建设安全底线。

七是持续完善生态环境经济政策。推进环境信息依法披露制度改革，指导地方建成省、市两级披露系统，形成2023年度环境信息依法披露企业名单，推动8.3万家企业完成第一披露周期披露工作。联合商务部等制定实施《关于提升加工贸易发展水平的意见》，提出保税区内维修产品增列目录，以支持扩大保税维修产品范围，重点促进新业态发展。启动《环境保护综合名录》修订工作。深化排污权交易制度建设。研究提出全面实施环保信用评价推动高质量发展的政策措施。积极推动将挥发性有机物（VOCs）纳入环境保护税征收范围。配合财政部深化排污权交易制度建设，健全相关配套政策，鼓励地方实践。推动生态环境统计工作提质增效，修订印发《生态环境统计管理办法》《排放源统计调查制度》，编制实施《生态环境统计质量提升若干措施》，举办2023年全国生态环境统计业务培训班，覆盖省、市、县生态环境统计人员约7 000人。

二、2024年综合业务工作考虑

2024年是全面落实全国生态环境保护大会精神、全面推进美丽中国建设的重要一年，是保障“十四五”规划顺利收官、推进“十五五”规划研究编制的关键一年。我们将以习近平新时代中国特色社会主义思想特别是习近平生态文明思想为指引，以加快落实美丽中国建设战略部署为统领，在建设美丽中国先行区、持续深入打好污染防治攻坚战、加快推动发展方式绿色低碳转型、守牢美丽中国建设安全底线、健全美丽中国建设保障体系等重点领域贡献新力量、展现新作为。重点做好以下几方面工作。

一是全力落实《中共中央　国务院关于全面推进美丽中国建设的意见》，健全美丽中国建设的实施体系和推进落实机制，支持各地方完成美丽建设的顶层设计。系统谋划推进美丽中国先行区建设，在实施区域重大战略中进一步谋划好、规划好、落实好生态环境保护工作，制定印发新一轮京津冀协同发展生态环境保护中长期规划，推动粤港澳生态环境保护规划落实落地，推进长三角生态绿色一体化发展机制创新。推动出台新时代美丽城市建设指导文件。开展“十五五”规划战略研究。

二是着力促进绿色低碳高质量发展，深化生态环境服务经济回升向好支撑高质量发展政策措施，扎实开展多领域、多层次减污降碳协同创新试点工作，将试点层次延伸至中小城市、各类产业园区，将试点领域拓展到能源、工业、交通运输等更多领域，不断产出可复制、可推广的创新成果。提高生态环境形势分析水平，提升计划调度效能，有力推进生态环境领域重大工程实施。推动出台关于全面实施环保信用评价的指导意见，建立健全以信用为基础的新型监管机制，促进优化营商环境。深化排污权交易制度建设。

三是多措并举支持深入打好污染防治攻坚战，加强重点工作进展分析和督促落实，扎实做好攻坚战成效考核工作，持续开展美丽中国建设成效考核前期研究。

四是有效保障生态安全，推动生态安全协调机制高效运行，持续推动健全国家生态安全法治体系、战略体系、政策体系、应对管理体系，提升国家生态安全风险研判评估、监测预警、应急应对和处置能力。

3月例行新闻发布会实录

2024年3月27日

3月27日，生态环境部举行3月例行新闻发布会。生态环境部科技与财务司司长王志斌出席发布会，介绍生态环境科技工作最新进展。生态环境部新闻发言人裴晓菲主持发布会，通报近期生态环境保护重点工作进展，并共同回答了记者提问。

3 月例行新闻发布会现场（1）

3 月例行新闻发布会现场（2）

裴晓菲：各位媒体朋友，大家上午好！欢迎参加生态环境部3月例行新闻发布会。今天发布会的主题是“加强生态环境领域科技创新，助力美丽中国建设”。我们邀请到生态环境部科技与财务司司长王志斌先生介绍生态环境科技工作最新进展，并回答大家关心的问题。

下面，我先通报两项我部近期重点工作。

一、《中共中央办公厅　国务院办公厅关于加强生态环境分区管控的意见》发布

《中共中央办公厅　国务院办公厅关于加强生态环境分区管控的意见》近日发布，该意见深入贯彻习近平生态文明思想，落实全国生态环境保护大会精神，对新时期全面加强生态环境分区管控进行部署。

该意见提出，到2025年，生态环境分区管控制度基本建立，全域覆盖、精准科学的生态环境分区管控体系初步形成。到2035年，体系健全、机制顺畅、运行高效的生态环境分区管控制度全面建立，为生态环境根本好转、美丽中国目标基本实现提供有力支撑。

该意见明确了完善生态环境分区管控体系的四项重点任务。一是全面推进生态环境分区管控。坚持国家指导、省级统筹、市级落地的原则，完善省、市两级生态环境分区管控方案，统筹开展定期调整和动态更新，加强生态环境分区管控信息共享。二是助推经济社会高质量发展。通过生态环境分区管控，加强整体性保护和系统

性治理，服务国家重大战略实施，促进绿色低碳发展，支撑综合决策。三是实施生态环境高水平保护。落实环境治理差异化管控要求，维护生态安全格局，推动环境质量改善，强化生态环境保护政策协同。四是加强监督考核。会同有关部门对工作落实情况进行跟踪了解，将制度落实中存在的突出问题纳入中央和省级生态环境保护督察，将实施情况纳入污染防治攻坚战成效考核。

全面加强生态环境分区管控，对于提升生态环境治理现代化水平、守牢国土空间开发保护底线，具有重大意义。下一步，我们将深入抓好意见的落实，加强组织领导、强化部门联动、完善法规标准、强化能力建设、积极宣传引导。

二、生态环境部等四部委联合印发《关于公布第二批区域再生水循环利用试点城市名单的通知》

为贯彻落实党中央、国务院关于污水资源化利用的决策部署，根据《关于印发〈区域再生水循环利用试点实施方案〉的通知》有关要求，近日，我部联合国家发展改革委、住房城乡建设部、水利部印发《关于公布第二批区域再生水循环利用试点城市名单的通知》（以下简称《通知》）。

《通知》确定了第二批 19 个区域再生水循环利用试点城市，分别是河北省邢台市，山西省吕梁市，内蒙古自治区呼和浩特市，浙江省湖州市，山东省东营市、济宁市，河南省洛阳市、鹤壁市，湖北省武汉市，四川省资阳市，云南省大理白族自治州，甘肃省兰州市、定西市，青海省西宁市，宁夏回族自治区固原市，新疆维吾尔自治区乌鲁木齐市、哈密市，新疆生产建设兵团第一师阿拉尔市、第八师石河子市。

生态环境部将会同有关部门加强对试点工作的指导支持，引导试点地区着力构建污染治理、生态保护、循环利用有机结合的区域再生水循环利用体系，加快形成一批可复制、可推广的经验做法和典型案例，探索降碳、减污、扩绿、增长协同推进路径。

裴晓菲：下面，请王志斌司长介绍情况。

生态环境部科技与财务司司长王志斌

生态环境科技各项工作取得积极进展

王志斌： 各位媒体朋友、女士们、先生们，大家上午好！

一年之计在于春。很高兴能在这样春花烂漫的时节，有机会向大家介绍生态环境科技工作进展情况，就生态环境领域科技体制改革同大家进行交流。首先，我谨代表生态环境部科技与财务司，向大家长期以来对生态环境科技工作的关心和支持表示衷心的感谢！

风物长宜放眼量。党的二十届二中全会对科技体制改革作出重大部署，成立中央科技委员会，加强党中央对科技工作的集中统一领导，健全科技攻关新型举国体制，同时进一步强化领域科技。生态环境部高度重视生态环境科技工作，深入贯彻落实中央科技体制改革精神，立足国家生态环境战略需求，持续加强顶层设计，强化组织管理，增强高水平科技供给，生态环境科技各项工作取得积极进展。

一是认真落实中央科技体制改革任务。完成组织拟订科技促进生态环境发展规划和政策职责划入，以及相关编制职数划转和人员转隶工作，增设职能处室，成立科技工作专班，科技管理力量得到进一步加强。组织召开生态环境科技工作会议，黄润秋部长出席会议并讲话，对高质量做好新征程生态环境领域科技工作进行动员部署，进一步统一思想和行动、凝聚共识和力量。

二是多措并举推进生态环境领域科技发展。推动实施生态环境科技创新重大行动，推进京津冀环境综合治理国家科技重大专项部署，研究制订重点专项管理工作方案、实施细则等。承接国家重点研发计划“大气与土壤、地下水污染综合治理”“典型脆弱生态系统保护与修复”“循环经济关键技术与装备”3个重点专项，并正式启动2024年指南编制工作。组织开展核与辐射安全、减污降碳、新污染物治理等方向重大科技需求的征集、凝练。

三是持续强化生态环境战略科技力量支撑。研究调整国家生态环境保护专家委员会，加强部重点实验室、工程技术中心等基地平台绩效评估和优化调整，协调推进环境基准与风险评估国家重点实验室、湖泊水污染治理与生态修复技术国家工程实验室的重组评估。自2023年以来，建成环境感官应激与健康等部级重点实验室3个，物联网技术研究应用（无锡）等工程技术中心3个，呼伦贝尔森林草原交错区等部级科学观测研究站7个。

四是深入实施生态环境科技帮扶和科普宣传。推进$PM_{2.5}$和O_3污染协同防控、长江生态环境保护修复、黄河流域生态保护和高质量发展驻点跟踪研究和科技帮扶，形成相关技术方案、政策建议等400余份，为驻点城市加强科学决策和精准施策提供了有力支撑。启动中国公民生态环境科学素质调查研究，完成第八批36家国家生态环境科普基地创建，继续组织“我是生态环境讲解员”“大学生在行动”等生态环境科普活动。

“草木蔓发，春山可望”。下一步，我们将坚持以习近平新时代中国特色社会主义思想特别是习近平生态文明思想为指引，持续深化生态环境科技体制改革，协同推进降碳、减污、扩绿、增长，以生态环境科技创新助力改善生态环境质量和美丽中国建设。

我先简要通报这么多。下面，我愿意回答各位媒体朋友关心的问题。谢谢大家！

裴晓菲：下面进入提问环节，提问前请通报一下所在的新闻机构，请大家开始举手提问。

落实中央科技体制改革精神，谋划生态环境科技发展

总台 CGTN 记者：去年，党的二十届二中全会审议通过了《党和国家机构改革方案》，明确将组织拟订科技促进社会发展规划和政策职责划入生态环境部等部门。请问这次改革具体包括哪些？有什么特点？对此，生态环境部在落实改革精神方面有哪些考虑和举措？

王志斌：谢谢您的提问。在强国建设、民族复兴的新征程上，科技是极其重要的"国之大者"。这次党和国家机构改革，加强党中央对科技工作的集中统一领导，组建中央科技委，充分体现了以习近平同志为核心的党中央对科技工作的高度重视和殷切希望，凸显了科技的基础性、战略性地位和作用。同时，将组织拟订科技促进生态环境发展规划和政策职责划入生态环境部，也赋予了我部推动生态环境领域科技创新的历史使命和重大责任。

我的体会是，这次职能划转，就是要求生态环境部作为主责单位，聚焦国家科技自立自强和美丽中国建设等重大战略需求，从生态环境领域的角度，研究谋划科技发展的战略目标、任务计划、项

目部署等近远期规划体系，出台相关法规标准、技术规范、产业发展、人才激励等“一揽子”政策制度，构建生态环境领域科技攻关新型举国体制。比如，接下来我们将积极谋划并推进“十五五”生态环境领域科技规划的研究与编制相关工作。

关于您刚才提到的这次中央科技体制改革特点，我们理解是强化领域科技。加强生态环境领域科技，可以发挥生态环境职能部门更熟悉、更了解本领域发展趋势和科技需求的重要优势。主要体现在三个“有利于”：一是有利于精准聚焦重大应用需求，有针对性地部署科技攻关任务，加快突破应用研究的重大“瓶颈”制约，支撑保障美丽中国建设。二是有利于落实和践行新型举国体制要求，构建更加高效的资源统筹和协同攻关机制，促进形成全国生态环境领域科技“一盘棋”。三是有利于发挥绿色环保产业发展优势，把服务战略、面向需求、推广应用贯穿科技项目组织实施全过程、科技成果转化应用全周期，推进创新链、产业链、资金链、人才链深度融合。总体来看，生态环境领域科技的优势可以归纳为从实践中来和到实践中去两个方面：“从实践中来”就是聚焦实际问题凝练科技需求，集中力量开展科技攻关，更好支撑服务管理决策；“到实践中去”就是加强科技成果应用推广，更好解决实际问题和管理难题，并围绕整个领域发展的前瞻性需求增强关键科技储备，引领推动绿色低碳科技自立自强。

对生态环境部来说，落实这次中央科技体制改革精神的部署和考虑，可以概括成“三个5”。

第一个“5”是要把握好五个关系。生态环境领域科技体制改革是一项系统工程，也是一项艰巨任务，要正确处理高质量发展和高水平科技创新，基础研究和应用开发，集中攻关和协同创新，业务支撑和社会化服务，举国体制和领域科技、部门科技的关系，系统推进生态环境领域科技体制改革，切实增强生态环境科技供给。

第二个“5”是重构重塑五大体系。要按照先立后破、积极稳妥、提升效能的原则，重塑、重构与新型举国体制相适应的生态环境领域科技管理体系、价值体系、人员组织体系、创新平台体系、评价考核体系，以深化科技体制改革塑造科技创新的新动能、新优势，全方位支撑生态环境领域科技创新。

第三个“5”是推动落实五项任务。蓝图已绘就，关键在于抓好落实。重点要坚持和加强党的全面领导、推进构建生态环境领域科技新型举国体制、加强生态环境领域基础研究、强化美丽中国建设生态环境领域关键技术攻关、打造生态环境领域战略科技力量。

“所当乘者势也，不可失者时也”。下一步，我们要不断增强责任感、使命感，打好生态环境领域科技“组合拳”，突出重大科技需求凝练牵引，用好重大科技项目战略抓手，强化战略科技力量支撑作用，加强科技规划和政策机制保障，推动生态环境科技工作迈上新台阶。

科技创新是美丽中国建设的有力支撑

《21世纪经济报道》记者：去年，《中共中央　国务院关于全面推进美丽中国建设的意见》出台，其中加强科技支撑是美丽中国建设保障体系的重要内容之一。请问，在加强科技支撑推动美丽中国建设方面有哪些考虑和部署？谢谢。

王志斌：谢谢这位记者朋友的提问。建设美丽中国是全面建设社会主义现代化国家的重要目标，科技创新是美丽中国建设的有力支撑。近期，《中共中央　国务院关于全面推进美丽中国建设的意见》对加强科技支撑提出明确要求，为我们做好生态环境科技工作提供了方向指引和行动纲领。

生态环境科技是美丽中国建设保障体系的重要内容，也是推动解决生态环境问题的利器。去年，我们组织召开了生态环境科技工作会议，对以高水平生态环境科技赋能美丽中国建设作出系统安排。重点来说，有四个方面。

一是加强美丽中国建设基础科学研究。围绕破解美丽中国建设面临的现实问题和实践难题，在理论方法、成因机理、过程路径等方面解决一批基础性重大问题。比如，在新污染物治理方面，开展新污染物环境与健康风险全生命周期阻控等理论方法研究。在应对气候变化领域，进一步阐明气候变化影响下的生态系统安全、重大风险识别与人类活动适应机制等。

二是强化美丽中国建设关键技术攻关。重点围绕减污降碳协同增效、改善生态环境质量、扩绿增汇、风险防范等方面加强关键核心技术研究，开展跨区域、多尺度、多介质的复合型环境污染问题的溯源、调控和协同治理等技术攻关，强化美丽中国数字化治理科技支撑，推动生态环境质量改善由量变到质变。比如，在蓝天保卫战方面，聚焦 $PM_{2.5}$ 和 O_3 协同防控，加强精细化模拟及多污染物近零排放治理技术等研究，支撑空气质量持续改善。

三是推动美丽中国建设重大项目部署。坚持问题导向、应用驱动，开展美丽中国建设重大科技需求凝练，并向中央科技办报送相关科技需求建议书。推动实施生态环境科技创新重大行动，推进京津冀环境综合治理科技重大专项部署，加快制订重点专项管理工作方案、管理实施细则，以及2024年度项目指南编制工作方案，做好重点专项承接工作，确保“接得住、管得好”。

四是打造美丽中国建设科技支撑力量。推进实施高层次生态环境科技人才工程，培养打造高水平生态环境人才队伍。协调推进国家重点实验室重组评估，建设生态环境领域大科学装置和重点实验室、工程技术中心、科学观测研究站等创新平台，推动国家级科研院所建设，支持高校和科研单位加强环境学科建设，打造生态环境领域国家战略科技力量。

今后五年是美丽中国建设的重要时期。下一步，我们将积极谋划与美丽中国建设相适应的生态环境领域科技发展顶层设计，组织开展中长期战略研究，推进“十五五”生态环境领域科技规划研究与编制相关工作，储备推出一批重大科技项目和科技工程，为建设人与自然和谐共生的美丽中国提供科技支撑。

中央生态环境保护督察发现四方面突出问题

《北京青年报》记者：2月26—28日，中央生态环境保护督察组陆续向海南省、青海省、福建省、河南省、甘肃省反馈了督察情况，请介绍一下此次督察反馈的总体情况，有哪些比较突出的共性问题？

裴晓菲：谢谢您的提问，这个问题我来回答。

为深入贯彻落实习近平生态文明思想和习近平总书记重要指示批示精神，落实全国生态环境保护大会工作部署，根据《中央生态环境保护督察工作规定》，经党中央、国务院批准，2023年11月21日至12月22日，5个中央生态环境保护督察组分别对福建、河南、海南、甘肃、青海5省开展督察。今年2月26—28日，各督察组陆续向被督察省级行政区反馈督察意见，并同步移交责任追究问题清单和案卷。

总体来看，此次督察的5省高度重视生态文明建设和生态环境保护，深入打好污染防治攻坚战，生态环境质量持续好转。但督察也发现，对标习近平生态文明思想和习近平总书记重要指示批示精神，对标人民群众对美好生态环境的新期盼，他们的工作还存在差距，还存在一些突出问题亟待解决。

一是践行习近平生态文明思想有差距。部分地区和部门落实绿色发展理念有偏差，生态环境保护主体责任落实不到位。督察发现，一些省级行政区仍存在盲目上马“两高”项目问题，一些省级行政区在推进项目发展中忽视生态环境保护要求，化工园区布局问题突出，部分行业转型升级乏力、污染防治措施不到位。

二是推进实施黄河流域生态保护和高质量发展战略有短板。一些省级行政区“四水四定”（以水定城、以水定地、以水定人、以水定产）要求落实不到位，水资源集约节约利用还有较大差距。从曝光的典型案例来看，部分地区“挖湖造景”问题仍然比较突出。

三是生态保护修复不力。海洋、湖泊、草原、林地以及自然保护地生态破坏时有发生，矿山违规开采及生态修复滞后问题依然存在。一些生态修复项目方案制订不科学、验收降低标准、后期管护不到位。

四是环境基础设施短板明显。从督察情况来看，被督察省级行政区不同程度存在城镇生活污水处理设施建设滞后、污水处理设施运行管理不到位等问题。一些地方落实污水处理提质增效要求不力，管网不配套、污水处理厂超负荷运行等造成污水长期直排、漏排和溢流。我们集中公开了一批典型案例，曝光了一批突出问题。

下一步，生态环境部将认真贯彻落实《中央生态环境保护督察工作规定》和《中央生态环境保护督察整改工作办法》，指导督促被督察省级行政区科学制订督察整改方案，全面落实整改要求，扎实做好督察整改“后半篇文章”。

推进京津冀环境综合治理重大专项

封面新闻记者：在《中共中央　国务院关于全面推进美丽中国

建设的意见》中提到，推进“科技创新2030—京津冀环境综合治理”重大项目，能否给我们简单介绍下这一项目进展情况？

王志斌：谢谢这位记者朋友的提问。京津冀环境综合治理国家科技重大专项（以下简称专项）是党中央、国务院面向长远决策部署的一批体现国家战略意图的重大科技项目之一，旨在突破制约京津冀协同发展的区域复合污染治理重大科技“瓶颈”，为改善区域生态环境质量、打造美丽中国先行区提供有力科技支撑。

专项瞄准2030科技创新战略目标，坚持问题导向、创新驱动、绿色引领、产业带动，以京津冀可持续发展重大需求为牵引，以科技创新突破多介质复合污染治理难题为主攻方向，重点开展“空地”一体化环境感知与智能研判，工业聚集区、农业农村地区、都市区等环境质量改善和减污降碳协同控制研究，在京津冀开展综合示范，突破一批关键技术，形成系统化解决方案、规模化样板工程，全面支撑京津冀建设生态环境优美示范区和雄安绿色发展标杆区。

在中央科技委员会的领导下，专项将充分发挥社会主义市场经济条件下新型举国体制优势，坚持国家战略导向、应用需求牵引，凝聚和集成国家战略科技力量协同攻关。

一是坚持实施机制创新。加强决策指挥和组织协调，创新科研组织模式，统筹调动、高效配置国家战略科技力量和社会创新资源，构建多元化科技投入机制，形成定位明确、分工合理、资源统筹、高效协同的专项科技攻关组织模式和运行机制。

二是强化央地协调联动。强化重大科技需求凝练，地方深度参与专项实施，加强专项成果在地方的转化应用，进一步发挥地方政府作用。强化部门协调联动，加强任务实施、成果应用推广与行业规划、产业政策等方面的衔接。

三是发挥企业科技创新主体作用。支持企业牵头组建创新联合体承担专项攻关任务。支持企业建设中试验证平台，健全产学研成果对接和产业化机制，推动专项成果有效推广应用。

目前，专项正在走审批程序。一经批准，我们将加强组织管理，制定相关政策措施，强化协同联动，抓紧推进并确保专项顺利实施。

积极推进科技成果转化和产业化

《南方日报》记者： 去年年底召开的中央经济工作会议提出要以科技创新引领现代化产业体系建设。请问，生态环境部如何推动生态科技成果从实验室走向具体的实践应用，促进科技成果转移转化和产业化？

王志斌： 非常感谢这位记者朋友的提问。生态环境部认真贯彻落实有关科技创新引领现代化产业体系建设的要求，结合生态环境领域的实际情况积极推进科技成果转化和产业化工作。

一是完善支撑保障措施，营造有利政策环境。我部印发《关于促进生态环境科技成果转化的指导意见》等文件，提出构建以市场和管理需求为导向的成果转化体系，推动树立正确的科技评价导向，营造“基础研究—管理支撑—技术服务”协同发展的有利环境。

二是拓宽转移转化渠道，加速成果应用扩散。我部组织实施百城千县万名专家生态环境科技帮扶行动，初步建立“中央—省—市”联动的需求对接体系，通过“一事一议”咨询服务、“一题一训”技术培训等方式，组织咨询服务300余次、技术培训40余场、大型推介活动6场，累计推介先进适用技术近600项、服务1 500余家企业。

三是完善成果转化体系，促进多方协作融合。我部依托国家生态环境科技成果转化综合服务平台，汇聚降碳减污各类优秀科技成果5 000多项，建立5 000余人的多领域技术和产业专家库，并组建了70多家“政、产、学、研、用、金、介”单位组成的理事会创新协作网络。

在此基础上，按照“需求分析—技术遴选—工程应用—产业孵化”的线上线下服务链条，甄别梳理需求，组织技术团队开展跟踪研究形成技术解决方案。比如，对具有产业化前景的技术，支持部属单位与地方政府、新型研发机构等联合实施成果转化。针对农村生活污水排放分散、治理设施运行管理难度大等问题，平台与新型研发机构共同遴选适宜技术，组建技术产品二次开发和专业市场经营团队，实现了技术的设备化、模块化，半年内在多地推广应用100余套。针对嘉兴市作为典型平原河网城市复杂严重的水生态环境问题，组织科研团队与地方政府密切配合，将“湖泊内源污染控制与生态修复关键技术”直接应用于嘉兴南湖等数十项水生态修复工程中，达到了减少内外源污染、提高河网水体透明度、构建清水性草型水生态系统的目的。通过治理，嘉兴南湖水质由原来的湖库

Ⅴ类升至湖库Ⅲ类，透明度由原来的0.2 m升至0.8 m，入选全国第二批美丽河湖优秀案例。

确保生态环境分区管控举措落实落地

新华社记者：刚刚您提到《中共中央办公厅　国务院办公厅关于加强生态环境分区管控的意见》已于近日印发，请问生态环境部在完善生态环境分区管控方面有哪些工作计划和具体措施?

裴晓菲：谢谢您的提问，这个问题我来回答。

实施生态环境分区管控，严守生态保护红线、环境质量底线、资源利用上线，科学指导各类开发保护建设活动，对于推动高质量发展，建设人与自然和谐共生的现代化具有重要意义。今年3月6日，中共中央办公厅、国务院办公厅印发了《中共中央办公厅　国务院办公厅关于加强生态环境分区管控的意见》，对新时期全面推进生态环境分区管控进行了系统部署。生态环境部将积极会同有关部门，从四个方面抓好该意见的实施，确保各项行动举措落实落地。

一是开展宣传培训。将生态环境分区管控纳入党政领导干部教育培训内容，针对不同群体的需求和特点，持续开展形式多样的宣传培训，把党中央的决策部署说清楚、讲明白。同时，我们还将在环境影响评价咨询平台、生态环境分区管控信息平台开设咨询窗口，及时答疑解惑，推动各地加强信息共享，分享做法和经验。

二是出台配套政策，主要有三个方面。在法律方面，积极推动将生态环境分区管控纳入正在编纂的生态环境法典中，强化法律支撑。在规范性文件方面，研究制定生态环境分区管控管理暂行规定，细化生态环境分区管控方案制定发布、实施应用、调整更新、数字化建设、跟踪评估、监督管理等重点环节的管理要求。在技术标准方面，围绕建设全域覆盖、精准科学的生态环境分区管控体系，持续完善相关技术标准。同时，结合美丽中国先行区和示范样板建设等，谋划开展生态环境分区管控理论、技术与应用研究。

三是完善实施机制。生态环境部将会同有关部门制定完善生态环境分区管控政策，各相关部门要根据职责分工，加强本领域工作与生态环境分区管控协调联动。同时，我们将指导地方因地制宜出台《中共中央办公厅　国务院办公厅关于加强生态环境分区管控的意见》配套措施，落实工作任务，完善生态环境分区管控信息平台建设，及时总结推广正面典型，曝光反面案例，营造全社会广泛关注、共同参与的良好氛围。

四是加强监督管理。指导地方跟踪评估生态环境分区管控方案制订和实施、调整更新和备案及三类单元环境质量变化等情况，做好监督管理。对生态功能明显降低的生态环境保护单元、生态环境问题突出的重点管控单元及环境质量明显下降的其他区域，加强监管执法。将制度落实中存在的突出问题纳入中央和省级生态环境保护督察，将实施情况纳入污染防治攻坚战成效考核。

以科技促进环境质量改善，以投资带动环保产业发展

央视网记者：近年来环境投资与产业融合发展方面的成效非常显著，生态环境部在科技创新促进高水平保护和高质量发展方面做了哪些工作？2024年在推动投资和产业发展融合方面有哪些打算？

王志斌：谢谢这位记者的提问。应该说环保投资和产业、环保技术对改善环境质量、促进高水平保护和高质量发展具有非常重要的作用。新时代以来，生态环境部聚焦科研攻关、绿色生产、成果应用等方面，持续增强高水平科技供给，协同推进高水平保护和高质量发展。

一是着力加强应用基础研究，科技攻关成效显著。聚焦影响环境质量的关键科学问题，组织实施水体污染控制与治理科技重大专项、大气重污染成因与治理攻关等科技项目，突破了一批环境问题的成因机理和内在演变规律研究，研发了一批经济可行性更好、效率更高的污染治理和生态修复技术装备，为我国生态环境保护发生历史性、转折性、全局性变化提供了有力支撑。

二是推动科技成果转化应用，提升科技成果转化效能。建成并运行国家生态环境科技成果转化综合服务平台，汇聚各类优秀科技成果，开设技术服务专区，畅通拓展科技成果转化推广应用的供需对接渠道。联合科技部印发《百城千县万名专家生态环境科技帮扶行动计划》，通过驻点跟踪研究、科技咨询服务、技术培训等方式，

助力地方政府和企业解决在生态环境治理和绿色发展中遇到的痛点、难点问题。编制发布国家先进污染防治技术目录、污染防治可行技术指南、工程技术规范等，为地方和企业选用先进、适用、可靠的污染治理技术提供科学指导。

三是发展循环经济推进清洁生产，推动形成绿色生产方式。以发展新质生产力、推动新型工业化、推进减污降碳协同增效为目标，修订生态工业园区管理办法、生态工业园区标准，提升工业领域生态文明建设水平。目前已建成生态工业园区 73 家，据 2022 年度统计，73 家生态工业园区创造了全国 7.6% 的工业增加值，而化学需氧量（COD）、氨氮（NH_3-N）、二氧化硫（SO_2）和氮氧化物（NO_x）排放量分别仅占全国工业排放的 4.6%、2.9%、0.9% 和 1.4%，主要污染物排放强度比全国低 81%，固体废物综合利用率达到 90.81%，优于全国工业园区平均水平。以全过程污染预防为核心，积极推进重点企业清洁生产强制性审核，开展重点行业、工业园区整体清洁生产审核创新试点，筛选推广先进清洁生产技术，推动重点行业、园区和区域节能、节水、节材、减污和降碳，实现源头减量、过程减排、末端治理和综合利用。

关于您提到的推动投资和产业发展融合方面，我们探索建立以财政资金为引导、金融和社会资本多元协同的生态环境投资模式，以投资带动环保产业发展，拓宽环保产业市场空间，以产业壮大支撑污染防治和生态建设，促进投资与产业深度融合。2024 年我们重点开展以下三方面工作：一是充分发挥中央资金撬动作用。完善中央各类资金管理制度，指导地方加强中央生态环境资金预储备项目清单成果应用，强化重大项目组织实施。指导地方提高项目储备质量、提升资金使用成效，带动地方财政资金投入。二是大力引导金融资金投入。研究制定金融支持生态环境的政策措施，大力推进生态环保金融项目储备库建设，引导金融机构加大生态环保投入。三是发挥自然环境生产要素作用，探索生态产品价值实现机制。积极稳妥推进生态环境导向的开发（EOD）模式创新，加强 EOD 项目调研，挖掘亮点、凝练经验，指导各地加快推进项目落地见效，推进生态环境保护与产业融合发展，形成“两山”转化新路径。

长江生态环境保护修复联合研究取得显著成效

人民网记者：长江生态环境保护修复联合研究取得了哪些成效？在推动长江保护修复攻坚行动方面发挥了什么作用？

王志斌：谢谢这位记者的提问。为贯彻落实习近平总书记关于长江大保护的指示精神和要求，更好推动精准治污、科学治污、依法治污，进一步强化科技创新和管理支撑的深度融合，2018 年生态环境部成立国家长江生态环境保护修复联合研究中心，重点以支撑长江保护修复攻坚战为目标，以集成应用为导向，聚焦以磷为核心的流域水质目标管理、水生态完整性评估等六大专题，开展关键技术协同攻关和驻点城市“一市一策”科技帮扶工作，取得一系列科研成果，成效显著。

一是构建长江保护修复攻坚战“知识库”和“工具箱”。系统诊断长江水生态环境突出问题，揭示问题成因及机理；研究建立全时空“诊”、全过程“控”、全方位“治”、全要素“保”的长江水生态环境保护修复技术体系，重点构建了水环境精准溯源和系统治理、水生态调查—评估—修复等技术模式，形成覆盖全链条的科技供给。建立长江流域生态环境智慧决策平台，服务推动沿江省（自治区）、市科学数据共享。

二是科技支撑长江保护修复攻坚战国家科学决策。围绕长江流域水生态考核试点等攻坚战重要任务，开展关键指标内涵判定、期望值确定、监测关键技术和质控关键技术联合攻关，支撑出台长江流域水生态考核指标评分细则。坚持需求导向，开展“风险防范—污染管控—排口管理—水源保障”管理技术研发，全力支撑饮用水水源地安全保障、入河排污口排查整治、黑臭水体整治、化工园区水污染治理、历史遗留矿山和尾矿库污染防控等攻坚战专项行动。组织专家团队赴杭州亚运会、成都大运会现场进行问题研判，圆满完成国家重大活动的水环境质量保障任务。

三是科技助力长江保护修复攻坚战地方精准施策。以联合研究成果为基础，“前店后厂”，送科技、解难题。分两批派驻66个驻点专家团队开展水环境形势分析、磷污染来源解析，以及122个水体水生态调查评估等，形成源清单、问题解决方案等700余份，帮扶地方解决治理难题。与2018年相比，驻点城市总磷浓度平均下降约30%，“一江碧水向东流”的美景重现，人民群众的生态环境获得感、幸福感显著提升。

裴晓菲：感谢王志斌司长，谢谢各位记者朋友的参与，今天的新闻发布会到此结束，再见！

3 月例行新闻发布会背景材料

近年来，生态环境部认真学习领会习近平生态文明思想和习近平总书记关于科技创新的重要论述，深入贯彻落实全国生态环境保护大会精神和中央科技体制改革精神，强化顶层设计，加强组织管理，生态环境科技各项工作取得积极进展。

一、主要工作进展

（一）持续深化生态环境领域科技改革

一是认真落实中央科技改革任务。配合参与制定出台中央科技委工作规则和中央科技办工作细则，研究优化完善部门“三定”和基地、平台、项目等管理规程，提出强化生态环境领域科技工作建议，助力推动新体制建章立制与高效运转。完成组织拟订科技促进生态环境发展规划和政策职责划入，以及相关编制职数划转和人员转隶工作，增设职能处室，成立科技工作专班，为承接好新职能任务提供有力保障，确保“接得住、管得好”。

二是组织召开生态环境科技工作会议。立足当前生态环境领域科技面临的新形势、新要求，从正确处理高质量发展和高水平科技创新，基础研究和应用开发，集中攻关和协同创新，业务支撑和社会化服务，举国体制和领域科技、部门科技“五个关系”出发，分析深化生态环境领域科技体制改革策略和方法，提出重塑重构生态环境领域科技管理、科技价值、科技工作人员组织、科技创新平台、科技成果和人才评价考核“五大体系”的改革思路和重点任务。会议由赵英民副部长主持，邀请科技、教育等部门和单位，以及生态环境领域部分相关高校、科研院所、企业、科技创新平台等代表参加，黄润秋部长出席会议并作重要讲话，对进一步高质量推进生态环境领域科技工作进行了动员部署。

三是多措并举推进生态环境领域科技发展。强化重大科技需求引领。研究生态环境领域重大科技需求凝练工作路径、方式，组织开展减污降碳、新污染物治理、应对气候变化、核与辐射安全、生物多样性保护、生态安全等方向重大科技需求征集、凝练和专家举荐等。谋划新时期生态环境领域科技发展，面向2035美丽中国建设战略部署，启动关于加强生态环境领域科技创新推动美丽中国建设的指导意见编制。推动重大项目部署。协同科技部进一步修改完善“科技创新2030—京津冀环境综合治理”重大项目实施方案，组织编制项目概算，积极推动项目立项。从时间维度和战略维度，分别按照近中远期目标以及国家重大战略任务实施，分别谋划重大科技项目和重大工程。强化对国家重点研发计划“十四五”生态环境领域相关重点专项的梳理分析，做好承接准备。加强战略科技力量支撑。协调推进环境基准与风险评估国家重点实验室重组评估，按照中央关于创新平台基地清理规范要求，培育国家级科技创新平台，启动部级平台建设发展规划方案编制工作。完善管理体制机制。面向生态环境领域各类型创新主体组织开展专题调研和座谈，听取深化改革的意见和建议。指导部属单位开展管理体制机制改革，聚焦主责、主业统筹应用基础研究、业务支撑、社会服务协同发展与分类管理。

（二）持续推动联合研究和科研立项

深入实施长江生态环境保护修复联合研究（第二期）项目，初步构建了“调查监测—评估诊断—优化管控”水生态考核监测评价技术体系、“源头减量化—过程资源化—末端生态化”环境绿色低碳治理技术体系等，为深入打好长江保护修复攻坚战提供科技支撑。启动实施黄河流域生态保护和高质量发展（第一期）联合研究，以“生态增容—减污降碳”为主线，制订实施方案，设置23个项目，重点围绕生态保护与修复、流域水环境综合治理、固体废物减污降碳协同治理及典型生态环境问题解决方案等开展联合研究，初步完成了“黄河流域—区域—城市”三级生态环境问题与科技需求识别。配合科技部，推动国家重点研发计划生态环境领域10多个重点专项2023年指南的编制、发布，并组织部属单位申报项目37项，获批立项8项。

（三）深入实施生态环境科技帮扶行动

一是深入推进$PM_{2.5}$和O_3污染协同防控"一市一策"驻点跟踪研究。系统分析阶段性工作进展、创新经验和典型案例，形成总结报告；针对跨年霾、沙尘天气等热点问题组织开展成因分析和对策研究，形成建议报告，有效支撑大气污染防治和监督帮扶等。组织开展VOCs治理技术评估研讨，形成我国VOCs治理技术适用性分析报告，为驻点团队开展相关工作提供参考。强化成果产出，出版《大气重污染成因与治理攻关的实践——"一市一策"驻点跟踪研究案例》，组织刊发《环境科学研究》$PM_{2.5}$和O_3协同防控科技攻关成果专题专栏。

二是全面实施长江生态环境保护修复"一市一策"驻点跟踪研究（第二期）。研究编制长江总磷污染综合治理实施方案、长江生态环境保护修复联合研究（第二期）城市水污染源排放清单编制技术指南（试行），报送《长江保护法实施的主要成效》《关于推进长江经济带发展中面临的困难、问题及建议》等各类信息专报、工作方案等350余份，有力支撑了沿江重点城市共抓长江大保护的科学决策和精准施策。其中，长江生态环境保护修复智慧决策平台获得2022年世界物联网博览会"物联网专精特新强链补链类"金奖及"2022年度智慧环保十佳创新案例"。

三是启动实施黄河流域生态保护和高质量发展（第一期）驻点科技帮扶。组建"9个省级工作组+26个城市工作组"的驻点科技帮扶工作团队深入沿黄9省（自治区）26个城市开展科技帮扶行动，完成驻点科技帮扶实施方案编制和论证，在流域、区域和城市层面形成110条生态环境问题和科技需求的初步诊断结果，探索适用于黄河流域的减污降碳协同治理路径，形成19项技术方案和政策建议，为驻点城市黑臭水体治理、工业园区污染防治、环境风险应急等提供有力支撑。

四是扎实推进技术培训和科技咨询服务。积极开展"一题一训"技术培训和科技成果推广，围绕$PM_{2.5}$和O_3污染协同防控、黄河生态保护和高质量发展等主题，举办10余期专题技术培训、专家会商等。深化国家生态环境科技成果转化综合服务平台建设，强化平台技术供给质量，提炼形成约2 000项重点技术；持续扩充平台先进技术资源，新增4批共96项先进技术入库；积极开展技术咨询和专家诊断300余次、大型推介活动6场，累计推介先进适用技术近600项。加强生态环境领域技术成果评估分析，开展“村镇生活污水处理提标改造技术”等14项污染治理技术的评估分析和应用场景调研，形成相关报告报送丁仲礼副委员长。编制发布2023年《国家先进污染防治技术目录（固体废物和土壤污染防治领域）》。

（四）持续加强生态环境部科技创新能力建设

建成环境感官应激与健康等3个部级重点实验室，物联网技术研究应用（无锡）等3个工程技术中心，启动陆海统筹生态治理与系统调控等3个重点实验室和轨道交通振动与噪声控制工程技术中心建设，完成减污降碳协同治理重点实验室建设可行性论证。建成呼伦贝尔森林草原交错区等7个部级科学观测研究站。组织部属单位开展国家高层次人才特殊支持计划科技创新领军人才、青年拔尖人才推荐工作，1人获得领军人才称号。

（五）大力推动生态环境科学技术普及

组织召开生态环境系统科普工作交流会，宣贯国家科普政策，交流科普工作经验，提升科普工作能力。启动中国公民生态环境科学素质调查研究，初步形成生态环境科学素质基准，完成第八批36家国家生态环境科普基地创建，持续组织“我是生态环境讲解员”“大学生在行动”等形式多样的生态环境科普活动，推荐选手晋级全国科普讲解大赛总决赛并荣获二等奖，组织参加全国科学实验展演汇演并荣获2项三等奖。开展生态环境科技成果科普化典型案例和优秀科普作品征集活动，评选出10个优秀科技成果科普化典型案例、54部优秀科普作品。

二、下一步工作

今后五年是美丽中国建设的重要时期。生态环境科技工作将坚持以习近平新时代中国特色社会主义思想特别是习近平生态文明思想为指引，坚持“四个面向”，以科技创新助力改善生态环境质量和美丽中国建设。一是加强战略研究和顶层设计，组织开展生态环境领域科技中长期战略研究，制定发布关于加强生态环境领域科技创新推动美丽中国建设的政策文件。二是推动京津冀环境综合治理国家重大科技专项实施。三是强化重大科技需求引领，聚焦美丽中国建设重点任务，持续凝练、储备、推出一批重大科技项目和科技工程，组织编制“十四五”国家重点研发计划生态环境领域相关重点专项2024年度指南，深入组织实施长江黄河联合研究。四是打造生态环境领域战略科技力量，谋划建设重大科技基础设施，持续优化布局部级创新平台。五是组织实施科技帮扶行动，促进生态环境科技成果转化，深化国家生态环境科技成果转化综合服务平台建设，完善成果评估体系。六是落实生态环境科技工作会议关于重塑重构的系列部署，全面深化生态环境科技体制改革。

4月例行新闻发布会实录

2024年4月28日

4月28日，生态环境部举行4月例行新闻发布会。生态环境部海洋生态环境司副司长张志锋、中国海警局新闻发言人刘德军出席发布会，介绍我国海洋生态环境保护与执法监管等工作进展情况。生态环境部新闻发言人裴晓菲主持发布会，通报近期生态环境保护重点工作进展，并共同回答了记者提问。

4月例行新闻发布会现场（1）

4月例行新闻发布会现场（2）

裴晓菲：各位媒体朋友，大家上午好！欢迎参加生态环境部4月例行新闻发布会。今天发布会的主题是“深学笃行‘厦门实践’经验 全面推进重点海域综合治理和美丽海湾建设”。我们邀请到生态环境部海洋生态环境司副司长张志锋先生、中国海警局新闻发言人刘德军先生，介绍海洋生态环境保护与执法监管有关情况，并和我共同回答大家关心的问题。

下面，我先通报三项生态环境部近期重点工作。

一、2024年第一季度生态环境质量状况

今年第一季度，全国环境空气质量和水生态环境质量总体均持续改善。

从环境空气质量状况来看，第一季度，全国339个地级及以上城市细颗粒物（$PM_{2.5}$）平均浓度为43 μg/m^3，同比下降6.5%，可吸入颗粒物（PM_{10}）、臭氧（O_3）、二氧化硫（SO_2）、二氧化氮（NO_2）等平均浓度同比均下降，一氧化碳（CO）平均浓度同比持平；空气质量优良天数比例为83.6%，同比上升3.5个百分点；重度及以上污染天数比例为2.4%，同比下降0.9个百分点。其中，京津冀及周边地区“2+36”城市、汾渭平原13个城市$PM_{2.5}$平均浓度同比分别下降7.2%和16.7%，优良天数比例同比分别上升10.9个和13.1个百分点。但长三角地区31个城市$PM_{2.5}$平均浓度同比上升12.8%，优良天数比例同比下降4.6个百分点。

刚刚过去的3月，全国339个地级及以上城市$PM_{2.5}$平均浓度为

34 μg/m³，同比下降5.6%，PM_{10}、O_3、SO_2、NO_2等平均浓度同比均下降，CO平均浓度同比持平；空气质量优良天数比例为90.4%，同比上升7.2个百分点；重度及以上污染天数比例为1.0%，同比下降1.6个百分点。其中，京津冀及周边地区“2+36”城市、汾渭平原13个城市$PM_{2.5}$平均浓度同比分别下降7.5%和8.9%，优良天数比例同比分别上升18.6个和11.9个百分点。长三角地区31个城市$PM_{2.5}$平均浓度同比上升2.4%，优良天数比例同比上升9.9个百分点。

从水生态环境质量状况来看，3 641个国家地表水考核断面中，水质优良（Ⅰ~Ⅲ类）断面比例为89.9%，同比上升0.8个百分点；劣Ⅴ类断面比例为0.7%，同比上升0.1个百分点。主要污染指标为化学需氧量、高锰酸盐指数和总磷。

其中，长江、黄河等主要江河水质优良断面比例为91.5%，同比上升1.2个百分点；劣Ⅴ类断面比例为0.5%，同比上升0.1个百分点。主要污染指标为化学需氧量、高锰酸盐指数和氨氮。监测的201个重点湖（库）中，水质优良湖库比例为82.1%，同比上升1.1个百分点；劣Ⅴ类水质湖库比例为4.5%，同比下降0.1个百分点。主要污染指标为总磷、化学需氧量和高锰酸盐指数。

二、《2021年电力二氧化碳排放因子》发布

近日，生态环境部、国家统计局发布《2021年电力二氧化碳排放因子》。电力二氧化碳排放因子是核算电力消费二氧化碳排放量的重要基础参数。本次发布的电力二氧化碳排放因子可供不同主体

核算电力消费的二氧化碳排放量时参考使用。

电力部门是重要的二氧化碳排放源，其二氧化碳排放量占全球化石燃料燃烧二氧化碳排放总量的1/3以上，占我国二氧化碳排放的40%以上。本次发布的《2021年电力二氧化碳排放因子》分为三种口径：第一种是2021年全国、区域及省级电力平均二氧化碳排放因子，是单位发电量（包括火电、水电、风电、核电、太阳能发电等所有电力类型）的二氧化碳排放量，计算方法和数据时效性均具有国际可比性；第二种是2021年全国电力平均二氧化碳排放因子（不包括市场化交易的非化石能源电量），是单位发电量（包括前述所有电力类型发电量，但扣除市场化交易的非化石能源电量）的二氧化碳排放量；第三种是2021年全国化石能源电力平均二氧化碳排放因子，是单位化石能源电力发电量（从火电中扣除生物质发电量）的二氧化碳排放量。后续我们将建立常态化发布机制，及时更新和定期发布电力二氧化碳排放因子，今年我们还将发布《2022年电力二氧化碳排放因子》。此外，我们正在组织开展电力碳足迹因子研究，成熟后将发布电力碳足迹因子。

三、“5·22”国际生物多样性日活动将举办

5月22日是国际生物多样性日。今年国际生物多样性日主题为“Be part of the Plan”，即“生物多样性、你我共参与”。为呼吁社会各界积极参与生物多样性保护事业，国际生物多样性日当天，生态环境部将联合海南省人民政府共同举办国际生物多样日活动。

届时，国务院加强生物多样性保护工作协调机制成员单位，《生物多样性公约》部分缔约方及欧盟、联合国开发计划署、联合国环境规划署和《生物多样性公约》秘书处等国际组织代表将参加有关活动。

中国政府一贯高度重视生物多样性保护。今年年初，生态环境部发布并向《生物多样性公约》秘书处提交《中国生物多样性保护战略与行动计划（2023—2030 年）》，持续推动“昆蒙框架”落实，推进全球生物多样性治理进程。此外，自 2021 年中国率先出资成立昆明生物多样性基金以来，生态环境部会同财政部、外交部与联合国环境规划署等国际机构已开展多轮磋商，就昆明生物多样性基金合作事项基本达成一致，并力争在 COP16（联合国《生物多样性公约》第十六次缔约方大会）之前实现昆明生物多样性基金支持的第一批项目落地。

裴晓菲：下面，请张志锋副司长介绍海洋生态环境保护有关情况。

生态环境部海洋生态环境司副司长张志锋

海洋生态环境保护工作取得阶段性良好成效

张志锋：谢谢发言人。各位记者朋友，大家上午好！在这面朝大海、春暖花开的4月，很高兴和大家共同交流海洋生态文明建设和生态环境保护工作的新进展、新成效和新部署。在此，我谨代表生态环境部海洋生态环境司，向大家一直以来对我们工作的关心与支持表示衷心的感谢！

新年开春以来，"厦门实践"成为央地众多媒体传播的热词，可以说是全网刷屏、实力出圈。福建省厦门市城在海上、海在城中，是习近平生态文明思想的重要孕育地和先行实践地。1988年，习近平同志在厦门工作期间，开创性地提出"依法治湖、截污处理、清淤筑岸、搞活水体、美化环境”的筼筜湖综合治理二十字方针，由此拉开厦门持续深入推进生态文明建设、奋力打造海湾型生态城市的大幕。三十六年来，厦门深入践行并不断丰富拓展筼筜湖综合治理的成功经验，形成了一批具有厦门辨识度、全国影响力、世界美誉度的标志性成果，也为我国生态文明建设发生历史性、转折性、全局性变化提供了厦门实证，深刻昭示了习近平生态文明思想的真理伟力和实践伟力。

我们体会到，“厦门实践”的核心内容之一就是系统治海护海、推动人海和谐。去年以来，我们深入贯彻习近平生态文明思想，深学笃行“厦门实践”的经验理念，按照党中央关于“以更高标准打几个漂亮的标志性战役”的部署要求，统筹推进海洋生态环境保护工作，取得阶段性的良好成效。

一是陆海共治“水更清”。我们坚持重点攻坚和协同治理相结合，把入海河流总氮治理、入海排污口排查整治等作为重点海域综合治理攻坚战的重中之重，着力推进渤海、长江口—杭州湾、珠江口邻近海域水质改善。同时，以海湾为基本单元，在全国其他沿海城市协同推进陆海统筹的污染防治。2023 年，全国国控河流入海断面总氮平均浓度同比下降 12.2%，近岸海域水质优良比例达到 85.0%，同比增长 3.1 个百分点，实现自 2018 年以来的“六连增”。

二是提质扩面“湾更美”。我们坚持示范引领和梯次推进相结合，遴选出厦门东南部海域等第二批 12 个美丽海湾优秀案例，总结推广地方典型经验做法。印发实施《美丽海湾建设提升行动方案》，组织各地进一步扩大建设范围，推进100多个海湾“一湾一策”建设美丽海湾，突出提质增效与常态监管。2023年，全国283个海湾中有126个海湾的水质与前三年均值相比得到改善，24个典型海洋生态系统连续三年保持“不健康”状态清零。

三是多措并举“滩更净”。我们坚持常态治理和模式创新相结合，在前期组织开展11个重点海湾专项清漂行动的基础上，会同相关部门联合实施沿海城市海洋垃圾清理行动，指导地方多措并举净滩清漂，建立健全常态化工作体系和制度机制。浙江台州创建“蓝色循环”海洋塑料废弃物治理新模式，实现海洋塑料废弃物回收利用的全程可视化追溯和降碳减污协同增效，荣获联合国“地球卫士奖”。

四是依法护海“招更实”。我们坚持制度创新和严格监管相结合，新修订的海洋环境保护法正式颁布实施，进一步强化了陆海统筹、区域联动、综合治理，在海洋污染防治、生态保护修复、监督管理执法等方面明确了一系列创新制度和务实举措。我们依法严格监管入海排污口、海水养殖、海洋工程和海洋倾废活动等，截至目前，全国沿海各省（自治区、直辖市）已排查出入海排污口5.3万余个，完成整治1.6万余个。

五是筑基提能“劲更足”。我们坚持摸清家底和提升能力相结合，组织开展第三次海洋污染基线调查，已经完成全部管辖海域的外业调查任务，11个沿海省（自治区、直辖市）正在开展更为精细化的海湾生态环境摸底调查。我们持续推进海洋环境应急能力建设，深化与中国海油等的应急协作，完成天津、上海等5个海洋环境应急基地揭牌，组织开展海洋油气勘探开发溢油风险隐患排查整治和应急演练等。

以一湖照见一城，以一城求索一路。“厦门实践”深刻启示我们，协同推进高质量发展和高水平保护的生态文明实践路径可行、可及，建设人与自然和谐共生的美丽中国可感、可知。我们将坚持以习近平生态文明思想为指导，贯彻落实全国生态环境保护大会精神和党中央决策部署，应用推广“厦门实践”等好经验、好做法，以更高站位、更实举措深入推进海洋生态环境保护工作，让“水清滩净、鱼鸥翔集、人海和谐”的美丽海湾越建越美，老百姓临海、亲海的获得感和幸福感越来越强，碧海银滩向金山银山转化的路径越走越宽、成效更加显著。

在五一假期即将来临之际，我们也欢迎大家把沿海各地的美丽海湾作为与家人朋友一起出游度假的目的地！

我就先介绍这些，谢谢大家！

裴晓菲： 谢谢张志锋副司长，下面请刘德军先生介绍海洋生态环境执法有关情况。

中国海警局新闻发言人刘德军

全面提升海洋生态环境保护执法质效

刘德军：各位媒体记者朋友，大家上午好！很高兴和大家见面，也非常感谢大家长期以来对海警执法工作的关心和支持，接下来我就 2023 年海洋生态环境保护执法工作作一个简要的介绍。

2023 年是全面贯彻落实党的二十大精神的开局之年，是推进“十四五”规划落实的关键之年，做好海洋生态环境保护执法工作意义重大。我们坚持标本兼治、综合施策，全面提升海洋生态环境保护执法质效，服务保障美丽海湾建设。

2023 年，我们直面海洋生态环境保护面临的复杂局面，全面打好碧海保卫战。紧紧围绕集中整治海洋污染与生态破坏突出问题，系统强化海洋资源开发利用秩序监管，在强化常态执法巡查的基础上，联合工业和信息化部、生态环境部、国家林业和草原局部署开展“碧海2023”专项执法行动，贯通实施“绿盾”自然保护地强化监督，加大海洋污染与生态破坏突出问题整治力度，集中优势资源，全力打击违法犯罪活动，严格执法监管服务。全年检查海洋工程建设项目3 600余个（次）、倾倒区和倾废项目690余个（次），踏查海洋自然保护地1 300余个（次），查办非法倾废案件95起、涉嫌破坏公用通信设施案件33起。

紧盯非法盗采海砂等重点、难点问题，联合最高人民检察院、公安部部署开展打击涉海砂违法犯罪专项行动，加强形势分析研判，科学力量布势，强化联勤联动，巡查砂场、码头、施工现场等处所3 800余个（次），检查各类船舶1.68万艘（次），查获涉海砂案件98起，查扣涉案船舶95艘、海砂45.2万t，同比均大幅下降，重点海域的非法盗采海砂多发势头得到遏制。

2023年，我们牢固树立海洋生态环境保护“一盘棋”思想，全面打好协同整体仗。紧紧围绕“国家治理体系和治理能力现代化”要求，深化巩固协作基础，强化陆海统筹合力，优化海洋治理模式，联合公安部、自然资源部、生态环境部、农业农村部、交通运输部和海关总署召开海上执法工作会议，分析执法工作形势，研究综合治理意见。针对涉海疑难问题，联合最高人民法院、最高人民检察院出台《依法打击涉海砂违法犯罪座谈会纪要》《办理海上涉砂刑事案件证据指引》，会同最高人民检察院发布《办理海上非法采砂相关犯罪典型案例》，统一涉砂案件办理证据规格和法律适用，执法标准依据不断统一。

依托执法协作配合机制，各级海警机构密切与地方涉海部门协同，定期与生态环境部门开展会商研究，了解掌握海洋生态环境保护态势，在重点时段、重点海域，联合海关、渔政、海事等部门，开展联合巡航检查，及时排查消除安全隐患。结合国家海洋日、“95110”开通四周年等宣介活动，联合相关部门组织执法员深入渔港、码头和企事业单位开展“送法”活动，广泛宣传海洋生态环境保护知识和相关政策法规，提高人民群众的生态环境保护意识。

2023 年，我们紧盯海洋生态环境保护执法的短板弱项，全面打好能力提升仗。紧紧围绕海洋生态环境保护执法的特点、规律，不断创新海上监管模式，统筹运用人、船、机等力量，构建起陆岸巡查、海上巡航、空中巡视的立体监管模式。推进海洋倾废、海缆保护等信息系统运用，深化“互联网 +”执法模式，试点开展卫星遥感执法，加强对海洋自然保护地、海岸线、海岛等重点区域、重点目标的遥感监测，主动融入地方智慧海防建设，引进渔船管理、安全救助等信息系统，科技管海、治海水平得到提升。

2024 年是中华人民共和国成立 75 周年，是全面推进美丽中国建设的重要一年，中国海警局将坚持以习近平新时代中国特色社会主义思想为指导，深入贯彻习近平法治思想、习近平生态文明思想，全面贯彻全国生态环境保护大会精神，坚持稳中求进、以进促稳、先立后破，锚定目标、真抓实干，守正创新、开拓进取，全面加强海洋生态环境保护执法，推动海洋生态环境质量持续稳定改善，为海洋经济高质量发展贡献力量。

我就介绍这么多，谢谢大家。

裴晓菲：下面进入提问环节，提问前请通报一下所在的新闻机构，请大家举手提问。

把厦门打造成为新时代美丽中国建设的重要窗口

红星新闻记者：本次新闻发布会主题强调要“深学笃行生态文明建设‘厦门实践’”，请问厦门在协同推进高水平保护和高质量发展、促进人海和谐方面有哪些好的经验做法？下一步生态环境部将如何深化拓展生态文明建设“厦门实践”？

张志锋：谢谢您的提问。厦门是习近平生态文明思想的重要孕育地和先行实践地。关于深学笃行“厦门实践”的重要意义，前面我已经作了初步的阐述。

多年来，厦门历届市委、市政府始终按照习近平总书记的战略擘画和殷殷嘱托，以“筼筜湖综合治理”为起点，以“海湾型生态城市”为抓手，以“高素质、高颜值、现代化、国际化”为目标，深入践行习近平生态文明思想，协同推进高水平保护和高质量发展，探索出一条人与自然和谐共生的中国式现代化发展道路。主要经验做法可以概括为坚持“五个治理”：

一是坚持依法治理。厦门深入践行习近平总书记提出的“依法治湖”理念，持续加强生态文明领域建章立制，先后制定出台《厦门经济特区生态文明建设条例》等30余部相关法规，组建全国首支行政编制的海洋综合执法队伍，多部门联合成立厦门市生态司法协同保护平台，为持续深入推进生态文明建设提供有力的法治保障。

二是坚持科学治理。厦门始终秉持“筼筜湖综合治理科学决策、科学治理”的理念，在全国率先成立海洋专家组为全市生态文明建设提供决策支持，组织开展陆海生态系统调查、环境治理与生态保护关键技术攻关等，以科技赋能支撑和引领陆海统筹的生态环境保护。厦门始终遵循自然规律，坚持先梳山理水、再造地营城，在全国率先启动“多规合一”改革，构建生态环境分区管控体系，以高水平保护促进高质量发展。

三是坚持精准治理。厦门通过不断探索，把筼筜湖“截污处理”的经验做法向流域上游和污染源头延伸拓展，从根本上精准施策、控源截污，对全市9条溪流开展小流域综合治理，新建、改建、扩建16座水质净化厂，深入实施市政污水管网“正本清源”改造，改造面积已占全市建成区总面积的78%，全面完成1 216个自然村污水提升治理和412个入海排污口的“查、测、溯、治、管”，有力促进和保障了近岸海域水质持续改善。

四是坚持系统治理。厦门牢牢把握海湾型生态城市的发展定位，坚持系统观念，近年来接续推进海沧湾、五缘湾、杏林湾、同安湾、马銮湾等的综合整治，在加强陆海统筹污染防治的同时，累计退出湾内海水养殖25.8万亩，完成海域清淤1.7亿 m^3，完成沙滩整治修复 165 万 m^2，红树林面积从 2000 年的 32.6 hm^2 增至 2023 年的 173.9 hm^2，中华白海豚等珍稀海洋物种数量显著增加，成为“一湾一策”推进实施海湾生态环境一体化保护与系统治理的典范。

五是坚持协同治理。近年来，厦门牵头建立闽西南协同发展区生态环境保护“联防联控联治”机制，大力推进九龙江流域与厦门湾的陆海生态环境协同治理，推动构建跨行政区的“大厦门湾”治理新格局。同时，厦门依托高品质的海湾生态环境，大力发展海洋旅游、海洋生物科技、海洋高端装备、现代渔业等蓝色产业和新质生产力，积极融入与东盟国家、“海丝”合作伙伴、金砖国家、APEC 经济体等的蓝色伙伴关系构建，为协同推进高水平保护和高质量发展提供了生动鲜活的厦门案例与中国经验。

“厦门实践”所展现的突出成效和经验理念，充分彰显了习近平生态文明思想的真理伟力和实践伟力，对于新时代新征程上深入践行习近平生态文明思想、推动建设人与自然和谐共生的美丽中国，具有极其重要的启发借鉴意义和示范引领作用，必须深学笃行，不断推广应用和丰富拓展。

下一步，生态环境部将从政策、技术、项目等多个方面积极支持厦门市不断深化拓展生态文明建设实践，以更高站位、更宽视野、更大力度谋划推进厦门美丽城市、美丽乡村、美丽河湖、美丽海湾等的系列美丽建设，推动构建从山顶到海洋的保护治理大格局。努力把厦门打造成为新时代美丽中国建设的重要窗口，继续为建设人与自然和谐共生的中国式现代化开展先行示范、提供厦门经验。

抓好五方面工作加快建立现代化生态环境监测体系

新华社记者：前段时间生态环境部出台了《关于加快建立现代化生态环境监测体系的实施意见》，最近又召开了全国生态环境监测工作会议。请问近期生态环境监测工作有哪些考虑和重点工作安排？

裴晓菲：谢谢您的提问。生态环境监测是生态环境保护的重要基础，是客观评价环境质量状况、反映污染治理成效、实施环境管理与决策的基本依据。“十四五”期间，我国建成了全球规模最大、要素齐全、布局科学合理的监测网络体系，目前国家直接监测的站点达到3.3万个，监测质效有效提升，技术能力不断增强，监管力度持续加大，为生态环境保护工作提供了重要支撑。

前段时间生态环境部出台了《关于加快建立现代化生态环境监测体系的实施意见》，最近又召开了全国生态环境监测工作会议，对推动建设现代化监测体系进行了全面部署。

建立现代化生态环境监测体系是一项系统工程，生态环境部将有力有序、扎实推进相关部署。当前和今后一段时期，主要抓好以下五方面重点工作：

一是加快构建与美丽中国建设相适应的监测体系。对标美丽中国建设评价考核要求，加快补齐监测领域短板，制定相应的监测标准，客观反映美丽中国建设成效。实现“美丽中国哪儿美，监测数据告诉您”。

二是提升精准分析和预测能力。做好监测数据的关联分析和溯源分析，不断完善空气质量预报工作机制，当好精准治污、科学治污、依法治污的“法宝利器”，像“导航仪”一样，指引污染治理直达病灶、对症下药。

三是提升从山顶到海洋一体化监测能力。统筹考虑山上山下、地上地下、岸上水里、城市农村、陆地海洋以及流域上下游的生态环境各要素，全方位、全地域推进一体化监测能力建设。

四是提升监测科技支撑能力。面向降碳、减污、扩绿等重大业务监测需求，研究提出监测关键技术研发项目，开展技术攻关，系统性提升监测科技水平。用高科技赋能，让监测的“眼睛”越来越明亮、“耳朵”越来越灵敏、“大脑”越来越智慧。

五是提升监测监管能力。进一步加强顶层设计，创新监管方式方法，组织开展排污单位自行监测帮扶指导，多措并举、多管齐下遏制环境监测数据造假问题，推动形成“不敢造假、不能造假、不想造假”的良好氛围。

同时，今年我部将组织第三届监测大比武活动，以赛促训、以训促学、以学促干，以高昂的斗志、精湛的技艺、过硬的作风，保障监测数据“真、准、全、快、新”。

重点海域综合治理攻坚战取得重要阶段性成效

海报新闻记者：重点海域综合治理攻坚战是“十四五”深入打好污染防治攻坚战的标志性战役之一，请问目前取得了什么样的进展？下一步重点工作有哪些考虑？

张志锋：深入打好重点海域综合治理攻坚战，事关推动海洋生态环境质量持续改善，事关以高水平保护促进高质量发展，同时事关建设人与自然和谐共生的美丽中国，以习近平同志为核心的党中央近年来对此多次作出重要部署。

“十四五”以来，各有关部门和沿海地方坚持陆海统筹、河海联动，坚持综合治理、协同发力，持续深入推进攻坚战的各项任务落地见效，取得了重要的阶段性成效。

一是入海河流总氮治理出实招、见实效。生态环境部领导率先垂范，以入海河流总氮治理为重点，去年深入5个沿海地市开展“四不两直”调研，指导督促各地举一反三排查问题、溯源问责、整改提升。沿海各省级党委政府高度重视，知责担责、加力加压，去年在我司部署的20条重点入海河流总氮治理任务的基础上，进一步延伸拓展，共对50条入海河流深入实施“一河一策”总氮治理，并做好与上游流域、农业农村等污染防治攻坚行动的协同推进。在各方的共同努力下，2023年，攻坚战区域内的41条国控河流入海断面总氮平均浓度同比下降21%（刚才和大家报告全国是12.2%），200多条国控和省控河流入海断面水质全部消除劣Ⅴ类。与此同时，控源带来水清，2023年，三大重点海域近岸水质优良比例同比增长4.5个百分点，比2020年提升8.8个百分点。

二是各项攻坚行动和配套的工程措施进展顺利。各沿海地方加强统筹协调、合力攻坚，河北和天津建立近岸海域水质保障联合会商机制，山东与河南把总氮纳入跨界入海河流横向生态保护补偿范围，上海、江苏和浙江签署长江口—杭州湾近岸海域生态环境保护合作协议，合力推动攻坚战各项任务基本实现“时间过半、进度过半”。其中，重点海域入海排污口排查整治任务按计划推进，三个重点海域已累计整治修复滨海湿地约 9 200 hm^2，整治修复岸线约 110 km，治理互花米草约 3 800 hm^2。

三是海洋环境风险防范和应急能力不断增强。各相关部门组织沿海地方持续开展涉海环境风险源的排查整治，加快推进监测应急船舶的配备、应急设备库的建设等。其中，浙江新建 1 个国家级船舶溢油应急设备库，广东 3 个国家级应急设备库也相继投入使用。生态环境部与中国海油共建的 5 个海洋环境应急基地全部揭牌并建立应急力量的调用机制，海洋环境风险防范和应急响应能力明显提升。

在取得阶段性进展的同时，我们也充分认识到，三大重点海域面临的总氮等污染物排海压力仍处高位，典型海洋生态系统的恢复修复还需一个较长时期，重点海域生态环境质量改善的基础还不牢固，综合治理攻坚的任务依然艰巨。

下一步，生态环境部将坚决贯彻落实习近平总书记重要指示精神和党中央决策部署，会同有关部门和沿海地方，重点做好以下工作：

一是继续抓紧、抓实入海河流总氮治理与管控、入海排污口溯源整治等关键任务，深入推进陆海统筹、河海联动、区域协同的污染防治攻坚，推动三大重点海域环境质量持续稳中向好。

二是以红树林、自然岸线、滨海湿地、生态保护红线和各类海洋保护区等为主要对象，会同相关部门进一步加强海洋生态保护修复和常态化监管，不断提升重点海域生态系统的质量和稳定性。

三是以我们组建的驻点帮扶组、综合专家组等为重要支撑，统筹国家和地方各方面力量和资源，紧盯各地在攻坚过程中面临的重点、难点问题，抓形势分析、风险预警、问题整改，抓“一河一策”“一湾一策”精准治理，着力推进各方履职尽责、各项任务落实、各领域政策协同，共同推动重点海域综合治理攻坚战取得预期成效。

“锰三角”污染治理取得积极进展

澎湃新闻记者：近期，生态环境部支持指导湖南省、重庆市、贵州省三省（直辖市）召开了“锰三角”污染整治工作交流会。请问“锰三角”污染治理进展如何？下一步有哪些工作安排？

裴晓菲：谢谢您的提问。锰是一种重要的金属元素，被称为“钢铁味精”，炼钢时加入少量锰能增强钢的硬度、韧性、延展性和耐磨能力，是钢铁工业不可或缺的原料。重庆市秀山县、湖南省花垣县、贵州省松桃县是我国重要的锰矿开采加工区，碳酸锰矿资源丰富、电解锰企业集中，被称为“锰三角”。从20世纪80年代末开始，掠夺式开发和粗放型生产虽然增加了当地的地区生产总值，但也造成了严重的环境污染和生态破坏。习近平总书记十分重视“锰三角”污染治理，2021年4月作出重要批示。2021年11月，中共中央、国务院印发的《中共中央　国务院关于深入打好污染防治攻坚战的意见》明确提出“加强渝湘黔交界武陵山区‘锰三角’污染综合整治”。

中央有关部门指导三省（直辖市）持续加大综合治理力度，协同推进锰产业高质量发展和生态环境高水平保护。生态环境部从政策、资金、技术等方面积极支持锰污染综合治理工作，将相关问题纳入中央生态环境保护督察关注重点，印发《锰渣污染控制技术规范》（HJ 1241—2022），组织专家开展技术帮扶，编制“锰三角”环境污染治理工作手册，推动三省（直辖市）建立“锰三角”锰行业生态环境保护联防联控机制，制定锰矿山、电解锰企业和锰渣场排查治理“三个清单”，系统开展污染治理和生态修复。

在三省（直辖市）和中央有关部门的共同努力下，“锰三角”污染治理取得积极进展和阶段性成效。

一是锰产业结构调整取得明显突破。“锰三角”地区电解锰企业已由 24 家调整压减至 3 家，产能由 59 万 t 降至 18 万 t，保留的 3 家企业正在实施污染深度治理和清洁生产升级改造。二是锰渣场污染治理取得积极进展。重庆市秀山县 23 座锰渣场已全部完成治理，湖南省花垣县、贵州省松桃县正按照“一场一策”原则深入开展锰渣场污染治理。三是锰矿山污染治理有序推进。建成矿山污水处理设施 26 座，日处理能力约 6.3 万 t。

经过三年的共同努力和扎实推进，“锰三角”地区电解锰行业长期粗放无序发展的局面已明显改变，地表水环境质量总体呈现改善态势，主要河流锰浓度逐步下降，超标断面数量和超标频次逐年减少，过去满目疮痍的矿区正在逐步恢复山清水秀的自然风貌。

下一步，我们将继续做好监督帮扶，督促指导三省（直辖市）坚持精准治污、科学治污、依法治污的工作方针，持续发力推进锰污染治理工作，以更高站位、更宽视野、更大力度打赢“锰三角”污染治理攻坚战。

美丽海湾建设规模质效进一步提升

《光明日报》记者：《中共中央 国务院关于全面推进美丽中国建设的意见》指出，到2027年，美丽海湾建成率达40%左右。目前，美丽海湾建设进展情况如何？要实现这一目标，从今年开始要开展哪些工作，有哪些新部署和新要求？

张志锋：特别感谢媒体朋友们一直以来对美丽海湾建设的关心支持和宣传报道。中国式现代化，民生为大。人民群众对优美海洋生态环境的期盼，就是我们推进美丽海湾建设的出发点和落脚点。

去年7月，习近平总书记在全国生态环境保护大会上强调，继续抓好美丽海湾建设，“一湾一策”协同推进近岸海域污染防治、生态保护修复和岸滩环境整治。不久前印发的《中共中央 国务院关于全面推进美丽中国建设的意见》，对着重抓好美丽海湾建设、开展美丽海湾优秀案例征集活动等，提出了明确要求，细化了部署安排。这里，我向大家简要通报一下去年以来美丽海湾建设的进展情况。

一是规模质效进一步提升。我们印发实施《美丽海湾建设提升行动方案》，在前期工作的基础上，推动各地美丽海湾建设的数量与质量双提升，并在厦门、秦皇岛、威海等7个沿海城市试点推进全域美丽海湾建设。目前，全国已有130多个海湾出台美丽海湾建设实施方案。各地通过协同推进“一湾一策”的海湾生态环境一体化保护和系统治理，让越来越多的碧海银滩、生态海岸、鱼翔浅底、鸥鹭齐飞等，成为美丽海湾建设的标志性成果和亮点特色。

二是建设模式进一步丰富。我们新遴选出第二批12个美丽海湾优秀案例，全国两批美丽海湾优秀案例总数达到20个，并总结凝练出福建厦门“四化”海漂垃圾治理、山东烟台“河湖湾”污染联防联治、江苏盐城“生态+”综合治理、海南三亚“六位一体”部门联动机制等一系列经验做法，充分体现了近年来沿海地方在美丽海湾建设模式上的实践创新，发挥了重要的示范引领作用。

三是配套制度进一步完善。我们加强对沿海地方美丽海湾建设的督促指导，建立并实施“两行一看”配套制度，即对美丽海湾建设地方实践的“把脉行”、优秀案例的“采风行”和建设成效的“回头看”。目前，已经在全国13个海湾组织开展了“把脉行”，启动了福建厦门和漳州的美丽海湾“采风行”，完成了第一批8个优秀案例建设成效的“回头看”。

“到2027年，美丽海湾建成率达40%左右”，这是党中央、国务院交给我们的一项重大任务。我们深刻认识到，这不仅有数量上的大目标，更有质量上的高要求，下一步我们将主要从以下方面持续深入推进美丽海湾建设。

一是在做深做实、做出特色上下功夫。深入推进实施《美丽海湾建设提升行动方案》，重点抓好100多个海湾的“一湾一策”综合治理，因地制宜建设各美其美、美美与共的美丽海湾，不仅要让海湾生态环境和亲海品质得到明显改善，也要以美丽海湾建设的突出成效，形成有力支撑高质量发展、打造高品质生活的环湾地区新特色和新优势。

二是在提质增效、示范引领上下功夫。坚持把质量作为美丽海湾优秀案例征集的生命线，确保遴选出的优秀案例过得硬、立得住、推得开，得到百姓点赞、各方肯定、社会认可，在推动美丽海湾建设提质增效方面发挥重要的示范引领作用。今年的第三批美丽海湾优秀案例征集活动已经启动，我们将紧盯海湾生态环境质量和保护治理成效，进一步加强征集遴选过程中的定量化评价和公众满意度调查等。

三是在抓常抓长、完善机制上下功夫。持续深化美丽海湾建设的常态化、长效化制度机制创新，组织7个沿海城市积极探索全域美丽海湾建设的新思路、新举措，陆海统筹一体推进美丽山川、美丽河湖和美丽海湾建设。坚持治理与监管并重，指导督促沿海地方深入做好海湾生态环境摸底调查，常态化实施“两行一看”，继续加大海湾生态环境的综合监管、智慧监管力度。

在实践中，我们深刻体会到，美丽海湾建设是一项常做常新的工作，离不开社会各界的关心关注和广泛参与，也离不开各位记者朋友的真知灼见和鼎力支持。前段时间，在座的不少记者朋友和我们一起到福建参加了美丽海湾“采风行”活动，深入一线为美丽海湾建设宣传推广、加油鼓劲、建言献策。我们也欢迎并期待各个媒体与记者朋友们继续以各种方式关心支持和指导监督美丽海湾建设工作。

加快健全生态保护补偿制度体系和工作体系

中央广播电视总台央视记者：《生态保护补偿条例》将于今年6月1日起施行，请问生态环境部近年来在生态保护补偿方面做了哪些工作？地方有哪些典型案例？未来有何考虑？

裴晓菲：谢谢您的提问。生态保护补偿是生态文明制度建设的重要组成部分。生态环境部认真贯彻落实党中央、国务院决策部署，主要开展了以下工作：

一是深入推进流域横向生态保护补偿。联合财政部扎实推进长江、黄河全流域横向生态保护补偿机制建设，累计分别安排引导资金80亿元和40亿元。鼓励各地早建机制、多建机制，目前，安徽、浙江、江苏等21个省级行政区建立了20个跨省流域补偿机制，浙江、四川、山东等20个省级行政区实现了辖区内全流域生态保护补偿，陕西、湖南、贵州、内蒙古、黑龙江5个省级行政区针对辖区内重点河流开展了流域生态补偿。

二是持续推动国家重点生态功能区转移支付。配合财政部开展重点生态功能区转移支付，对纳入国家重点生态功能区转移支付的810个县域开展生态环境质量监测与评价，实现转移支付资金分配与生态环境保护成效挂钩。

三是加快推进市场化补偿。在28个省（自治区、直辖市）开展排污权有偿使用和交易试点，截至2023年年底，累计成交额约320亿元。建成并平稳运行全球规模最大的碳市场，目前已完成两个履约周期，截至2024年3月底，累计成交量约4.5亿t、成交额约256亿元。启动全国温室气体自愿减排交易市场，制定发布首批造林碳汇等4项方法学。创新发展生态环境导向的开发（EOD）模式，打通生态环境治理与城市绿色发展协同推进路径。

刚才记者朋友提到了生态保护补偿案例，在这里，我简要介绍3个案例。

一是关于新安江流域的案例。安徽、浙江两省通过资金补偿、对口协作等方式建立多元化补偿关系。设立新安江绿色发展基金，首期规模20亿元，支持生态治理和环境保护、绿色产业发展。

二是关于赤水河流域的案例。2018年，云、贵、川三省人民政府签署《赤水河流域横向生态补偿协议》。赤水河作为全国首个跨多省流域的横向生态补偿机制试点，为全国探索建立跨多省生态补偿机制积累了经验。

三是关于库布其沙漠治理的案例。库布其着力构建沙漠治理多元化投入机制，通过土地流转、农牧民入股、企业承包、专业合作组织经营等形式，积极调动企业和社会力量参与生态建设。

下一步，生态环境部将全面落实《生态保护补偿条例》，联合有关部门持续深化生态保护补偿制度改革，加快健全生态保护补偿制度体系和工作体系，推动深化生态综合补偿，完善市场化、多元化补偿，建立健全生态保护补偿综合评价体系，将生态保护补偿责任落实情况、工作成效等纳入有关督察、考核。同时，我们也将及时总结经验做法，定期发布典型案例，希望媒体朋友们积极关注，广泛宣传报道。

海洋垃圾污染防治将有新部署

《每日经济新闻》记者：针对当前海洋塑料垃圾污染问题，生态环境部有何应对措施？开展了哪些创新治理举措？

张志锋：感谢您的提问。海洋塑料垃圾污染来源复杂，影响范围广，常态化治理监管要求高，人民群众普遍关注。生态环境部一直高度重视海洋塑料垃圾污染防治，一年来主要开展了以下工作。

在法治建设方面，《中华人民共和国海洋环境保护法》（2023年10月修订）对建立健全海洋垃圾治理监管工作体系和制度机制作出详细规定，明确由沿海县级以上地方人民政府负责海洋垃圾污染防治，要求各沿海地方明确海洋垃圾管控区域，建立海洋垃圾监测、清理制度和全链条工作体系并组织实施。这些规定体现了系统治理的思路，形成了海洋垃圾陆海统筹治理的闭环。

在模式创新方面，浙江台州“蓝色循环”海洋塑料废弃物治理新模式荣获联合国“地球卫士奖”，为保护“海洋蓝”贡献“中国策”。大家可能还记得，2022年我在新闻发布会上展示了相关企业用回收的海洋塑料制作的手机壳。经过两年的努力，“蓝色循环”依托区块链和物联网等技术实现了“从海洋到货架”的迭代升级，让渔民在海上捡拾回收的废旧塑料华丽变身为更多高附加值产品，成为减污降碳协同增效的新质生产力。这次我给大家展示的就是相关企业用回收的海洋塑料生产的“货架式”产品清单，既有各种海洋塑料粒子，又有漂亮的文具日用品和流行服饰等，扫描二维码可以全程可视化追溯各类产品中所使用的海洋塑料来源。

在治理行动方面，我们组织秦皇岛湾、厦门湾等11个重点海湾在全国率先实施专项清漂行动，一年来累计清理海洋垃圾约5.53万t，并探索积累了丰富的实践经验。在此基础上，我们会同国家发展改革委、住房城乡建设部和农业农村部等共同制定了《沿海城市海洋垃圾清理行动方案》，该方案将于近期印发实施，主要任务就是组织各沿海城市，以毗邻城市建成区的65个海湾为重点，系统开展为期三年的拉网式海洋垃圾清理行动，并进一步建立健全工作体系和制度机制等。

下一步，我们将会同有关部门和沿海地方，按照《中华人民共和国海洋环境保护法》（2023年10月修订）的最新要求，深入推进实施《沿海城市海洋垃圾清理行动方案》，并通过无人机、视频监控等多种技术手段，加大对重点海湾塑料污染的常态化监管力度，指导督促沿海地方依法落实好海洋垃圾监测、拦截、收集、打捞、运输、处理等各方面任务，不断建立健全从源头治理、环境清理到回收利用的闭环管理体系。

同时，我们也将继续支持浙江省和台州市进一步深化“蓝色循环”的试点探索与推广应用，并鼓励和支持全国其他沿海城市共同加强海洋塑料垃圾治理监管等的技术创新与模式创新，齐抓“净滩、清漂”监测监管，共促减污降碳协同增效，让人民群众享受到碧海蓝天、洁净沙滩。

《排污许可管理办法》实现新调整

新黄河记者：生态环境部4月初发布了新修订的《排污许可管理办法》，与之前的办法相比，新的办法做了哪些调整？

裴晓菲：谢谢您的提问。排污许可制度作为国家环境治理体系的重要组成部分，是固定污染源环境管理的核心制度，是推动落实排污单位主体责任的重要手段。今年4月，生态环境部修订发布了《排污许可管理办法》。与旧办法相比，新办法由原来的七章68条修订为六章46条，删除了《排污许可管理条例》已明确规定的内容以及一些过渡性条款，增加了排污登记管理、制度衔接、质量核查、重新申请、调整、主体责任、执行报告检查、信息公开等规定，从衔接《排污许可管理条例》、提升环境管理效能角度更新优化相关要求。总体来说，可以用三个“更加”来概括。

一是管理对象更加全面。一方面，将量大面广的排污登记单位纳入管理范围；另一方面，对大气、水、固体废物、噪声等多环境要素依法实行许可管理，规定其控制污染物排放要求，同时规定了土壤污染重点监管单位控制有毒有害物质排放及土壤污染隐患排查、自行监测等要求。

二是审批流程更加规范。规定了排污许可证的申请与审批程序，明确排污许可证首次申请、重新申请、变更等相关情形，完善延续、调整、撤销、注销、遗失补领等相关规定。

三是依证监管更加明确。排污许可证是企业的“排污身份证”，新办法强调生态环境主管部门应当将排污许可证和排污登记信息纳入执法监管数据库，将排污许可执法检查纳入生态环境执法年度计划，加强对排污许可证记载事项的清单式执法检查，定期组织开展排污许可证执行报告落实情况的检查工作。

下一步，生态环境部将继续做好新办法的宣传解读，加强指导帮扶和跟踪监管，推进全面实行排污许可制，服务生态环境质量改善。

第三次海洋污染基线调查进展顺利

封面新闻记者：去年，生态环境部启动第三次海洋污染基线调查（以下简称三基调查）工作。请问目前这项工作进展情况如何？预计何时完成？三基调查对我国海洋生态环境保护有着怎样的意义？

张志锋：谢谢您的提问。海洋污染基线调查是一项重大的国情调查。生态环境部从去年开始组织三基调查，正值贯彻落实党的二十大精神、开启全面建设社会主义现代化国家新征程的重要历史时期。

通过实施三基调查，能够全面掌握我国海洋环境中各类污染物含量分布、污染来源及其生态环境影响等，为综合评估新时期的海洋生态环境基本状况、变化趋势、问题风险等提供基础数据，同时也为制定实施中长期的战略规划和政策制度提供决策依据。

去年以来，我们组织国家和地方监测机构、高校和科研院所等60多家单位共同参与三基调查工作，累计投入超过2 200多名技术人员、动用各类调查船舶170余艘、海上的总航程数超过了9万海里①，完成我国管辖海域春夏秋3个航次841个点位的海洋环境污染调查，82条入海河流、102个入海排污口等的重点入海污染源调查，全部大陆岸线的卫星遥感调查，以及重点岸段岸滩的无人机调查等，内容非常丰富，累计获取各类调查样品17万余份、调查数据超过31万条、各类影像资料约3.4 TB。

同时，通过一线练兵，锻就了一支海洋生态环境调查队伍，有效提升了我国海洋生态环境综合调查能力。

下一步，生态环境部将持续推进三基调查的后续各项任务。一是继续开展调查样品的分析检测工作，组织做好调查数据结果的综合评价，以系统掌握新时期我国管辖海域的生态环境状况和变化趋势等。二是指导督促各沿海地方深入实施283个海湾的精细化调查，

① 1海里=1 852 m。

以更加科学、精准地把握各海湾的生态环境禀赋特征和问题风险等。三是高质量推进三基调查的成果集成，广泛收集多种来源的数据资料，有效集成相关领域的专家智慧，奋力打造一个系统、全面、权威的海洋生态环境基础数据库，研究形成一批有针对性、战略性、前瞻性的综合评价报告和决策支撑产品。

我们计划到2025年，完成国家和地方三基调查的各项任务，基本摸清新时代我国海洋生态环境的“家底”，科学确定新征程上美丽中国建设在海洋生态环境领域的基线和起点，为当前和今后一段时期的海洋生态环境保护监管工作提供有力支撑。

中欧对话合作推动全球气候治理

《环球时报》记者：欧盟和欧洲国家的气候特使近日来华访问，请介绍一下他们的访问情况，以及中国－欧盟在气候变化领域的合作前景。

裴晓菲：谢谢您的提问。4月8—11日，来自欧盟及其成员国法国、德国、荷兰、丹麦的气候特使代表团成功访华。其间，刘振民特使、赵英民副部长分别与欧方举行会谈，就气候多边进程焦点问题、各自气候政策与行动、中欧气候合作等议题进行了深入友好交流，一致同意落实好中欧领导人重要共识，深化气候对话与合作，共同推进全球气候治理。

气候变化是全人类面临的共同挑战，中欧分别作为具有重要影响力的发展中大国和发达经济体，均高度重视应对气候变化问题，双方在气候合作上也有着深厚的基础。近年来，双方发表气候变化联合声明，共同发起气候行动部长级会议，签署并落实加强碳排放交易合作的谅解备忘录，开展了卓有成效的政策对话和务实合作，气候变化合作日益成为中欧全面战略伙伴关系的一大亮点。2020 年，中欧领导人决定建立环境与气候高层对话，打造中欧绿色合作伙伴，既充实了中欧合作的战略内涵，也为中欧携手应对时代挑战提供了机制性框架。

中欧在推动全球气候治理、实现绿色低碳高质量发展方面具有广阔的合作潜力。中方愿与欧方一道，深化在国际气候谈判、碳市场、适应气候变化、气候投融资等方面的对话合作，为全球应对气候变化作出积极贡献。

探索研究更多适合我国国情的海洋碳汇领域方法学

《21 世纪经济报道》记者：今年我国全国温室气体自愿减排交易重启之后，海洋碳汇国家核证自愿减排量（China Certified Emission Reduction，CCER）方法学是否也在探索中，哪些领域能够率先开展？

张志锋：谢谢您的提问。我国高度重视生态碳汇建设。《中共中央　国务院关于完整准确全面贯彻新发展理念　做好碳达峰碳中和工作的意见》《2030 年前碳达峰行动方案》都要求巩固生态系统碳汇能力，提升生态系统碳汇增量，并对海洋碳汇提出了明确要求，包括提升红树林、海草床、盐沼等固碳能力，提升海洋等碳汇统计监测能力等。

建设全国温室气体自愿减排交易市场，是调动全社会力量共同参与温室气体减排行动的一项制度创新。全国温室气体自愿减排交易市场支持海洋碳汇等对减碳增汇有重要贡献的项目发展，对我国实现国家自主贡献具有积极作用。

去年10月，生态环境部与国家市场监督管理总局联合发布《温室气体自愿减排交易管理办法（试行）》。针对温室气体自愿减排项目方法学的编制，生态环境部通过面向全社会公开征集等方式，全面征集方法学的建议，并有序开展方法学的评估遴选工作。在此基础上，生态环境部按照社会期待高、减排机理清晰、数据质量有保障、社会和生态效益兼具、可以实现有效监管等原则，制定发布了首批4项方法学，其中就有红树林营造方法学。今年1月，全国温室气体自愿减排交易市场启动，标志着强制碳市场和自愿碳市场互补衔接、互联互通的全国碳市场体系基本建成。

下一步，生态环境部将在支持符合条件的红树林营造项目参与全国温室气体自愿减排交易的同时，对方法学编制工作加强规范和引导，畅通方法学建议反映渠道，常态化开展方法学的评估、遴选工作，鼓励各类社会主体在对接国际通行规则的基础上，探索研究更多适合我国国情的海洋碳汇领域方法学，成熟一个、发布一个，积极推动提升海洋碳汇能力，助力碳达峰碳中和。

裴晓菲：感谢张志锋副司长、刘德军先生，谢谢各位记者朋友的参与，今天的新闻发布会到此结束，再见！

4 月例行新闻发布会背景材料

一、2023 年以来海洋生态环境保护工作

2023 年是全面贯彻党的二十大精神的开局之年，全国生态环境保护大会胜利召开，为新征程上继续推进生态文明建设和生态环境保护指明了前进方向，提供了根本遵循。生态环境部坚决贯彻党中央、国务院决策部署，坚持以新思路谋划新突破，以新举措展现新作为，守正创新、笃行实干，推动全国海洋生态环境质量稳步改善，海洋生态环境保护各项工作取得良好成效。

（一）“十四五”规划和美丽海湾建设取得新成效

坚持以美丽海湾建设为主线，落实《“十四五”海洋生态环境保护规划》，印发实施《美丽海湾建设提升行动方案》，遴选厦门东南部海域等 12 个第二批全国美丽海湾优秀案例，组织开展美丽海湾建设“两行一看”（优秀案例“采风行”、地方实践“把脉行”和建设成效“回头看”）。截至 2023 年年底，《“十四五”海洋生态环境保护规划》各项指标任务整体进展顺利，重点任务措施已完成 49.8%；11 个沿海省（自治区、直辖市）全部印发省级美丽海湾建设方案或基本要求，130 余个海湾出台具体实施方案。江苏细化出台《美丽海湾建设三年行动计划》，山东省人大[①] 开展美丽海湾建设专项监督，福建 35 个海湾中已有 18 个谋划设计海湾综合治理 EOD 项目并入库。

（二）重点海域综合治理攻坚实现新突破

多部门协同推进落实《重点海域综合治理攻坚战行动方案》，在渤海、长江口—杭州湾、珠江口及邻近海域等三大重点海域深入实施陆海统筹污染防治、生态保护修复、环境风险防范等 10 项攻坚行动。印发实施《关于做好重点海域入海河流总氮等污染治理与管控的意见》，部领导先后赴河北、辽宁、广东等地开展“四不两直”调研，推动入海河流总氮减排和近岸海域水质改善

① 山东省人大即山东省人民代表大会。

协同增效。沿海各级党委、政府抓好贯彻落实，全国共有50余条入海河流印发实施“一河一策”治理方案。2023年，全国国控河流入海断面总氮平均浓度同比下降12.2%。辽宁将国控入海河流总氮治理纳入2023年省政府重点任务加强督促指导，全省环渤海国控入海河流总氮浓度均值（6.67 mg/L）同比2022年下降21.3%，比2020年下降7.4%。河北秦皇岛开展多轮次入海河流总氮问题摸排，整改完成2 000多个问题。

（三）法律制度体系和协调机制实现新拓展

一是配合全国人大①历时四年多完成海洋环境保护法修订，强化了海洋环境监督管理的陆海统筹、区域联动，增加了生态环境分区管控、重点海域综合治理、约谈整改等重要制度抓手，为加强海洋垃圾、入海河流和河口治理、海洋生态保护监管等提供了强有力法律支撑，依法治海、护海的基础得到了有效加强。二是协同推进海洋生态环境保护制度机制建设，与中国海警局健全完善海洋生态环境监管执法协作机制，联合开展“碧海2023”专项执法行动，与国家发展改革委、住房城乡建设部、农业农村部等共同谋划沿海城市海洋垃圾清理专项行动。河北和天津建立近岸海域水质保障联合会商工作机制，上海、江苏和浙江签署长江口—杭州湾近岸海域生态环境保护合作协议，广东和海南建立琼州海峡应急联动机制，山东、广西依托湾长制建立定期巡湾和问题闭环管理机制。

（四）海洋生态环境监督管理得到新深化

严格入海排污口监督管理，编制监督管理办法，出台溯源总则、整治总则等5项配套技术标准，持续推进入海排污口排查整治，截至2023年年底全国沿海各省（自治区、直辖市）已排查出5.3万余个入海排污口，完成整治1.6万余个。加强海水养殖生态环境监管，指导沿海地方编制海水养殖尾水排放标准，截至目前已有9个沿海省（自治区、直辖市）印发实施省级排放标准。海南、

① 全国人大即中华人民共和国全国人民代表大会。

福建因地制宜、分类施策，探索开展综合园区、散户联合、生态混养等多种尾水治理模式。强化海洋垃圾治理与监管，在秦皇岛湾等11个重点海湾实施专项清漂行动，累计出动巡查检查和保洁人员18.81万人次，清理垃圾约5.53万t。福建建立健全“岸上管、流域拦、海面清”的海漂垃圾综合治理机制。上海建立跨部门的长江口—杭州湾近岸海域岸滩垃圾清理机制。

（五）服务保障沿海地区经济展现新作为

全力支撑服务沿海经济运行，发挥环评审批“三本台账”作用，提前介入大连新机场等重大项目，提升环评质量和效率，部本级审批15个重大项目，推进《环境影响评价技术导则　海洋生态环境》《海洋油气开发建设项目重大变动清单（试行）》的制（修）订工作。提升海洋倾废审批监管效能，启动修订《海洋倾废管理条例》，组织编制《废弃物海洋倾倒许可证核发服务指南》等文件，实现倾废许可证全程网办，3个流域海域局全年核发倾废许可证925本，完成3个倾倒区扩容，有效保障沿海港口航道疏浚及建设需求。

（六）海洋基础调查和能力建设得到新加强

全面开展第三次海洋污染基线调查，系统调查海洋环境污染物、入海污染源、海岸带环境压力及生态影响等，已按计划完成国家层面的外业调查任务，并组织11个沿海省（自治区、直辖市）制订省级海湾生态环境精细化调查方案。广东和深圳率先组织开展重点海域生态环境调查与评估，广西因地制宜编制海湾精细化调查方案，重点调查红树林、珊瑚礁、海草床的空间分布及生态状况。着力提升海洋环境风险防范和突发环境事件应急处置能力，组织开展海洋油气勘探开发溢油风险隐患排查整改，深化与中国海油等的海洋环境应急协作，完成天津、上海等5个海洋环境应急基地揭牌，建立应急力量调用机制，开展海洋突发环境事件应急演练。浙江、江苏专用海洋监测船已入列使用，天津海洋监测船已经完成建设，河北、福建海洋监测船正在建设。

（七）参与全球海洋环境治理迈出新步伐

进一步加大全球海洋环境治理的参与力度，通过中欧、中日韩、中国－

东盟、二十国集团等多双边平台，加强与日本、韩国、德国、挪威等国家和地区在海洋垃圾污染防治等领域的国际合作，全球海洋环境治理的“朋友圈”进一步扩大。对外积极推介中国实践、讲好中国故事，浙江台州“蓝色循环”海洋塑料废弃物治理新模式获得联合国环境保护最高荣誉——“地球卫士奖”。

通过以上工作，2023 年全国海洋生态环境继续保持改善趋势，近岸海域水质优良面积比例为 85.0%，同比增长 3.1 个百分点，实现自 2018 年以来的“六连增”；渤海、长江口—杭州湾、珠江口及邻近海域三大重点海域水质优良比例年均值为 67.5%，同比上升 4.5 个百分点，较 2020 年提升了 8.8 个百分点；24 个典型海洋生态系统连续三年保持“不健康”状态清零，7 个典型海洋生态系统呈现“健康”状态。

二、下一步工作考虑

厦门是习近平生态文明思想的重要孕育地和先行实践地。1988 年，时任厦门市委常委、常务副市长的习近平同志以充满前瞻性的战略眼光，创造性地提出“依法治湖、截污处理、清淤筑岸、搞活水体、美化环境”二十字方针，拉开了筼筜湖综合治理的序幕。三十六年来，厦门持续践行并不断丰富拓展筼筜湖综合治理的成功经验，以“一个湖带动一座城”，从一个市域生动展现了习近平生态文明思想孕育发展的光辉历程，也为我国生态文明建设取得历史性、转折性、全局性变化提供了厦门实证。生态文明建设“厦门实践”的核心内容之一是系统治海护海、推动人海和谐。海洋生态环境保护工作需要从“厦门实践”中汲取智慧和力量，将其转化为贯彻落实习近平生态文明思想和全国生态环境保护大会精神的政治自觉、清晰思路和有效举措，进一步把各项工作做实、做细、做精。

2024 年是实现“十四五”规划目标任务的关键一年。海洋生态环境保护工作将继续深入贯彻党的二十大精神和习近平生态文明思想，系统落实全国生态环境保护大会精神，深学笃行生态文明建设“厦门实践”，以美丽中国建设为统领，在继续落实已有工作部署和目标指标的基础上，按照党中央关于“以更高标准打几个漂亮的标志性战役”的部署要求，紧盯重点领域、重点区域、重点任务，有序推进美丽海湾建设提升、沿海城市海洋垃圾清理等有示范效应、有带动作用、有关键实效的标志性举措，推动海洋生态环境保护工作进一步提质增效，推进海洋生态环境质量持续稳定改善，以海洋生态环境高水平保护促进沿海经济高质量发展，不断提升人民群众临海、亲海、享海的获得感和幸福感。

5月例行新闻发布会实录

2024年5月29日

5月29日，生态环境部举行5月例行新闻发布会。生态环境部自然生态保护司司长张玉军出席发布会，介绍生物多样性保护和生态保护监管有关情况。生态环境部新闻发言人裴晓菲主持发布会，通报近期生态环境保护重点工作进展，并共同回答了记者提问。

5 月例行新闻发布会现场（1）

5 月例行新闻发布会现场（2）

裴晓菲：各位媒体朋友，大家上午好！欢迎参加生态环境部5月例行新闻发布会，今天发布会的主题是“加强生物多样性保护和生态保护修复监管，筑牢美丽中国建设生态根基”。我们邀请到自然生态保护司司长张玉军先生，向大家介绍生物多样性保护和生态保护监管有关工作情况，并和我共同回答大家关心的问题。

下面，我先通报五项生态环境部最新工作情况。

一、昆明生物多样性基金合作协议签字仪式举行

5月28日，昆明生物多样性基金合作协议签字仪式在北京举行。中共中央政治局常委、国务院副总理丁薛祥出席活动并致辞，联合国常务副秘书长阿明娜发表视频致辞。

活动上签署了《中华人民共和国生态环境部与联合国环境规划署关于昆明生物多样性基金的合作谅解备忘录》和《昆明生物多样性基金信托合作协议》。

2021年，习近平总书记在COP15领导人峰会上宣布，中国将率先出资15亿元人民币，成立昆明生物多样性基金。基金将坚持多边主义和国际化运作的基本原则，聚焦生物多样性保护、可持续利用和惠益共享三大公约目标，支持发展中国家生物多样性保护事业，为落实“昆蒙框架”作出积极贡献。

二、举办2024年国际生物多样性日宣传活动

5月22日，2024年国际生物多样性日宣传活动在海南省五指山市举行。今年国际生物多样性日的主题是“生物多样性、你我共参与”。COP15主席、生态环境部部长黄润秋，海南省委书记冯飞出席活动并致辞。国务院加强生物多样性保护工作协调机制成员单位、各省（自治区、直辖市）和新疆生产建设兵团生态环境厅（局）、生态环境部有关司局、直属单位负责同志，部分国家驻华使馆和国际机构以及社会组织和媒体代表等共200余人参加活动。

活动举行了“中国生物多样性保护携手同行”启动仪式，高校学生代表发出了“公众参与生物多样性保护倡议”，号召凝聚合力、携手同行，推动生物多样性智慧治理、科学治理，共同构建人与自然生命共同体。

三、《中国持久性有机污染物控制（2004—2024年）》发布

在《关于持久性有机污染物的斯德哥尔摩公约》生效二十周年之际，生态环境部联合有关部门发布《中国持久性有机污染物控制（2004—2024年）》，分享中国在持久性有机污染物控制和履约方面的成果和经验。

持久性有机污染物是重要的新污染物，具有环境持久性、生物蓄积性、远距离环境迁移的潜力，并对人体健康或生态环境产生不

利影响。

作为《关于持久性有机污染物的斯德哥尔摩公约》文书制定和首批签约国之一，中国大力推进持久性有机污染物控制行动，已成功淘汰 29 种类持久性有机污染物，每年避免了数十万吨持久性有机污染物的产生和环境排放。提前完成在用含多氯联苯电力设备的 100% 下线与废弃含多氯联苯电力设备的 100% 环境无害化处置两个公约目标。实现了二噁英类排放 4 个下降：重点行业烟气二噁英排放强度大幅下降，向大气排放的二噁英总量在 2012 年达峰后逐步下降，大气环境中二噁英浓度相应呈下降趋势，一般人群膳食二噁英类平均摄入量低于世界卫生组织的健康指导值且呈下降趋势。

四、《中国适应气候变化进展报告（2023）》发布

气候变化是全人类共同面临的挑战。作为易受气候变化不利影响的最大发展中国家，主动适应气候变化是我国当前面临的现实而紧迫的任务。近日，生态环境部发布《中国适应气候变化进展报告（2023）》，从适应气候变化政策体系、气候变化监测预警和风险管理、自然生态系统、经济社会系统、区域格局和保障机制建设等六个方面，全面总结了《国家适应气候变化战略 2035》印发以来我国各重点领域在适应气候变化行动中取得的进展与成效，分享中国实践和经验。

下一步，生态环境部将进一步加强部际统筹协调，强化气候变化影响和风险评估，深化气候适应型城市建设试点，提升重点领域和区域适应气候变化能力。

五、2024 年六五环境日国家主场活动将在广西南宁举办

6 月 5 日，生态环境部将联合中央精神文明建设办公室、广西壮族自治区人民政府在南宁市举办 2024 年六五环境日国家主场活动。

活动现场将发布《2023 中国生态环境状况公报》，开展“从这里看见美丽中国”主题展示，启动“美丽中国，我是行动者”系列活动，揭晓 2024 年“美丽中国，我是行动者”十佳生态环境志愿者、十佳公众参与案例和十佳环保设施开放单位，聘请 2024 年生态环境特邀观察员，公布 2025 年六五环境日国家主场活动举办地，并举办筑牢祖国南方生态安全屏障主题宣传活动以及其他配套宣传活动。

裴晓菲：下面请张玉军司长介绍情况。

生态环境部自然生态保护司司长张玉军

生态保护修复工作取得积极成效

张玉军：新闻界的各位朋友，大家上午好！很高兴与大家见面交流。生态保护工作离不开媒体朋友们多年来的关心支持和积极参与。借此机会，首先向大家表示衷心的感谢！

去年7月，党中央时隔五年再次召开全国生态环境保护大会，习近平总书记出席会议并发表重要讲话，强调“要在生态保护修复上强化统一监管，强化生态保护修复监管制度建设”。过去一年，生态环境部深入贯彻党的二十大和全国生态环境保护大会精神，切实履行“指导协调和监督生态保护修复工作”职责，取得积极成效。

一是全面推进生物多样性保护工作。积极落实《关于进一步加强生物多样性保护的意见》以及“昆蒙框架”，发布了《中国生物多样性保护战略与行动计划（2023—2030年）》。正式签署昆明生物多样性基金合作协议，标志着中国政府倡议设立的昆明生物多样性基金正式启动，将为促进“昆蒙框架”成功实施，加速全球生物多样性治理进程贡献中国力量。

二是稳步开展生态状况调查评估。我部联合中国科学院完成2015—2020年全国生态状况变化调查评估并发布成果，全面系统掌握近五年全国以及黄河流域、长江经济带、京津冀等国家重大战略区域的生态状况及变化情况，有序推进自然保护地和生态保护红线保护成效评估，为重要生态空间生态环境监管提供有力支撑。

三是加大重要生态空间生态破坏问题查处力度。加强生态保护红线监管平台建设，开展自然保护地、生态保护红线人为活动双月度遥感监测，持续推进“绿盾”自然保护地强化监督，加大秦岭、荒漠化地区生态监督，建立“监控发现—移交查处—督促整改—上报销号”常态化监管工作机制，实现生态破坏问题闭环管理，基本扭转了侵占破坏重要生态空间的趋势。

四是深入推进生态文明示范创建。修订建设指标和管理规程，新遴选命名了一批生态文明建设示范区和“绿水青山就是金山银山”实践创新基地，推动创建工作不断提档升级，同时，加强对已命名地区的日常监管，确保生态文明示范创建质量与成效。

五是持续推进生态保护和修复监管法规标准制度建设。积极配合全国人民代表大会常务委员会法制工作委员会开展生态环境法典编纂工作，推动国家公园法等制（修）订，印发《自然保护地 生态保护红线生态破坏问题线索处理处置工作机制（试行）》，发布生态状况评估和成效评估相关标准规范，进一步推动监管工作规范化、制度化。

另外，就在上周，5 月 20—21 日，我部召开了全国自然生态保护工作会议。会议全面总结了机构改革五年来生态保护监管工作取得的显著成效，深入分析了当前面临的新形势、新要求，明确了新时期生态保护和修复监管的方法与路径，部署了重点任务。

下一步，我们将以习近平生态文明思想为指引，不断加大生态保护和修复监管力度，筑牢人与自然和谐共生的美丽中国生态根基。

谢谢大家！

裴晓菲：下面进入提问环节，本月发布会提问环节分为主题问答和热点问答两个环节。其中，主题问答环节由张玉军司长回答大家关心的生物多样性保护、生态保护监管等问题；热点问答环节由我回答大家关心的热点问题。

首先进入主题问答环节，提问前请通报一下所在的新闻机构。

昆明生物多样性基金正式启动

澎湃新闻记者：作为COP15主席国，我国宣布率先出资15亿元人民币成立昆明生物多样性基金（以下简称昆明基金），昆明基金的首批项目将于COP16之前落地，我想问一下目前昆明基金的启动准备工作进展如何？首批项目的选择标准和流程是什么？如何调动更多的力量加强生物多样性保护资金的投入？谢谢！

张玉军：感谢您的提问。中国作为COP15主席国，成功引领达成了"昆蒙框架"这一具有里程碑意义的成果文件。同时，为了推动全球生物多样性保护进程，习近平主席在2021年10月正式宣布，中国将率先出资15亿元人民币，成立昆明生物多样性基金，支持发展中国家生物多样性保护事业。

经过两年多的精心筹备，就在5月28日上午，生态环境部与联合国环境规划署、联合国多边信托基金办公室在北京签署了有关合作协议，标志着昆明基金的正式启动。应该说，昆明基金的设立和正式启动有着非常重要的意义，主要体现在以下三个方面：

一是具有全球性的广泛影响。生物多样性关系到所有人的福祉，而生物多样性丧失是人类当前面临的严峻挑战。就像在5月28日的签字仪式中，联合国环境规划署执行主任安德森女士的发言中提到，目前全球生物多样性正在急剧下降，数以千计的物种正面临生存威胁，森林正在减少，珊瑚礁正在消亡，这些使人类处于真正的危险当中。希望昆明基金的设立，就像在平静的水面上投下一颗石子，能够引起阵阵涟漪，带来全球各方对生物多样性事业更大的关注和更多的资金支持。对此，联合国常务副秘书长阿明娜在视频致辞中表示，昆明基金将有望成为推动各国、企业及机构投资生物多样性的催化剂，使全球经济更加可持续、公平、公正并具有韧性。

二是体现中国政府的责任担当。中国作为世界上最大的发展中国家，发展经济、改善民生的任务十分繁重，但我们仍然以最大决心和最积极的态度兑现承诺，在克服自身发展困难的同时，力所能及地出资设立昆明基金并正式启动运作，帮助其他发展中国家保护生物多样性，彰显了中国作为一个负责任大国，言必信，行必果，推动构建人类命运共同体的责任和担当。

三是具有突出的实践引领作用。今年“5·22”国际生物多样性日的主题是“生物多样性、你我共参与”。昆明基金的启动正是引领各国积极参与生物多样性保护的实践范例。昆明基金将坚持多边主义和国际化运作，以无偿援助为主的方式，为发展中国家落实“昆蒙框架”提供资金、技术和能力支持。昆明基金的执行将为“昆蒙框架”长期目标以及行动目标的达成，特别是全球生态系统恢复和保护、生物多样性主流化、生物多样性可持续利用、遗传资源及其数字序列信息的惠益分享、外来入侵防控等关键性成果的实现作出实实在在的贡献。

昆明基金将按照国际规则运营和管理，力争首批项目在COP16之前落地见效。我们将尽快完善并公开申报审批流程，确保昆明基金在国际规则下公开、透明、高效利用。

在此我们欢迎更多国家、机构和组织为昆明基金捐资，也欢迎各发展中国家提出项目需求，共同努力实现“昆蒙框架”目标。

侵占破坏自然保护地生态环境的趋势基本扭转

央视网记者：《中共中央　国务院关于全面推进美丽中国建设的意见》提出，加强生态保护修复监管制度建设，强化统一监管。严格对所有者、开发者以及监管者的监管，及时发现和查处各类生态破坏事件。请问生态环境部具体如何落实？加强生态保护监管工作的主要思路是什么？目前的进展和成效如何？谢谢。

张玉军：感谢您的提问。加强生态保护和修复监管是实现高质量发展的重要基础，也是建设美丽中国的必然要求。近年来，在习近平生态文明思想的科学指引下，生态环境部切实履行生态保护和修复监管职责，坚持政策法规标准制定、监测评估、监督执法、督察问责“四统一”，初步建立了生态保护修复监管体系。形成了“五年一次全国、每年一批重点区域”的生态状况变化调查评估机制，针对重大生态修复工程，开展生态环境成效评估。充分发挥中央生态环境保护督察作用，公开曝光109起涉及生态破坏的典型案例。持续开展“绿盾”自然保护地强化监督，共发现并查处5 000多个生态破坏重点问题，国家级自然保护区重点问题整改完成率已达99.1%，实现了人为干扰数量和面积明显“双下降”，基本扭转了侵占破坏自然保护地生态环境的趋势。搭建了生态保护红线监管平台，不断提升主动发现人为破坏活动的遥感监测能力。

为进一步明确生态保护和修复监管工作的思路，就在上周，我们召开了全国自然生态保护工作会议，会议进一步明确了生态保护修复监管。首先，对重点领域开展外部监管的制度性安排。近年来，祁连山、秦岭等生态破坏问题的产生，凸显了对生态这一重要领域实行外部监管的必要性和紧迫性。生态环境部门是站在维护国家生态安全的高度，履行对生态保护和修复的外部监管职能，监督自然资源的所有者、开发者乃至监管者履行生态保护修复责任是否到位。其次，生态监管是对自然资源公益属性的监管。自然资源既有经济属性又有生态公益属性。生态环境部门是代表生态公益属性的监管，侧重监管自然生态的服务功能，评估在区域尺度是否提升了生态系统的多样性、稳定性、持续性。最后，生态环境部门监管从方式方法上是问题导向性的监管。生态环境部门开展生态保护和修复监管，主要是瞄准问题。无论是生态保护修复监测、评估还是督察执法，目的都是发现问题，推动整改，举一反三，形成长效机制。

当前和今后一段时期，是美丽中国建设的重要时期。生态环境部将深入贯彻全国生态环境保护大会精神，进一步完善生态保护修复监管制度体系，突出问题导向，围绕发现问题、交办整改、监督执法、督察问责这条主线开展工作。首先，从发现问题入手，对重点区域、重点领域、重点问题开展监测和针对性评估，既要用好常规生态监测方法和手段，又要用好现代化遥感监测手段，不断提高监测主动发现问题能力。其次，推动问题交办整改，不仅要建立生态环境部门内部工作协同机制，还要加强与部门、与地方的协同联动，确保问题有效交办并推动整改到位。最后，强化监督执法和督察问责，充分发挥中央和省级生态环境保护督察作用，进一步强化“绿盾”自然保护地强化监督，严肃查处生态破坏行为并严格问责，不断夯实建设美丽中国的生态根基。

新版战略与行动计划为“昆蒙框架”的有效落实提供了全球样板

《光明日报》记者：今年年初，生态环境部发布并向《生物多样性公约》秘书处提交了《中国生物多样性保护战略与行动计划（2023—2030年）》，请问这一计划有什么亮点？在哪些方面与“昆蒙框架”的长期目标和行动目标是一致的？生态环境部后续将如何推进该计划的落地实施？谢谢。

张玉军：感谢您的提问。国家生物多样性战略与行动计划是缔约方履约的核心工具，在国务院加强生物多样性保护工作协调机制的统筹领导下，生态环境部会同有关部门协力做好战略行动计划的更新修订，中国是“昆蒙框架”通过后第一个完成战略与行动计划更新的发展中国家，为“昆蒙框架”在国家层面的有效落实提供了全球样板，进一步彰显了中国作为COP15主席国的担当与作为。

这次更新修订，是以我国生物多样性保护需求为根本出发点，对标美丽中国建设，全面衔接“昆蒙框架”目标，提出了中国生物多样性保护2030年目标和2035年目标，并且围绕4个优先领域部署了27个优先行动和75个优先项目。首次设置了优先行动目标，增加了量化指标，明确了中国对“昆蒙框架”所有行动目标的贡献，包括备受关注的保护地、生态系统恢复等目标。

新版的战略与行动计划从结构到内容、从目标到任务都进行了优化和调整。首次将宣传教育、企业参与、全民行动等纳入了主流化行动领域，构筑生物多样性保护全民行动体系。同时，将生物多样性作为可持续发展的基础、目标和手段，以生物多样性可持续利用助力经济社会绿色高质量发展。

另外，将执法监督、投融资等列为优先行动，夯实生物多样性保护的基础能力。还有就是突出了生态保护红线、生态产品价值实现等中国特色的实践举措，为全球贡献了生物多样性治理的中国智慧和中国方案。

下一步，生态环境部还将会同相关部门编制“生物多样性保护重大工程实施方案（2024—2030年）”，全面推动战略行动计划的落地实施，为遏制并且扭转全球生物多样性丧失的局面作出新的贡献。

秦岭地区跨区域生态保护协同合作机制建立

《中国青年报》记者：去年12月，生态环境部推动建立秦岭地区跨区域生态保护协同合作机制（以下简称"秦岭机制"），请问生态环境部建立秦岭机制是出于怎样的考虑？下一步将会开展哪些工作？谢谢。

张玉军：感谢您的提问。秦岭是我国重要的生态安全屏障。习近平总书记多次就秦岭生态保护作出重要指示批示。从现实来看，近年来，秦岭生态环境持续向好，但水土流失严重、生态退化等问题依然存在，违规开发等生态破坏问题时有发生。从整体来看，秦岭主体在陕西，但在地理范围上涉及河南、湖北等"六省一市"，依据地理单元开展整体保护十分必要。比如，大家熟知的丹江口水库位于秦岭的湖北、河南交界处，但实际上，水库70%的水量来自秦岭陕西段的汉江和丹江，因此只有多省协同保护才能确保秦岭的生态涵养功能，实现"一库净水永续北送"。

基于以上考虑，去年12月，我部推动建立了秦岭地区跨区域生态保护协同合作机制，在西安召开首届轮值联席会议，指导陕西等7省（直辖市）签署合作备忘录。建立"秦岭机制"的目的是，在加强数据共享、共商共治、联合调查、科技支撑、合力宣传等方面实施区域联动的生态保护和修复监管，共同下好秦岭生态保护"一盘棋"。

自"秦岭机制"建立以来，我们主要开展了以下工作：一是印发2024年年度重点工作任务，明确各省级行政区任务要求和联合行动。二是初步完成秦岭地区生态状况调查评估，掌握秦岭生态家底。三是组织开展生态破坏问题查处，实现秦岭地区卫星遥感监测全覆盖，下发两批疑似问题并组织各省级行政区开展现场核实，对生态破坏问题及时督促整改。

下一步，我们将进一步深化“秦岭机制”，指导地方联合编制秦岭生态保护规划；定期开展秦岭地区生态状况变化调查评估；构建“天空地”一体化生态监测体系，推动数据共享；每两个月向“六省一市”推送卫星遥感发现的疑似生态破坏问题线索，组织“六省一市”联合开展实地核实和督察行动，督促问题整改；充分发挥“1+7”统筹协调机制作用，推动7省（直辖市）加强合作，助力秦岭生态保护迈上新台阶。

同时，我们还将借鉴“秦岭机制”经验，在黄河流域、长江经济带的重点区域，例如晋陕大峡谷、洞庭湖与鄱阳湖、赤水河流域、黑河流域等区域，逐步探索建立生态保护协同机制，推动区域生态整体性保护。

讲好中国生物多样性保护故事

《每日经济新闻》记者：我们注意到，截至目前，我国生物多样性保护涌现了一批优秀案例，能否介绍一下这些案例背后的经验？围绕各地开展的生物多样性保护行为，生态环境部将提供哪些支持举措？谢谢。

张玉军：感谢您的提问。近年来，我们及时总结各地在生物多样性保护方面的好经验、好做法，开展了系列宣传推广工作。在今年的“5·22”国际生物多样性日前，我部组织开展了生物多样性保护和可持续利用实践成果的遴选工作，收集到19个具有先进性、创新性的优秀案例。

在这些案例中，从物种保护来看，通过采取建立健全规章制度体系、强化监督监管、压实各方责任、加强科学研究、鼓励公众参与等方面的措施，对实现生物资源有效保护的作用十分显著。比如，海南特有的长臂猿种群数量从40年前的仅存两群不足10只，增长到2022年年底的六群37只。辽河口的丹顶鹤越冬种群由2014年的5只增加到2023年的114只，是历史最高纪录。同样是在辽河口，黑嘴鸥的繁殖种群由1992年的1 200只增加到2023年的11 357只，成为濒危物种保护最成功的案例之一。

在生物多样性可持续利用方面，通过加强遗传资源保种选育、规范所在环境与生产种植管理、因地制宜挖掘生态潜能等系列措施，可有力推进生态产品价值的实现。比如，贵州镇宁县积极探索蜂糖李的种植规律，协同遗传资源和传统知识的保护与利用。目前，镇宁县蜂糖李的种植面积已达到22万亩，产值约30亿元，带动1.5万户6.2万人实现户均纯收入增加6.7万元。

还有像新疆生产建设兵团第14团，通过“以渔抑碱”“以渔改水”的方式养殖罗非鱼、石斑鱼等，实现了生态效益、经济效益的双丰收。

在智慧化监测监管方面，建立数字监管系统，合理设置监测网络与监测样方，通过研发物种自动识别系统等系列措施，可大幅提升生物多样性本底调查和监测评估的水平。比如，在浙江丽水，建立了生物多样性数字监管系统，自动生成生物多样性评价指数和监测报告。在江苏，建成了全国首个高速公路生物多样性鸟类观测站，4个月累计观测到鸟类约68万只次。内蒙古率先构建覆盖全区所有生态系统的“一站多点”式生物多样性监测网络体系。新技术对于生态监测技术水平的提升有着非常明显的促进作用，实现了由传统人为观测向技术捕捉的转变，可以自动识别动物的数量、种类，对我们改进工作有非常大的帮助。

这些案例正在我部政务新媒体陆续发布，请各位媒体朋友帮助关注转发。

下一步，我部将联合相关部门完善生物多样性科普、宣传和教育的形式，拓展公众参与的方式和渠道，继续指导各地总结优秀案例，探索生物多样性优势向产业优势高质量转化的路径和模式，同时将利用好“5·22”国际生物多样性日、《生物多样性公约》缔约方大会等重要时间节点进行宣传，讲好中国生物多样性保护故事。

裴晓菲：下面进入热点问答环节。

通过督查推动长江经济带高质量发展取得新进展

封面新闻记者：第三轮第二批中央生态环境保护督察已于近日

启动，我们发现这一批督察对象都位于长江流域，这是出于一种怎样的考虑？此次督察有哪些创新？目前进展如何？

裴晓菲：谢谢您的提问。长江是中华民族的“母亲河”，哺育了世世代代的中华儿女，也是中华民族发展的重要支撑。长江经济带发展战略是党中央作出的重大战略决策，关系国家发展全局。习近平总书记高度重视，先后4次主持召开长江经济带发展专题座谈会并发表重要讲话，多次赴沿江省（直辖市）考察调研，明确长江经济带的战略定位。特别是2023年10月，习近平总书记主持召开进一步推动长江经济带高质量发展座谈会时强调，推动长江经济带高质量发展，根本上依赖于长江流域高质量的生态环境，要在高水平保护上下更大功夫。

长江经济带发展战略实施八年多来，生态环境保护和修复取得重大成就，“一江碧水向东流”的美景重现。2023年，长江流域优良水质断面比例达95.6%，同比上升1.1个百分点，干流水质连续四年全线保持Ⅱ类。目前，长江流域生态环境保护和高质量发展正处于由量变到质变的关键时期，取得的成效还不稳固，客观上还存在不少困难和问题，需要继续努力加以解决。

按照党中央、国务院部署，我们在第三轮第二批中央生态环境保护督察中统筹开展流域督察和省域督察，将其作为贯彻落实习近平生态文明思想和习近平总书记重要指示批示精神的重要举措，作为促进区域重大战略深入实施的有力支撑，作为推进美丽中国先行区建设的生动实践，作为坚持系统观念深入推进中央生态环境保护督察的重大创新，通过督察，推动长江经济带高质量发展取得新进展。

在督察中，我们既关注长江经济带流域性整体性问题，如政策衔接、区域协调、机制建设，也关注一些共性问题，如环境基础设施短板、生态破坏、农业面源污染、大气污染防治、固体废物（尤其是建筑垃圾）违规处置、“三磷”（磷矿、磷化工企业、磷石膏库）污染等，同时考虑沿江省（直辖市）经济社会发展、自然资源禀赋、生态安全定位等省域差异，找准沿江省（直辖市）突出问题。从督察理念上看，更加注重流域省域协同治理；从方式方法上看，更加注重从宏观、中观层面发现问题；从重点领域上看，更加注重推进解决全流域系统性普遍性问题。

目前，7 个督察组已全面进入下沉阶段，各督察组积极受理转办群众信访举报，深入一线、深入现场，查实一批突出生态环境问题，已公开曝光两批典型案例，有力夯实了生态环境保护“党政同责”“一岗双责”。广大媒体朋友一如既往地关心支持督察工作，多篇督察相关报道在全社会引起广泛反响，在此向大家表示感谢，后续我们将继续做好信息公开，也欢迎各位媒体朋友继续关注报道。

绿色金融服务美丽中国建设

《21 世纪经济报道》记者：近日生态环境部、中国人民银行等四部门联合召开绿色金融服务美丽中国建设工作座谈会，研究部署有关工作，请问生态环境部在推进绿色金融方面开展了哪些工作？取得了哪些进展？

裴晓菲：谢谢您的提问。绿色金融是指为支持环境质量改善、生态保护修复、应对气候变化和资源节约高效利用的经济活动，对环保、节能、清洁能源、绿色交通、绿色建筑等领域的项目投融资、项目运营、风险管理等所提供的金融服务。绿色金融产品种类很多，包括绿色贷款、绿色债券、绿色保险、绿色基金、绿色信托、碳金融产品等。

生态环境部会同金融管理部门，着力做好绿色金融大文章，支撑服务美丽中国建设。

一是不断完善绿色金融政策标准。会同有关部门印发《关于进一步强化金融支持绿色低碳发展的指导意见》，支持地方发展绿色低碳产业。联合有关部门开展绿色金融标准研究和制（修）订工作，印发《绿色低碳转型产业指导目录（2024 年版）》等。实施环境信息依法披露制度改革和环保信用评价，强化企业环保责任，助力公众监督企业环境行为。

二是稳步推进环境权益交易。建设运行全球规模最大的碳市场，启动全国温室气体自愿减排交易市场。截至今年 4 月底，碳排放配额累计成交额 262.03 亿元，累计成交量 4.57 亿 t。在 28 个省级行政区开展排污权交易试点，累计成交额超过 300 亿元。

三是初步建立多元化投融资机制。建成生态环保金融支持项目储备库，截至今年 3 月底，指导 330 个项目入库并向金融机构推送，获得金融机构授信金额约 2 100 亿元，发放贷款约 640 亿元。配合中国人民银行设立碳减排支持工具，向符合条件的金融机构提供低成本资金。在 23 个地方开展气候投融资试点，截至 2023 年年底，授信总额 4 553.84 亿元。

下一步，生态环境部将加强与金融部门合作，推动健全环境要素市场和绿色金融标准体系，加快完善有利于绿色金融发展的政策制度，研究建立金融服务美丽中国建设项目联合推介机制，助力建设人与自然和谐共生的美丽中国。

加强碳足迹管理，助推碳达峰碳中和目标实现

新华社记者：碳足迹是近年来国内外的一个热词，碳足迹的有效管理可以助推碳达峰碳中和目标实现，请问生态环境部在碳足迹管理方面有哪些考虑和安排？

裴晓菲：谢谢您的提问。碳足迹通常是指以二氧化碳当量表示的特定对象温室气体排放量和清除量之和，特定对象包括产品、个人、家庭、机构或企业，石油、煤炭等含碳资源消耗越多，二氧化碳排放量越大，碳足迹就越大；反之，碳足迹就小。产品碳足迹是碳足迹中应用最广的概念，是指产品的整个生命周期，包括从原材料的生产、运输、分销、使用到废弃等流程所产生的碳排放量总和，是衡量生产企业和产品绿色低碳水平的重要指标。例如，塑料袋的生产过程需要消耗大量的石油资源，使用塑料袋会增加碳足迹；太

阳能热水器利用太阳能进行加热，不需要使用传统能源，能够减少碳排放，使用太阳能热水器能够减少碳足迹。

为加强碳足迹的管理，生态环境部编制了《关于建立碳足迹管理体系的实施方案》，拟于近期会同其他部委联合印发，从产品碳足迹着手，完善国内规则、促进国际衔接，建立统一规范的碳足迹管理体系。主要有以下几方面的考虑和安排：

一是建立健全碳足迹管理体系。从标准、因子、制度规则等基础性工作着手，推动发布产品碳足迹核算通则标准和重点产品碳足迹核算规则标准，建立完善产品碳足迹因子数据库以及标识认证、分级管理、信息披露等制度。

二是构建多方参与的工作格局。强化政策协同，加大金融支持力度，丰富、拓展、推广产品碳足迹应用场景，鼓励地方试点和政策创新，推动重点行业企业先行先试，形成推广产品碳足迹的合力和共建、共担、共享的工作格局。

三是推动产品碳足迹规则国际互信。跟踪研判国际涉碳贸易政策和产品碳足迹相关规则发展趋势，推动产品碳足迹规则与国际对接，与共建“一带一路”国家开展产品碳足迹规则交流互认，积极参与国际标准规则制定，加强碳足迹工作的国际交流与合作。

四是提升产品碳足迹能力建设水平。加强产品碳足迹核算能力建设，规范专业服务，培育专业化人才队伍和机构，强化数据质量、数据安全管理以及知识产权保护。

下一步，生态环境部将加快研究发布电力、煤炭、燃油等重点产品碳足迹核算方法和碳足迹因子，为下游产品全生命周期碳足迹核算工作提供坚实基础，全方位、全链条、全过程推动碳足迹工作落细、落实、落地。

全力推动建设美丽中国各项任务落实

海报新闻记者：去年年底，中共中央、国务院印发了《中共中央　国务院关于全面推进美丽中国建设的意见》，对全面推进美丽中国建设工作作出系统部署，请问目前这项工作取得了哪些进展？下一步还有哪些安排？

裴晓菲：谢谢您的提问。建设美丽中国是全面建设社会主义现代化国家的重要目标，是实现中华民族伟大复兴中国梦的重要内容。《中共中央　国务院关于全面推进美丽中国建设的意见》印发以来，生态环境部全力推动各项任务落实。一是会同 44 个部门研究提出细化落实举措，形成任务清单、政策措施清单、责任分工清单。目前正在会同相关部门研究推进分领域行动体系，形成以美丽中国先行区建设为总抓手，以美丽城市、美丽乡村、美丽河湖、美丽海湾行动以及科技、绿色金融为支撑的“1+N”实施体系。二是研究制定美丽中国建设成效考核指标体系和考核办法，加快建设现代化生态环境监测体系，深化生态环境领域体制机制改革，推进美丽中国建设责任落实。三是凝练重大科技需求，加强科研与高端智库建设，为美丽中国建设提供人才和技术支撑。

美丽中国建设离不开各地的参与、支持和行动。目前，全国31个省（自治区、直辖市）和新疆生产建设兵团正在结合实际研究制定美丽中国建设地方实践相关配套文件，其中，河北、山西、内蒙古、吉林、黑龙江、上海、山东、重庆、甘肃、宁夏等10个省级行政区的文件已印发实施，3个省级行政区的文件已由地方党委、政府审议通过。各地积极开展美丽中国生动实践，如浙江省开展“美丽浙江十大样板地”活动；福建省提出打造“美丽城市—美丽乡村—美丽河湖—美丽海湾—美丽园区”的五美体系，美丽中国“厦门实践”经验获全国推广。

下一步，我们将与各部门积极配合，指导地方从实际出发，强化《中共中央　国务院关于全面推进美丽中国建设的意见》的落实和示范行动，也希望社会各界行动起来，共同推动把美丽中国建设宏伟蓝图一步步变为美好现实。

裴晓菲：感谢张玉军司长，谢谢各位记者朋友的参与，今天的发布会到此结束。再见！

5月例行新闻发布会背景材料

2023年是全面贯彻党的二十大精神的开局之年，也是踏上实现第二个百年奋斗目标新征程的关键一年，全国生态环境保护大会胜利召开，为新征程上继续推进生态文明建设和生态环境保护指明了前进方向，提供了根本遵循。生态环境部坚决贯彻党中央、国务院决策部署，坚持以新思路谋划新突破，以新举措展现新作为，守正创新、笃行实干，推动全国陆域生态系统格局总体稳定，质量持续改善，服务功能基本稳定，各项工作取得积极成效。

一、主要工作进展

（一）建立完善生态保护修复监管制度体系

积极配合全国人民代表大会常务委员会法制工作委员会推进生态环境法典编纂工作，配合相关部门制定国土空间开发保护法、国家公园法，修订《中华人民共和国自然保护区条例》《风景名胜区条例》，配合全国人民代表大会环境与资源保护委员会开展《中华人民共和国湿地保护法》执法检查，印发《自然保护地生态环境调查与观测技术规范》《自然保护地 生态保护红线生态破坏问题线索处理处置工作机制（试行）》，进一步提高生态保护监管效率。制定重大生态破坏事件判定规程（试行），做好高质量发展综合绩效评价和污染防治攻坚战成效考核支撑。印发《生态保护红线监管数据互联互通接口技术规范》（HJ 1294—2023），编制《生态保护红线监管技术规范　疑似生态破坏问题图斑遥感识别（试行）》（HJ 1337—2023）等3项生态保护红线监管、荒漠化、湿地生态质量评价方面的标准，以及《生物多样性（陆域生态系统）遥感调查技术指南》（HJ 1340—2023）等8项生物多样性保护、生物安全管理方面的标准，修订生态文明示范建设指标和管理规程，进一步推动生态保护修复监管工作规范化制度化。

（二）开展生态状况监测评估及生态保护修复成效评估

一是完成2015—2020年全国生态状况变化调查评估，联合中国科学院在首届全国生态日发布评估成果。自2000年起，我部联合中国科学院已完成四次全国生态状况变化调查评估。今年，在延续历次调查评估技术框架、统筹考虑陆地和海洋生态系统的基础上，从全国、重点区域和省域三个空间尺度，启动开展第五次全国生态状况变化调查评估，同时完成黄河流域等重点区域流域生态状况变化专题调查评估工作。本着边评估、边产出、边应用的原则，本次评估工作将完成重点区域年度评估，(2021—2023年)全国和重点区域三年评估，(2021—2025年)全国、重点区域和省域五年评估，以及(2000—2025年)全国和重点区域二十五年长期趋势评估。这项工作由国家和省级分级组织、协同实施，及时凝练阶段性、专题性成果，为国家“十五五”生态环境保护规划等提供有力支撑。

二是组织开展黄河流域、北部湾、珠江流域等13个省（自治区）189处国家级自然保护区现场评估，指导京津冀、长江经济带和宁夏回族自治区等15个省级行政区开展生态保护红线保护成效年度自评估。

（三）加强重要生态空间生态保护修复监督

一是加强生态保护修复问题监督，开展“绿盾2023”自然保护地强化监督，会同相关部门对江苏等12个省（自治区）65个自然保护地进行联合巡查；组织对吉林等15个省（自治区、直辖市）69个自然保护地重点问题整改进展核实调研，推动问题整改和生态修复。截至2023年年底，国家级自然保护区重点问题整改完成率为99.1%，人为干扰数量和面积实现“双下降”，基本扭转了侵占破坏自然保护地生态环境的趋势。

二是研究制定重大生态破坏事件判定规程（试行），做好高质量发展综合绩效评价和污染防治攻坚战成效考核支撑。

三是推进荒漠化防治和“三北”工程监督。推动将“三北”工程生态环境成效评估纳入《关于加强荒漠化综合防治和推进“三北”等重点生态工程建设的意见》和《“三北”工程总体规划》等政策文件。印发《关于加强荒漠化综合防治生态监督的通知》，发布《荒漠化地区生态质量评价技术规范》

（HJ 1338—2023），强化“三北”工程生态监督。

四是推动以国家公园为主体的自然保护地体系建设。配合国家林业和草原局推进全国自然保护地整合优化方案报批工作，协同开展新建和调整国家级自然保护区评审和国家公园设立方案、风景名胜区规划审查等工作。

（四）深入推进生态文明示范创建

2023年，遴选命名一批生态文明建设示范区和“绿水青山就是金山银山”实践创新基地，培育了一批践行习近平生态文明思想的示范样本。命名地区在推动区域环境质量改善、提升生态文明建设水平上发挥了引领示范作用。同时，深入贯彻落实新时期生态文明建设新部署、新要求，强化生态文明示范创建的先进性、引领性和持续性，并对指标和管理规程进行修订，实现创建工作不断提档升级；对出现问题的已命名地区发送建议提醒函，督促有关地区加快问题整改，确保示范创建成效。

（五）全面推进生物多样性保护工作

一是积极推动《关于进一步加强生物多样性保护的意见》的落实和“昆蒙框架”的执行，印发并向《生物多样性公约》秘书处提交了《中国生物多样性保护战略与行动计划（2023—2030年）》，科学指引生物多样性治理水平提升。今年3月，我们举办了《行动计划》宣贯培训班，指导各地开展生物多样性保护工作。

二是正式启动昆明生物多样性基金。5月28日，生态环境部与联合国环境规划署、联合国多边信托基金办公室在北京签署了有关合作协议，正式启动昆明基金。丁薛祥副总理出席签字仪式并致辞，希望有关各方以昆明基金启动为契机，聚焦重点目标、开展务实行动、加强团结协作，携手加强生物多样性保护，共建地球生命共同体。联合国常务副秘书长阿明娜发表视频致辞，联合国副秘书长、环境规划署执行主任安德森出席活动并致辞。

三是会同相关部门研究起草“生物多样性保护重大工程实施方案（2024—2030年）”，明确2024—2030年生物多样性保护重大工程的目标、范围、内容和相关部门的职责分工。

四是持续加强生物多样性宣传。依托每年5月22日国际生物多样性日，组织开展丰富多彩的系列宣传活动，积极宣传习近平生态文明思想和生物多样性保护理念，提升全社会生物多样性保护意识。

二、下一步工作考虑

一是完善生态保护修复监管制度体系。积极配合全国人民代表大会常务委员会法制工作委员会推进生态环境法典编纂工作,进一步完善生态保护红线、自然保护地、生物多样性保护等重点领域的制度体系。尽早启动“十五五”全国生态保护规划编制工作。研究制定生物多样性评价标准，并将其作为全面评估生态保护修复工作的质量标准，适时纳入美丽中国建设考核体系。

二是全方位推进生态状况评估和保护修复成效评估。开展第五次全国生态状况变化调查评估，重点完成黄河流域生态状况变化等专题调查评估工作。对“三北”工程等重大生态修复工程开展动态监测和评估，及时将评估结果反馈相关主管部门和工程实施主体，推动生态修复工程取得实效。

三是加大生态破坏问题查处力度。加强部门间协作，进一步完善“监控发现—移交查处—督促整改—移送上报”生态破坏问题处置工作机制，持续推进“绿盾”自然保护地强化监督，以生态保护红线和自然保护地为重点，持续开展双月度人为活动遥感监测。加强秦岭、荒漠化地区人为活动遥感监测，研究建立生态保护红线外重要生态空间生态破坏问题查处机制。推动重大生态破坏事件判定规程（试行）尽早出台。

四是推进生物多样性保护。制订《生物多样性保护重大工程实施方案》，持续开展生物多样性调查监测，更新《中国生物多样性红色名录》。逐步建立健全生物技术环境安全评估与监管体系，提升生物技术环境风险防控能力，强化生物遗传资源对外提供和合作研究利用的监督管理。充分发挥好昆明基金的作用，为发展中国家落实“昆蒙框架”提供帮助和支持。

五是深入推进生态文明示范创建。持续发挥生态文明示范创建载体平台作用，高标准、高要求、高质量推进生态文明示范创建各项工作。优化调整创建流程，加强创建过程指导和常态化监管，强化复核评估，建立综合考评机制，完善“红黄牌”退出机制，切实保障创建质量和成效。

六是探索创新生态产品价值实现路径。开展生态系统支持服务、调节服务的评价和结果应用试点，推动评价、结果进决策、进考核、进补偿，使其成为生态保护修复监管工作的重要抓手。支持各地依托创建工作探索创新路径模式，宣传推广各地好经验、好做法、好案例，共同打造一批生态产品价值实现综合性示范样板。

七是持续夯实生态保护修复监管能力。在生态保护红线监管平台的基础上，建设生态保护修复综合监管平台，充分发挥遥感技术高时效、全覆盖的优势，深化人工智能等数字技术应用，提高生态保护修复监管智慧化、精准化水平。加强生态监测网络体系建设，新建、改建、扩建生态监测地面站点、监测样地和生物多样性综合观测站，完善生态监测数据共享机制。

6 月例行新闻发布会实录

2024 年 6 月 24 日

6 月 24 日，生态环境部举行 6 月例行新闻发布会。生态环境应急指挥领导小组办公室主任李天威出席发布会，介绍突发环境事件应急处置工作有关情况。生态环境部新闻发言人裴晓菲主持发布会，通报近期生态环境保护重点工作进展，并共同回答了记者提问。

6月例行新闻发布会现场（1）

6月例行新闻发布会现场（2）

裴晓菲：各位媒体朋友，大家上午好！欢迎参加生态环境部6月例行新闻发布会，今天发布会的主题是“及时妥善科学处置突发环境事件，守牢美丽中国建设安全底线”。我们邀请到生态环境应急指挥领导小组办公室主任李天威先生介绍有关工作，并和我共同回答大家关心的问题。

下面，我先通报一下我部最新情况。

一、第三轮第二批中央生态环境保护督察全面完成督察进驻阶段工作

第三轮第二批7个中央生态环境保护督察组于近日全面完成督察进驻阶段工作。进驻期间，各督察组把推动解决群众反映突出的生态环境问题作为工作重点，查实一批突出生态环境问题，核实一批不作为、慢作为，不担当、不碰硬，甚至敷衍应对、弄虚作假等形式主义、官僚主义问题，曝光28个典型案例。

截至6月9日，各督察组共收到群众来电、来信举报38 773件，受理有效举报32 781件，经梳理合并重复举报，累计向相关省（直辖市）转办24 314件。相关省（直辖市）已办结或阶段办结14 692件，占比约60%。其中，立案处罚2 258家，立案侦查77件；约谈党政领导干部877人，问责党政领导干部208人。对已经转办、待查处整改的群众举报问题，各督察组均已安排人员继续紧盯，确保问题查处到位、整改到位、公开到位。

二、生态环境部审议并原则通过四项促进新质生产力政策文件

生态环境部近日召开部常务会议，审议并原则通过《加快推动排放标准制修订工作方案（2024—2027）》《规范废弃设备及消费品回收利用处理环境监管工作方案》《生态环境分区管控管理暂行规定》《生态环境部贯彻落实〈关于加强生态环境分区管控的意见〉实施方案》等生态环境领域促进新质生产力“1+N”政策体系相关文件，充分发挥生态环境保护的引领、倒逼作用，推动新质生产力加快发展，厚植高质量发展的绿色底色。

三、《沿海城市海洋垃圾清理行动方案》印发

生态环境部近日联合有关部委印发《沿海城市海洋垃圾清理行动方案》（以下简称《行动方案》），将在全国沿海地市城镇建成区毗邻的65个海湾开展为期三年的拉网式海洋垃圾清理行动。

《行动方案》提出了建立健全海洋垃圾常态化治理体系、严控陆源垃圾入海、强化海上垃圾防治、及时清理岸滩和海漂垃圾、规范处置上岸垃圾、加强海洋垃圾调查与监管等6项重点任务，引导沿海地方形成陆海统筹治理海洋垃圾的闭环管理。《行动方案》明确了到2025年“65个海湾内岸滩垃圾得到及时有效清理，海面漂浮垃圾密度明显下降”，到2027年“65个海湾内海洋垃圾密度大幅下降，常态化达到清洁水平”等目标。

四、生态环境部召开美丽中国建设成效考核指标体系研究座谈会

建设美丽中国是全面建设社会主义现代化国家的重要目标。习近平总书记多次就美丽中国建设及成效考核工作发表重要讲话、作出重要指示，为做好相关工作提供了根本遵循。近日，生态环境部召开美丽中国建设成效考核指标体系研究座谈会，广泛听取各方意见，凝聚共识、形成合力，确保党中央决策部署全面落实到位。

会议要求，要紧扣美丽中国建设目标，构建科学合理的指标体系，全面覆盖美丽中国建设“六项重大任务”和“一个重大要求”的战略部署。要统筹各方面重点任务，突出全领域、全方位、全地域、全社会推进，构建多部门协同治理、协调推进的大环保格局。要把握好系统性与突出目标导向和问题导向、完整性与简明适用和可监测可操作、长期稳定性与阶段灵活性、完成目标与推动创新、定量与定性等五个方面的关系。要以成效考核为统领，以指标体系为基础，以监测评价和进程评估为支撑，构建导向鲜明、客观公正、科学规范的考核评价体系。要发挥好考核的导向和引领作用，提升考核工作精准性，确保考核体系设置契合实际，有较强可操作性，考核结果与人民群众切身感受相一致。

五、上海合作组织国家绿色发展论坛将于下月举办

7月8—9日，生态环境部将会同上海合作组织睦邻友好合作

委员会、山东省人民政府、上海合作组织秘书处在山东青岛举办上海合作组织国家绿色发展论坛，论坛主题为“携手绿色发展，推动人与自然和谐共生”，将设主论坛和上合组织[①]2024生态年、技术创新赋能绿色高质量发展、气候行动助力绿色低碳转型三个平行分论坛。

本次论坛将是今年7月我国接任上合组织轮值主席国后在生态环境领域的首场主场活动，欢迎媒体朋友们届时关注报道。

裴晓菲：下面请李天威主任介绍情况。

生态环境应急指挥领导小组办公室主任李天威

① 上合组织即上海合作组织。

环境应急管理各项工作取得积极进展

李天威： 新闻媒体界的各位新老朋友，大家上午好！很高兴跟大家沟通交流，也借此机会代表生态环境部应急办，感谢大家长期以来对环境应急工作的关心和支持！

下面我简要通报一下环境应急管理工作情况，然后回答大家关心的问题。

生态环境安全是国家安全的重要组成部分，是经济社会持续健康发展的重要保障。去年7月，习近平总书记在全国生态环境保护大会上强调，要严密防控环境风险，强化危险废物、尾矿库、重金属等重点领域环境隐患排查和风险防控，完善分级负责、属地为主、部门协同的环境应急责任体系，及时妥善科学处置各类突发环境事件。

习近平总书记的重要讲话为我们做好环境应急工作提供了根本遵循，指明了前进方向。生态环境部坚决贯彻全国生态环境保护大会精神和习近平总书记重要指示批示精神，大力推进环境应急管理体系和能力现代化，各项工作取得积极进展。

一是重大敏感突发环境事件得到妥善处置。近十年来，全国突发环境事件的数量由每年700起左右下降到300起左右，近几年都是200起左右，其中重大级别事件每年两起左右，较大级别事件每年10起左右。一批重大敏感突发环境事件，比如2019年江苏盐城响水爆炸事件，2020年黑龙江伊春鹿鸣矿业尾矿库泄漏事故，2022年贵州盘州宏盛煤焦化有限公司洗油泄漏事故等次生的突发环境事件，影响范围广，处置难度大，公众关注度高。经过部工作组协调指导，相关地方全力应对，这些重大敏感事件均得到妥善处理。

二是环境应急准备不断强化。按照“以空间换时间”的理念思路，将重点河流环境应急“一河一策一图”作为战略性、基础性、兜底性的重大举措，加快推进形成具有中国特色的环境应急准备体系。截至目前，全国已完成 2 365 条重点河流“一河一策一图”，摸清了 20 余万处环境应急空间和设施点位，总体上形成了全国重点河流环境应急准备“一张图”。

同时，我们探索开展化工园区“一园一策一图”试点，指导第一批 17 个试点园区按照污水“一级防控不出厂区，二级防控不进内河，三级防控不出园区”的总体思路，开展化工园区三级防控体系建设，稳步推进环境应急物资信息库建设，指导浙江省开展环境应急物资储备调用智能化管理试点工作。

三是突发环境事件风险防控取得实效。聚焦重点区域、重点领域、重点时段，以“时时放心不下”的责任感，连续三年开展突发环境事件风险隐患排查整治工作，2022—2023 年，全国共排查整治风险隐患 22.95 万余项。针对岁末年初、全国两会、法定节假日等特殊敏感时期，制订突发环境事件应对专项工作方案，开展应急值守抽查检查，指导督促地方强化环境风险防控。结合往年汛期突发环境事件多发的特点，印发《关于进一步加强汛期突发环境事件风险防控工作的通知》，指导地方加强汛期环境风险的研判和重点领域环境隐患排查，切实保障水环境安全和群众饮水安全。

四是环境应急基础能力不断提升。组建生态环境部环境应急研究所，打造环境应急“国家队”，研发突发环境事件应急技术工具包。落实党中央、国务院信息报告的要求，建立健全重大敏感突发环境事件信息报告三项制度。上线运行信息报告直报系统，不断提高信息报告质量和时效性。制定印发《关于加强地方生态环境部门突发环境事件应急能力建设的指导意见》，明确应急保障、应急准备、响应时效三个环节 10 项任务。大力推动基层环境应急能力，强化环境应急演练，2023 年，全国省、市两级开展环境应急演练共 536 次，20 多个省级行政区组织开展了“一河一策一图”专题应急演练，持续开展分级分类的环境应急培训，有效提升各级环境应急工作人员的业务水平。

当前，我国生态环境保护结构性、根源性、趋势性的压力总体上尚未根本缓解，突发环境事件仍呈多发、频发的高风险态势。下一步，我们将坚持以习近平生态文明思想为指导，深入贯彻落实全国生态环境保护大会精神，严密防控环境风险，持续强化应急准备，不断夯实应急能力基础，及时妥善科学处置各类突发环境事件，加快推进环境应急管理体系和能力的现代化建设，为美丽中国建设提供坚实的环境安全保障。

裴晓菲：下面进入提问环节，本月发布会提问依旧分为主题问答和热点问答两个环节。其中，主题问答环节由李天威主任回答大家关心的突发环境事件应对等问题；热点问答环节由我回答大家关心的热点问题。

首先进入主题问答环节，提问前请通报一下所在的新闻机构。

全国生态环境信访投诉举报管理平台成为新的“连心桥”

《南方周末》记者：近期多个省、市发布公告称，“12369”环保举报热线正式停用。“12369”见证了我国生态环境改善的历程，多年来“12369”发挥了哪些作用？目前生态环境部门还有哪些渠道接收群众生态环境举报？

李天威：感谢您的提问。好东西不需要刻意去记，自会给人留下深刻印象。2001 年开通的“12369”环保举报热线，是生态环境保护“为民办事、为民解忧、为民纾困”的里程碑，是生态环境保护工作的重要窗口，是生态环境部门和广大人民群众沟通互助的“连心线”。热线运行二十四年来，我们始终坚持以人民为中心，充分发挥“抽查—督办—预警”的组合监管机制，在“办快、办实、办好”上下功夫，切实做到了有报必接、有案必查、事事有结果、件件有回音。据不完全统计，“12369”环保举报热线开通以来，我们累计登记受理投诉举报 670 余万件，推动解决了一大批群众身边的污染问题。例如，餐饮油烟、恶臭异味、噪声等困扰群众的环境问题。督办预警 3 000 多件群众反映强烈、久拖不决的集中重复举报案件，及时化解了一批社会环境风险隐患。

同时，我们全力做好高考、中考、两会、重要节假日、重大赛事期间的环境保障，对举报件盯办、快办，营造良好的环境氛围。今年高考期间，我们一共接到176件影响高考的紧急举报，特别是噪声、恶臭这些举报，我们都是实时督办，属地生态环境部门第一时间赶赴现场，妥善解决问题。

此外，多年来我们深挖“12369”环保举报热线的数据“金矿”，为中央生态环境保护督察、执法监管专项行动、大气监督帮扶等重点工作，累计提供了55万多条精准问题线索，为深入打好污染防治攻坚战提供了有力的保障。

虽然“12369”环保举报热线已经成为历史，但是集众人之智、成众人之事的传承仍在延续，目前，全国生态环境信访投诉举报管理平台已成为群众和生态环境部门沟通的新的“连心桥”。

在生态环境部的官网上，可以看到生态环境网络投诉举报栏目，还有生态环境微信投诉举报的链接，微信投诉举报还有一个二维码。2023年微信网络举报已经达到25万件，今年上半年同比上升8%，成为涉生态环境信访投诉举报的重要渠道。微信网络举报有三个优势：第一，更便捷。群众可以随时随地举报，不用受信函邮寄、工作时间的限制。第二，更精准。群众在举报的时候可以将定位、照片、问题线索直接上传到平台，内容更具体、信息也更具体。第三，更高效。举报平台全国通用，对举报投诉的受理“一网登记、一网转办、一网处理、一网回复”，极大地提高了交办和办结的效率。

下一步，我们将认真践行新时代“枫桥经验”和“浦江经验”，充分发挥全国生态环境信访投诉举报平台的作用，积极回应人民群众所急、所盼、所想，推动解决群众身边“急难愁盼”环境问题，切实保障人民群众的合法环境权益，助力深入打好污染防治攻坚战，共同推进美丽中国建设。

我国突发环境事件数量总体下降

红星新闻记者：请问近年来我国突发环境事件有哪些特征，趋势上有哪些变化？

李天威：谢谢您的提问。近年来，我国突发环境事件从数量来看总体呈下降趋势，但仍然呈多发、频发的高风险态势。突发环境事件时空分布不确定性非常强，诱因复杂，涉及的污染物种类多，环境影响大，敏感程度高，防范处置的难度比较大。我想从五个方面来回答您的问题。

一是从事件的数量来看。自 2013 年以来，全国突发环境事件的数量由每年 700 余起下降到 300 起左右，近两三年都在每年 200 起左右，其中重大事件每年两起左右，较大事件每年 10 起左右。突发环境事件仍呈多发、频发的高风险态势，所有省级行政区都发生过突发环境事件，基于化工企业的产业布局，中东部地区突发环境事件的数量相对较多。

二是从事件的起因来看。生产安全事故和交通运输事故是突发环境事件的主要诱因，化工企业泄漏、火灾爆炸、尾矿库泄漏、危险化学品运输事故等次生突发环境事件的比例占 80% 以上，违法排污等造成的突发环境事件的比例不到10%。同时，自然灾害、历史遗留问题等也能次生突发环境事件。近年来，极端天气的影响越来越突出，而且通常与其他因素耦合叠加，给突发环境事件的应对、防范带来了极大的挑战。

三是从污染的类型来看。根据近十年的调度情况，大概3/4的突发环境事件涉及水污染，约一半的突发环境事件涉及大气污染。部分环境事件造成了水、大气、土壤多介质的污染。突发环境事件涉及的污染物种类也是复杂多样的，有重金属、苯系物、石油类等较为常见的物质。同时，近年来也出现了二氯甲烷等一些新污染物，以及甲苯二异氰酸酯等比较少见的化学品。

四是从处置的难度来看。流域突发水污染事件往往污染范围广、扩展速度快，污染物一旦进入河道，经常受到地势险峻、水文条件复杂等因素的影响，处置起来非常困难，而且容易威胁沿线水源地，环境和社会影响比较大。有的突发环境事件污染范围非常广，如2020年黑龙江伊春鹿鸣矿业尾矿库泄漏事件造成了340多千米河道污染；有的处置时间很长，如2022年贵州盘州洗油泄漏事件应急处置时间长达5个多月；有的环境影响很大，如2022年江西宜春锦江铊污染事件造成3个水源地4家水厂取供水受到影响。

五是从敏感的程度来看。突发环境事件往往和人民群众的生活息息相关，敏感度、社会关注度都非常高，一旦事件造成水源地污染或是有毒、有害气体泄漏，就可能对周边群众的身体健康和生产生活造成严重影响，也会造成较大的社会问题，容不得半点疏忽。

突发环境事件仍呈多发、频发高风险态势

封面新闻记者：当前我国突发环境事件风险情况如何？防范突发环境事件的重点和难点表现在哪些方面？

李天威：感谢您的提问，这个问题跟前一个问题是有关联的。当前我国生态环境保护结构性、根源性、趋势性的压力总体上没有根本缓解，突发环境事件仍呈多发、频发的高风险态势。总体来看，重点和难点主要体现在三个方面。

第一，结构性、布局性的环境风险长期存在。我国产业结构偏重、能源结构偏煤、危险化学品交通运输结构不够合理等问题短期内难以改变。全国有 7 000 多座尾矿库，油气管道总里程超过 16.5 万 km，每天通过道路运输的危险物品近 300 万 t，全国现有化学物质 4.5 万余种，每年还要新增上千种，这些化学物质在生产加工、使用消费、废弃处置等各环节、全流程都有可能进入环境。有什么样的布局就会带来什么样的风险，有什么样的结构就会有多大的环境安全压力。这种结构性、布局性的风险长期存在，并处于高位运行，对环境安全造成巨大的压力。

第二，突发环境事件的诱因复杂、量大面广。刚才也说到，突发环境事件多是由各类事故灾害次生的，化工企业火灾爆炸等生产安全事故和危险化学品交通运输事故是主要的诱因，合计占比超过 80%。同时，极端天气和地震等自然灾害也容易次生突发环境事件，加上与污染物排放、历史遗留问题等因素耦合叠加，风险防范和处

置难度非常大。

近年来，受气候变化影响，包括我国在内，全球遭受越来越频繁的极端天气，极端天气和生产安全等因素耦合叠加，加大了次生突发环境事件风险。例如 2021 年，高温、干旱和大暴雨的极端天气在我国多地出现，在甘陕川诱发了多起重金属污染事件，在河南郑州等其他地方也诱发了多起突发环境事件，如电池自燃、电解铝厂爆炸、垃圾填埋场渗滤液泄漏等，可见极端天气的影响越来越明显。

第三，新问题、新挑战交织显现。除石油类、重金属等常见的污染物外，二氯甲烷等新污染物，以及刚才提到的甲苯二异氰酸酯等相对少见的污染物在近年突发环境应对中屡有出现，应急监测和处置都面临新的考验。同时，随着公众对美好生态环境需求的不断提高，信息传播方式的飞速变化，突发环境事件的处置也迎来了新挑战。

应该说，突发环境事件既有各类突发事件的共性——突发性，其发生的时间、地点和发展态势都有不确定性，同时又有环境属性这些特殊性，如果说难，我觉得有三难。

第一难，诱因复杂，防范难。突发环境事件 80% 是由生产安全、交通运输这些事故次生的，而这些事故无处不在，随时都有可能发生。

第二难，综合性强，处置难。很多流域性的水污染事件应急处置往往涉及切断源头、拦截引流、水利调度、应急监测以及饮用水保障等多个环节。大气污染事件可能还涉及人员疏散等问题。特别是重大事故，处置往往面临非常大的困难。例如，黑龙江伊春鹿鸣矿业尾矿库泄漏事件发生在极端天气条件下，冰天雪地，零下三十几摄氏度，现场人员羽绒服外面还得套着棉大衣，340多千米的河道，几十个处置环节，几十个处理点都要有人盯守，都要有人实时关注，处置起来很难，监测的力量也很难跟上。

第三难，社会关注度高，应对难。突发环境事件跟老百姓的生活密切相关，不能出任何纰漏，否则就会影响公众健康，影响正常的生产生活，还可能引发严重的社会问题。因此，应对是全方位的，不仅是污染处置，还要综合应对，有的事件看起来很小，但是稍有不慎就会变成重大事件。

因此，突发环境事件应对像足球比赛中的守门员一样，妥善应对突发环境事件是生态环境安全底线、生命线，我们始终秉持“时时处处事事放心不下”的责任感，时刻保持高度警惕，强化事前防范和应急准备，坚决守牢美丽中国建设生态环境安全底线。

主要有三个方面的措施：

第一，要强化隐患排查。指导各地深入开展突发环境事件风险隐患的排查整治，紧盯“一废一库一重”等重点行业领域、水源地等环境敏感点，以及汛期等敏感时段，尽可能地将风险消除在萌芽状态。

第二，强化环境应急准备。突发环境事件具有突发性、不确定性，所以对于突发环境事件来说，我们必须未雨绸缪，提前准备，不能临渴而掘井。“有备则制人，无备则制于人”，我们按照以空间换时间的总体思路，指导全国各地编制重点河流环境应急“一河一策一图”方案，提前找好可以利用的空间设施，在发生突发环境事件时，就能直接派上用场。闸坝可以拦截，水库可以调蓄，沟渠可以引流，多年的事件应对实践都证明这是行之有效的措施，这是符合中国特色的应急措施。按照这个思路，目前，我们又深化推进化工园区“一园一策一图”环境应急准备措施，全国有600多个经过省级人民政府认定的化工园区，按照“一级不出厂区，二级不进内河，三级不出园区”的思路，推进环境应急三级防控体系建设，把这些高风险的园区管起来。

同时，我们定期组织开展分层分级环境培训，指导各地深化环境应急演练，配强、配优环境应急队伍，提升突发环境事件的应对能力。

第三，强化协调联动。2020年，我部与水利部联合发文，指导跨省流域上下游建立联防联控机制，共同应对突发水污染事件。2022年，我们与应急管理部签订突发环境事件应急联动协议，明确信息共享、处置联动等八个方面的合作内容，切实做好突发环境事件的防范。

在此基础上，我们指导全国各级生态环境部门加强与有关部门的沟通协作，建立信息通报、责任共享、会商预警等一系列工作机制，确保自然灾害以及生产安全、交通运输等事故发生后，能够第一时间通报信息，共同采取有效措施，妥善应对。

地方生态环境部门环境应急能力亟待提升

中国新闻社记者：请问我国突发环境事件应急能力建设有哪些举措和成效，存在哪些突出问题？

李天威：感谢您的提问。近年来，在党中央、国务院的高度重视下，全国突发环境事件应急工作取得显著成效，突发环境事件风险防控持续加强，应急准备切实强化，应急基础能力不断提升，重大敏感突发环境事件得到妥善处置。但是在多年的环境应急实践工作中，也暴露出地方生态环境部门应急能力的短板，环境应急能力亟待提升。

突发环境事件具有很强的突发性、不确定性。发现得越早，介入得越早，处置得越早，事件造成的不利影响可能就越小。基层生态环境部门是环境应急的最前哨，应急能力的高低、大小直接关系能否在第一时间控制事态、能否最大限度地减少危害。地方第一时间把环境应急最基础的工作干好了，后续的应急处置就主动多了。基层不强，我们就永远放心不下。虽然这些年基层环境应急能力有了一定程度的提高，但是仍然存在很多问题。

一是基层队伍不健全。全国不少市县没有设立专职环境应急机构，地方环境应急人员变动频繁。我们前一阵子做过一次调查，约50%的基层环境应急人员从事应急工作不到两年，约66%的人员没有参加过任何现场的应急处置。

二是应急机制不完善。有的地方没有按照要求编制应急预案，环境应急机制不完善，突发事件发生时往往手忙脚乱。有的地方应急预案的编制质量比较差，缺乏实用性、可操作性。基层生态环境部门还存在应急监测机制不顺畅、监测保障不及时等问题。

三是应急处置能力不足。环境应急物资准备不充分，一些环境敏感目标较多的地区环境应急物资储备不足，有的重点水源地上游县一般性物资储备都没有。同时，部分地区应急监测设备落后，人员业务水平不高，中西部有不少县没有应急监测能力，应急监测测不了、出数慢、测不准，是基层突发环境事件应对的突出问题。

下一步，生态环境部将深入贯彻落实习近平总书记关于生态环境安全的重要论述和重要指示批示精神，着力提升环境应急能力，力争在应急保障能力、应急准备能力、应急处置能力等方面取得明显成效。

一是切实强化应急保障。去年年底，我们印发了《关于加强地方生态环境部门突发环境事件应急能力建设的指导意见》，第一条就是切实强化应急保障，逐步建立健全突发环境事件应急工作机制，按照重大敏感突发环境事件应急省级统筹、市级落实、县级协同的工作原则，明确承担突发环境事件应急工作的机构及人员，落实工作责任。同时，我们还要强化应急队伍建设。生态环境部有三支常备的环境应急队伍。此时此刻，已经有两支队伍在两个地方现场应急。我们要求，省级生态环境部门至少建立两支综合应急队伍，确保能够同时应对两起突发环境事件。市级应急队伍要随时拉得出、用得上、打得赢。推动省级生态环境部门统筹组织开展本地区突发环境事件应急监测工作，探索完善驻市监测机构与市级生态环境部门应急监测协同配合机制，形成应急监测合力。推动各地积极组织开展突发环境事件应急演练和业务培训，实现培训和实战相结合、培训和演练相结合，全方位提升应急人员的业务能力。

二是持续加强应急准备。聚焦重点流域，编制重点河流突发水污染事件环境应急“一河一策一图”。目前已经编制完成 2 365 条，“十四五”将实现重点河流环境应急“一河一策一图”全覆盖。聚焦重点化工园区，开展“一园一策一图”的试点工作。第一批 17 个试点化工园区，要在试点的基础上逐步推动建立完善化工园区突发水污染事件三级防控体系建设。聚焦上下游、跨区域间水污染事件，建立健全应急联动机制。目前，全国上下游相邻省间共签订联防联控协议 50 份，相邻市县间签订 880 余份，已实现省级上下游联防联控协议全覆盖、跨省流域的市县间联防联控机制基本全覆盖。切实强化应急物资储备，初步建成国家环境应急物资信息库，收录 7 600 多个环境应急物资库和 12.6 万余条资源信息，稳步推进政府储备、企业代储、第三方服务支持、企业生产保障的多层次、多元化环境应急物资储备体系建设。

三是着力提升应急处置水平。组织地方制（修）订突发环境事件应急工作手册，明确应急处置工作要求，规范工作流程。针对重金属、石油类、苯系物、酚类等突发水污染事件中的常见污染物，生态环境部组织编制了应急处置技术工具包，包括三大类通用应急处置技术、25 种典型污染物的处置方式、3 类应急处置工程设施和

5 种典型场景应急处置要点，帮扶指导地方开展突发环境应急处置工作。在实际工作中，特别是重大敏感的突发环境事件，生态环境部都会第一时间派工作组到现场。环境应急的主体责任在地方，但是生态环境部基于保障环境安全的要求，也会积极协助地方、指导地方开展事件的处置工作。

对汛期环境监管和突发环境事件应对作出安排部署

海报新闻记者：有关部门预测今年汛期我国极端天气气候事件偏多，区域性和阶段性的洪涝灾害明显，生态环境部对做好汛期突发环境事件风险防控以及应对工作有哪些具体的安排和部署？

李天威：感谢您的提问。此时此刻，我们生态环境部已经有两个工作组在现场指导处置突发环境事件，都与强降雨有关。今年入汛以来，部分流域连续出现极端降雨，引发了洪涝和地质灾害。极端天气对于突发环境事件风险防控工作带来不小的挑战和压力。比如 2020 年 7 月，受降雨引发的地质灾害影响，贵州省遵义市桐梓县的中石化输油管道发生泄漏，造成跨贵州、重庆两省（直辖市）的重大突发环境事件。因此，生态环境部高度重视汛期环境安全工作，今年专门印发《关于加强 2024 年汛期水环境监管工作的通知》《关于进一步加强汛期突发环境事件风险防控工作的通知》，对汛期环境监管和突发环境事件应对作出安排部署。

一是加强各类环境风险隐患排查。明确要求各地参考国控断面历年汛期水质数据和集中式饮用水水源环境状况调查评估情况，确定本行政区域汛期重点关注断面和饮用水水源，识别断面汇水范围内影响水质以及饮水安全的主要污染源，聚焦重点区域、行业、企业，加强重点时段、重点环节监管，深入排查垃圾、秸秆、污泥、畜禽粪污等城乡面源污染防治，污水收集处理设施运行，入河排污口和工业园区水污染整治以及“一废一库一重”环境风险防控等方面存在的突出问题，建立问题清单，强化问题整改。

二是做好汛期风险的科学研判。要求各地要发挥河（湖）长制作用，加强部门协调联动，建立健全信息通报、预警会商、联合巡查等工作机制。对重点关注断面及饮用水水源开展加密监测，对汛期污染强度高值断面和存在风险隐患的饮用水水源及时预警，对水质出现异常波动的，迅速采取有效处置措施。坚决依法查处各类借汛期违法、违规排污行为，并向社会公开。要求各流域海域生态环境监督管理局强化流域统一监管，发挥牵头抓总、协同推动作用，针对汛期污染问题突出的地区开展督导帮扶，指导推动解决问题。

三是严格落实应急值守和信息报送制度。“打早打小打了”是做好突发环境事件应急处置工作的关键，今年，再次强调要做好汛期值班值守各项工作。近日，生态环境部对加强重大敏感突发环境事件信息报告工作进行部署，进一步明确 1 小时报告、现场直报、并行报告等三项信息报告制度，做到重大敏感突发环境事件即知速报、该报快报和应报尽报。

四是及时妥善科学处置汛期各类突发环境事件。一旦发生突发环境事件，要迅速启动应急响应，第一时间上报，第一时间赶赴现场开展应急处置。目前，生态环境部常备三支环境应急队伍，以部应急办为主体，中国环境监测总站、生态环境部生态环境应急研究所、中国环境科学研究院以及各流域海域生态环境监督管理局、区域督察局等单位共同参与，对重大敏感突发环境事件，赶赴现场指导应急处置。

五是要求各方切实承担起责任。重点是企业单位落实主体责任，针对极端天气等可能出现的不利因素，完善隐患排查工作制度，建立台账并及时整改。政府部门落实监管责任，制订风险防控工作方案，组织专家开展帮扶，提升企业突发环境事件风险识别和防控能力。也请社会各界积极举报隐患线索，共同维护汛期生态环境安全。

裴晓菲：下面进入热点问答环节。

着力构建生态环境领域促进新质生产力的“1+N”政策体系

中央广播电视总台央视记者：习近平总书记提出，发展新质生产力是推动高质量发展的内在要求和重要着力点。请问生态环境部围绕新质生产力开展了哪些工作？下一步有哪些安排？

裴晓菲：谢谢您的提问。绿色发展是高质量发展的底色，新质生产力本身就是绿色生产力，具有高科技、高效能、高质量特征，有助于推动污染物和碳排放大幅下降，从根本上改善生态环境质量。近期，生态环境部正着力构建生态环境领域促进新质生产力的“1+N”政策体系，充分发挥生态环境保护的引领、优化和倒逼作用，推动新质生产力加快发展，厚植高质量发展的绿色底色。

“1”是指研究制定以高水平保护推动新质生产力发展的政策文件，提出更好统筹高质量发展和高水平保护，坚持生态优先、绿色发展，大力培育绿色生产力的思路和政策举措。

“N”是指制定相关领域的细化举措。我们即将出台《加快推动排放标准制修订工作方案（2024—2027）》《规范废弃设备及消费品回收利用处理环境监管工作方案》《生态环境分区管控管理暂行规定》《生态环境部贯彻落实〈关于加强生态环境分区管控的意见〉实施方案》4 份文件。其中，《加快推动排放标准制修订工作方案（2024—2027）》，计划今明两年，分别修订 18 项和 23 项国家污染物排放标准。比如，大家比较关注的石油炼制、石油化学、合成树脂三项工业污染物排放标准的修改单近期已经发布，水泥工业大气污染物排放标准、炼焦化学工业污染物排放标准、建筑施工场界环境噪声排放标准，以及生活垃圾填埋场污染控制标准等都在修订中。总体考虑是用四年时间，实现重点排放标准全面更新，助力美丽中国建设。《规范废弃设备及消费品回收利用处理环境监管工作方案》是生态环境部贯彻落实国务院《推动大规模设备更新和消费品以旧换新行动方案》的具体行动，对完善政策标准、强化环境监管、规范废弃设备及消费品回收利用处理工作作出部署，今年下半年，将在全国范围内集中开展违法拆解废弃设备及消费品污染环境专项整治，严厉打击非法拆解污染环境行为。《生态环境分区管控管理暂行规定》针对生态环境分区管控的方案制订、实施应用、调整更新、数字化建设、跟踪评估、监督管理等6个重点环节，提出具体管理要求，全面规范生态环境分区管控管理。《生态环境部贯彻落实〈关于加强生态环境分区管控的意见〉实施方案》进一步明确生态环境分区管控责任分工，全面推动《中共中央办公厅　国务院办公厅关于加强生态环境分区管控的意见》落地应用。

下一步，我们还将研究制定京津冀及周边地区“2+36”城市大气污染防治强化措施，出台生态环境部门促进民营经济发展的若干措施，联合相关部门制定绿色金融支持美丽中国建设的政策文件，为推动新质生产力发展作出积极贡献。

生态环境分区管控具有基础性作用

澎湃新闻记者：刚刚您简要介绍了《生态环境分区管控管理暂行规定》的有关情况，请问其与此前印发的《中共中央办公厅　国务院办公厅关于加强生态环境分区管控的意见》是什么关系？文件规定了哪些主要内容？下一步还有哪些具体举措？

裴晓菲：谢谢您的提问。生态环境分区管控在生态环境源头预防体系中具有基础性作用。今年3月印发的《中共中央办公厅　国务院办公厅关于加强生态环境分区管控的意见》，为严守生态保护红线、环境质量底线、资源利用上线，科学指导各类开发保护建设活动提供了行动指南。近期，生态环境部将制定出台《生态环境分区管控管理暂行规定》（以下简称《规定》），主要是完善制度全链条管理，回应地方落实《中共中央办公厅　国务院办公厅关于加强生态环境分区管控的意见》中的核心关切，重点细化实施应用、调整更新和数字化建设等方面要求。

在实施应用方面，从政策制定、环境准入、环境管理三个领域，细化了应用主体、应用方向和应用路径，明确了政策制定、规划编制要衔接生态环境分区管控方案；规划环评、项目环评、园区招商引资要落实生态环境分区管控要求；强化生态环境保护与生态环境分区管控的政策协同，支撑美丽中国先行区建设、深入打好污染防治攻坚战、维护生态安全、执法监管等重点工作。

在调整更新方面，明确了生态环境分区管控方案的更新情形、更新要求和更新程序，特别是对更新程序进行分类规范，对于依法依规开展的更新工作可不再论证，对于涉优先保护单元更新的，除依法依规情形外，需由省级生态环境主管部门科学论证。同时，按照国务院“有件必备、有备必审、有错必纠”的原则，明确了备案审查要求，重点关注材料完整性、内容规范性、技术合理性，细化了备案处理情形。

在数字化建设方面，明确国家与省两级生态环境分区管控平台定位，细化成果查询、统计分析、线索筛查、接口服务、成果备案、跟踪评估等功能模块的开发要求，鼓励开发信息平台的网页端、移动端依法依规向公众提供查询服务。同时，建立健全数据质量管理责任制，着力推动平台智能化水平提升。

下一步，我部将加强对地方的培训、指导、帮扶，推进《规定》落实，充分发挥生态环境分区管控制度为高质量发展“明底线、划边框”的作用，服务国家和地方重大发展战略实施，科学指导各类开发保护建设活动。

裴晓菲：感谢李天威主任，谢谢各位记者朋友的参与，今天的发布会到此结束。再见！

6月例行新闻发布会背景材料

2023年是全面贯彻党的二十大精神的开局之年，也是实施“十四五”规划承上启下的关键之年。生态环境部以习近平新时代中国特色社会主义思想特别是习近平生态文明思想为指导，防风险、守底线，谋发展、保安全，深入贯彻落实习近平总书记重要指示批示精神，及时妥善科学处置突发环境事件，不断强化环境应急准备，大力推进环境应急管理体系和能力现代化，牢牢守住了生态环境安全底线，为美丽中国建设提供坚实的环境安全保障。

一、主要工作进展

（一）坚守环境安全底线，全力应对突发环境事件

一是强化责任担当，全员全年全时段做好应急值守。严格应急值守和信息报告，落实《生态环境部关于重特大突发环境事件问题工作方案》，印发《2023年重特大及敏感突发环境事件应对工作方案》；针对春节、两会等重点时段制订专项突发环境事件应对工作方案，及时调度、汇总、报告事件环境影响情况信息；印发《关于2022年全国环境应急值守工作情况的通报》，对省、市、县三级生态环境部门应急值守情况开展抽查检查853次。进一步规范环境应急响应，制定《生态环境部应急办突发环境事件应急工作规程》，指导地方结合实际修订省级应急响应手册，加快市级应急响应手册制定；组织开展2013—2022年突发环境事件分析，为应对好突发环境事件提供决策依据。认真做好投诉举报管理工作，完成全国生态环境信访投诉举报管理平台优化升级，确保举报渠道畅通，全年共接到微信网络举报25万余件，归集其他渠道8万余件；组织开展部、省、市三级抽查约1.3万件，对4 258件提出具体要求并发回修改或重办，督办421件，发函预警3件，推动解决了一大批群众举报污染问题；围绕打好污染防治攻坚战，精准提供问题线索12万余条。

二是聚焦主责主业，全力做好重大敏感突发环境事件应对处置。会同生

态环境部生态环境应急研究所、中国环境科学研究院、中国环境监测总站等单位组建3支环境应急队伍，做好同时赴现场指导处置3起以上突发事件的准备。调度指导处置各类突发事件121起，其中突发环境事件66起，较大事件两起，无重大事件。派工作组赴现场指导处置突发环境事件27次，及时、妥善、科学处置了内蒙古根河市比利亚铅锌尾矿库泄漏事件、丹江陕西河南交界断面锑浓度超标事件、山西省沁河长治临汾段氨氮超标事件等敏感突发环境事件，守牢了生态环境安全底线。

三是推进全过程管理，依法开展突发环境事件调查和后评估工作试点。会同江西省人民政府成立联合调查组，赴江西宜春对江西齐劲材料有限公司违法排污致锦江流域铊污染重大突发环境事件开展调查，10月底按程序向社会公开事件调查结果。按程序向社会公开贵州省盘州市宏盛煤焦化有限公司洗油泄漏次生重大突发环境事件调查结果，并会同贵州省人民政府办公厅、贵州省生态环境厅组成后评估工作组，对该事件开展后评估工作试点，推动防范整改措施落实。

（二）强化底线思维，扎实做好环境应急准备

一是全面推进突发水污染事件环境应急“一河一策一图”。先后印发《2023年推进“南阳实践”总体思路和工作安排》《关于进一步做好2023年重点河流突发水污染事件“一河一策一图”工作的通知》，明确重点任务分工和完成时限，梳理明确2023年实施河流清单，持续调度督促工作进度。制定完善《“一河一策一图”质量审核技术要点》，推进“一河一策一图”质量审核，上半年对已编制完成的1 514个“一河一策一图”方案逐一开展要件审核，抽查335条河流“一河一策一图”方案并汇总形成“一河一策一图”技术审核问题清单；开展12个省26个地市31条重点河流突发水污染事件“一河一策一图”现场核查。组织开展“一河一策一图”范例申报筛选，推动全国加快“一河一策一图”编制进度，提升编制质量。截至目前，全国已编制完成2 365条重点河流“一河一策一图”，完成率为94%。在“一河一策一图”的基础上，进一

步聚焦环境风险集中、事件多发的化工园区，推动沧州临港经济技术开发区等17个第一批试点园区探索开展突发水污染事件环境应急三级防控体系建设。

二是持续深化联防联控和部门联动机制。不断完善流域联防联控责任体系，指导全国上下游相邻市、县签订协议883份，汛期等重要及敏感时期，组织流域海域生态环境监督管理局召开流域汛期突发环境事件风险研判预警联合会商会，分析研判流域生态环境风险，及时发布汛期预警。积极落实跨部门联动机制，参加国家防灾减灾救灾委员会办公室组织的2023年全国自然灾害防治工作综合督查检查，调度甘肃积石山6.2级地震、四川泸定5.6级地震、山东平原5.5级地震等17起地震灾害环境影响情况，指导地方做好环境风险隐患排查整治和生态环境安全保障工作，报送13期部值班信息，并将相关情况通报抗震救灾指挥部，配合推进国务院第一次全国自然灾害综合风险普查相关工作。

（三）坚持问题导向，持续夯实环境应急基础能力

一是加强基层环境应急能力建设顶层设计。制定印发《关于加强地方生态环境部门突发环境事件应急能力建设的指导意见》，针对应急保障、应急准备、响应时效3个环节部署10项具体任务，指导地方加强环境应急能力建设。

二是提升环境应急技术保障。推进环境应急信息化建设，制定《生态环境部环境应急指挥平台智慧化迭代升级建设工作方案（2023—2025）》，优化完善应急指挥PC端和“环境应急”App，开发建设应急指挥“一张图”大屏端，以及“一河一图一策”“一园一图一策”等业务模块。探索无人机三维影像和污染浓度反演应用，以河南省三门峡市五里川河、老灌河流域，以及丹江陕西河南交界区域为试点，组织开展无人机信息采集和锑污染反演工作。

三是推进环境应急物资储备。制定《“十四五”流域环境应急物资库建设工作思路》，印发《重点流域区域环境应急物资储备调用智能化管理试点工作方案》，指导浙江开展环境应急物资储备调用智能化管理工作试点。

四是不断加强环境应急队伍建设。举办岗位业务培训班、环境应急管理

提高班和环境应急管理高级研修班，参训学员227人次，推动全国省、市两级开展环境应急演练536次。先后10多人现场指导地方“一河一策一图”环境应急演练，开展应急演练优秀案例征集发布工作。

五是开展国际环境应急合作。开展两次中俄跨界突发环境事件信息交换应急演练，召开中俄总理定期会晤委员会环保合作分委会污染防治和环境灾害应急联络工作组第十七次会议及第十六次环境应急专家组会议，制订了2023—2024年度工作计划。召开中哈环保合作委员会应急工作组第十次会议及第四次专家研讨会，举行跨界河流突发环境事件信息通报应急演练和3次联络渠道随机测试。

二、下一步工作计划

一是及时妥善科学处置各类突发环境事件。加强应急值守和信息报告，做好全年365天、全天24小时应急值守，妥善应对各类突发环境事件，最大限度降低环境影响。依法开展事件调查，推进后评估工作试点，加强突发环境事件全过程管理。二是持续强化环境应急准备。加强丹江口水库周边地区等重点区域的突发环境事件应对准备，守牢重点地区生态环境安全底线。将“一河一策一图”作为当前和今后一段时期环境应急的基础性、战略性、兜底性工程持续推进，2024年基本实现重点河流全覆盖。做好化工园区“一园一策一图”试点工作，研究制定技术指导文件。三是加强环境应急制度建设。积极配合全国人民代表大会常务委员会法制工作委员会做好生态环境法典编撰工作，进一步完善突发环境事件应对专门章节，研究起草突发环境事件应对行政法规，持续推动《国家突发环境事件应急预案》修订。四是不断加强环境应急能力建设。加快推动《关于加强地方生态环境部门突发环境事件应急能力建设的指导意见》落实落地，开展环境应急物资储备调用智能化管理试点工作，加强应急指挥信息化建设，继续组织开展分级分类的环境应急培训，开展国家级突发环境事件应急演练，督促指导地方以“一河一策一图”为重点开展应急演练工作。五是继续做好投诉举报管理工作。保障全国生态环境信访投诉举报管理平台稳定运行，加强平台制度化、规范化管理，督促各地持续提高投诉举报件办理质量，全力支持深入打好污染防治攻坚战。

7月例行新闻发布会实录

2024年7月29日

7月29日，生态环境部举行7月例行新闻发布会。生态环境部土壤生态环境司司长赵世新出席发布会，介绍土壤、地下水和农业农村生态环境保护工作有关情况。生态环境部新闻发言人裴晓菲主持发布会，通报近期生态环境保护重点工作进展，并共同回答了记者提问。

7 月例行新闻发布会现场（1）

7 月例行新闻发布会现场（2）

裴晓菲：各位媒体朋友，大家上午好！欢迎参加生态环境部7月例行新闻发布会，今天发布会的主题是“加强土壤污染源头防控 建设美丽乡村”。我们邀请到生态环境部土壤生态环境司司长赵世新先生介绍有关工作，并和我共同回答大家关心的问题。

下面，我先通报一下我部最新情况。

一、上半年全国环境空气质量和地表水环境质量状况

今年上半年，我国环境空气质量和地表水环境质量总体持续改善。

在环境空气质量方面，上半年，全国339个地级及以上城市6项主要污染物指标“四降一升一平”，其中，$PM_{2.5}$平均浓度为33 μg/m^3，同比下降2.9%，PM_{10}、SO_2、NO_2平均浓度同比均有所下降；O_3平均浓度为147 μg/m^3，同比上升0.7%；CO平均浓度为1.1 mg/m^3，同比持平。全国339个地级及以上城市平均空气质量优良天数比例为82.8%，同比上升1.4个百分点；平均重度及以上污染天数比例为1.5%，同比下降1.1个百分点。从重点区域来看，汾渭平原13个城市$PM_{2.5}$平均浓度同比下降8.3%，平均优良天数比例同比上升1.6个百分点，平均重度及以上污染天数比例同比下降4.0个百分点。京津冀及周边地区“2+36”城市、长三角地区31个城市$PM_{2.5}$平均浓度同比分别上升2.1%和8.3%；平均优良天数比例同比分别下降1.3个和1.9个百分点；平均重度及以上污染天数比例同比分别下降2.8个和0.6个百分点。

在地表水环境质量方面，上半年3 641个国家地表水考核断面中，水质优良（Ⅰ～Ⅲ类）断面比例为88.8%，同比上升1.0个百分点；劣Ⅴ类断面比例为0.8%，同比下降0.2个百分点。主要污染指标为化学需氧量、高锰酸盐指数和总磷。其中，长江、黄河等主要江河水质优良（Ⅰ～Ⅲ类）断面比例为90.3%，同比上升1.2个百分点；劣Ⅴ类断面比例为0.5%，同比下降0.2个百分点。主要污染指标为化学需氧量、高锰酸盐指数和五日生化需氧量。监测的210个重点湖（库）中，水质优良（Ⅰ～Ⅲ类）湖库个数占比为79.5%，同比下降0.8个百分点；劣Ⅴ类水质湖库个数占比为4.3%，同比下降1.0个百分点。主要污染指标为总磷、化学需氧量和高锰酸盐指数。

二、2024年中国碳市场大会和第八届气候行动部长级会议举办

近日，2024年中国碳市场大会、第八届气候行动部长级会议（MoCA）在湖北省武汉市举行。

2024年中国碳市场大会主论坛以“深化碳市场交流合作，应对全球气候变化”为主题，会上发布了《全国碳市场发展报告（2024年）》。报告重点介绍全国碳排放权交易市场的制度体系建设、第二个履约周期市场运行、配额分配与清缴、数据质量管理等情况和全国温室气体自愿减排交易市场启动以来的相关进展，以及全国碳市场基础设施建设、发展成效、国际合作等情况，并对全国碳市场未来发展作出展望。

MoCA以“强化全球气候行动，落实《巴黎协定》目标”为主题，全面总结了《联合国气候变化框架公约》第二十八次缔约方大会的成果，深入讨论了《联合国气候变化框架公约》第二十九次缔约方大会和第三十次缔约方大会涉及的减缓、适应、支持等主要问题，并就加强国际合作、推动能源转型充分交换意见。MoCA会前，还召开了2024年巴西、南非、印度、中国的“基础四国”气候变化部长级会议，发布了《基础四国气候变化部长级联合声明》。

三、入河入海排污口监督管理办法将印发

2018年，国家机构改革将排污口设置管理职责划转至生态环境部，打通了岸上和水里、陆地和海洋，为实现水陆统筹、以水定岸奠定了管理基础。为落实《国务院办公厅关于加强入河入海排污口监督管理工作的实施意见》要求，近期，生态环境部组织编制了《入河排污口监督管理办法》《入海排污口监督管理办法（试行）》，对入河入海排污口的定义、分类、设置、登记备案、规范化建设、监测、监督检查、信息公开等作出了具体规定。管理办法的印发实施，将进一步明晰各方责任、提升精准治污水平、有效管控入河入海污染物排放，为深入打好碧水保卫战、推进美丽海湾建设提供重要制度支撑。

裴晓菲：下面请赵世新司长介绍情况。

生态环境部土壤生态环境司司长赵世新

净土保卫战和农业农村污染治理攻坚战成效明显

赵世新：记者朋友们大家好！很高兴与大家交流。借此机会，首先感谢大家长期以来对土壤、地下水和农业农村生态环境保护工作的关心和支持！

土壤、地下水和农业农村生态环境保护关系生态安全、粮食安全和美丽中国建设。生态环境部以习近平生态文明思想为指导，深入贯彻落实习近平总书记重要指示批示和全国生态环境保护大会精神，坚持精准治污、科学治污、依法治污的方针，会同有关部门，强化源头预防、风险管控、分类施策、协同治理、先行先试，持续深入打好净土保卫战和农业农村污染治理攻坚战，取得明显成效。

土壤是人类赖以生存的物质基础，我们紧紧围绕“吃得放心、住得安心”，控源头、防新增、重监管，全面管控土壤污染风险。开展耕地土壤污染成因排查，强化溯源断源，推动实施土壤污染源头管控重大工程项目，消除一批污染隐患。推动农用地分类管理，严格建设用地准入管理，加强违规开发利用监管，安全利用得到有效保障。推进黑土地、盐碱地综合利用生态环境保护。

地下水是重要的饮用水水源和战略资源，我们紧紧围绕“确保地下水质量和可持续利用是重大的生态工程和民生工程”，强基础、建体系、控风险，加强地下水重点污染源、饮用水水源“双源”管理。构建技术标准体系，建立重点排污单位名录，划定重点区，推进风险管控修复试点，遏制污染加剧趋势，地下水质量总体稳中向好。

良好的生态环境是农村的最大优势和宝贵财富，我们紧紧围绕“要给农民一个干净整洁的生活环境”，求实效、重协同、促振兴。有力、有序、有效推广浙江“千万工程”经验，推进因地制宜、分类施策治理农村污水，人工修复与自然恢复结合治理农村黑臭水体，系统防治农业面源污染。建立农村环境整治问题常态化发现机制，以“四不两直”方式开展现场调研评估，解决群众反映强烈的突出问题，农村生态环境明显改观。

道阻且长，行则将至。下一步，我们将按照党中央、国务院部署，结合学习宣传贯彻党的二十届三中全会精神，聚焦提高人民生活品质，聚焦建设美丽中国，大力推进土壤污染源头防控专项行动，整县推进美丽乡村建设，为建设人与自然和谐共生的中国式现代化作出应有贡献。

土壤、地下水、农业农村生态环境保护工作起步晚、基础弱，任务重、主体多，恳请广大记者朋友们继续给予支持和帮助。谢谢大家！

裴晓菲： 下面进入提问环节，提问前请通报一下所在的新闻机构，请大家举手提问。

加强监管确保污染地块安全利用

新黄河记者： 污染地块的开发利用是社会普遍关注的问题，请问在建设用地污染防控方面，生态环境部采取了哪些措施管控风险，保障人民群众住得安心？

赵世新： 感谢您的提问。正如您所言，污染地块的开发利用，尤其是由工业用地转变成住宅、公共管理与公共服务等“一住两公”建设用地，关系人民群众健康，备受关注。生态环境部始终把污染地块监管当作重点，采取系列举措，有效保障安全利用。

一是抓严“一个名录”，防止违规开发。国家实行建设用地土壤污染风险管控和修复名录制度。名录内的地块，不得作为“一住两公”用地，禁止开工建设任何与风险管控、修复无关的项目。地方负责把好“两道关”，确保建设用地符合土壤环境质量要求，未满足要求的土地不得供地出让、不得办理建设工程规划许可证。土壤污染责任人和土地使用权人依法履行土壤污染风险管控和修复责任。

二是抓实“一张清单”，降低周边影响。建立优先监管地块清单，将近万个地块纳入监管，督促查明污染。同时重点关注周边存在饮用水水源、居民区等敏感受体的高风险地块，推动采取清理残留污染物、设置围挡等措施阻断污染迁移，保障环境安全。

三是抓好“一批企业”，防范新增污染。根据国际经验，土壤污染前端预防、过程管控和末端治理成本，通常呈 1 ∶ 10 ∶ 100 的指数级增长。为此，我们建立土壤污染重点监管单位制度，将 1.6万余家企业纳入重点监管单位名录，定期排查污染隐患，按照“不泄漏、不扩散、早发现”的原则，推动开展地面防渗、管道可视等绿色化改造，消除隐患。

四是抓成“一批试点”，推动绿色修复。污染地块修复成本高、技术难度大，应当因地制宜，统筹自然恢复和人工修复，探寻最佳解决方案。不少地区积极探索，取得较好环境效益、经济效益和社会效益。例如，北京实施土壤污染绿色管控，将原东方化工厂纳入城市绿心森林公园，自然恢复地块生态功能，昔日化工厂变身“城市绿肺”。结合地方经验，我们印发了《关于促进土壤污染风险管控和绿色低碳修复的指导意见》，引导行业绿色低碳发展。

下一步，我们将按照“防新增、去存量、控风险”的总体思路，会同有关部门编制印发《土壤污染源头防控行动计划》，推动防治关口前移，构建要素协同、部门联动的源头防控机制，切实保障建设用地安全利用，让人民群众住得安心。

农村生活污水治理取得积极成效

《南方日报》记者：去年年底，生态环境部联合农业农村部印发了《关于进一步推进农村生活污水治理的指导意见》，请介绍一下农村生活污水治理工作的进展情况，下一步还有哪些考虑？

赵世新：感谢您的提问。农村生活污水治理是农村环境整治的重要内容，是乡村振兴战略的重要举措。生态环境部深入学习贯彻“千万工程”经验，因地制宜推进农村生活污水治理，取得积极成效。截至 2024 年 6 月，全国农村生活污水治理（管控）率达 45% 以上，农村污水横流状况大幅减少。

一是坚持“三问”，共建共享，不搞“一头热”。坚持“问需于农”“问计于农”“问效于农”，努力解决群众关心的突出问题，集中力量办成一批群众可感可及的实事，避免干部干、群众看“两张皮”。

二是守牢底线，明确标准，不搞“一刀切”。守牢两个底线，既不能村庄污水横流，也不能污水直排环境。坚持标准可以有高有低，但最起码要给农民一个干净整洁的生活环境。确定“三基本”的治理成效评判标准，即基本看不到污水横流、基本闻不到臭味、基本听不到村民怨言，治理成效要为多数村民群众认可。

三是分类施策，突出重点，不搞“一窝蜂”。联合有关部门研究出台可操作、好执行的政策指南和标准规范，不照搬“城市经验”。指导各地筛选建立适合本地区特点的治理模式和技术工艺。组织全国 2 700 余个涉农县制订农村生活污水治理专项规划（方案），建立年度重点治理村庄清单并动态更新，集中治理人口集中、群众反映强烈、污染问题突出、生态环境敏感的重点村庄。及时总结、推广、应用基层的好经验、好做法。

四是建管并重，健全机制，不搞“一阵风”。推动地方加强建设管理，确保建一个成一个，成一个用一个。建立问题发现机制，生态环境部、农业农村部共同指导省级、市级部门建立常态化摸排调研机制，以“四不两直”方式开展现场调研，夯实治理成效。加强社会监督，与人民网合作征集群众诉求，回应群众关切，在解决问题中推动整体提升。

今年年初，我们在2023年完成环境整治的行政村中，随机抽取963个，覆盖各省级行政区，开展调研评估，合格率达90%以上。

各地积极探索出很多务实、管用、符合当地实际的经验做法，例如，四川省巴中市鼓励结合农民生产生活习惯，采取“分层资源化利用”的方式，就近、就地实现农村生活污水资源化利用。第一层“自用”，通过家家户户的庭院经济，实施污水资源化。第二层“大家用”，“自用”用不完的污水，用于浇灌周边林地等农用地。第三层“备用”，“大家用”一次用不完的污水则储存备用。云南省文山壮族苗族自治州组织乡村成立自建委员会，“政府出料、群众出工”，既能满足农民意愿、突出农户特色，又能节约成本，还能保障建设质量，一举多得。一些地区在运维保障机制上，探索出财政预算安排一点、涉农资金整合一点、集体经济补助一点、受益群众自筹一点的“四个一点”的好做法，群众主动性、责任感大幅提高，形成共建、共治、共享的生动局面。

我国南北、东西自然禀赋差异大，农村居民生产生活习惯不尽相同，农村生活污水量大面广，治理成效难以巩固，需要科学施治、持续发力。下一步，生态环境部将抓好《关于进一步推进农村生活污水治理的指导意见》落实，推动因地制宜选择治理模式和技术工艺，以实现“三基本”为导向，梯次推进农村生活污水应管尽管、应治尽治，不断巩固和提升治理成效。

全国碳市场活力稳步提升

新华社记者：今年7月，碳市场上线已经满三年。请问三年来我国碳市场建设进展如何？下一步将有哪些安排和部署？

裴晓菲：谢谢您的提问。全国碳市场是利用市场机制控制温室气体排放、实现碳达峰碳中和目标的重要政策工具，包括强制性的全国碳排放权交易市场和自愿性的全国温室气体自愿减排交易市场两部分。强制和自愿两个市场既各有侧重、独立运行，又同向发力、互为补充，并通过配额清缴抵销机制有机衔接。2021 年 7 月，全国碳排放权交易市场启动上线交易，目前纳入发电行业重点排放单位 2 257 家，年覆盖二氧化碳排放量约 51 亿 t，成为全球覆盖温室气体排放量最大的碳市场。全国温室气体自愿减排交易市场于2024年1月正式启动，目前制度框架体系已构建完成，减排项目和自愿减排量即将进入申请登记的窗口期，鼓励更广泛的行业企业参与碳减排行动。三年来，全国强制性碳排放权交易市场顺利完成两个履约周期，实现了预期建设目标，主要取得了以下四方面进展：

一是建立了一套较为完备的制度框架。国务院印发实施《碳排放权交易管理暂行条例》，生态环境部出台《碳排放权交易管理办法（试行）》和碳排放权登记、交易、结算三项管理规则，碳排放核算报告和核查指南、配额分配方案等文件，共同形成了较为完备的碳排放权交易制度体系。

二是建成了“一网、两机构、三平台”的基础设施支撑体系。“一网”是指建成“全国碳市场信息网”，集中发布全国碳市场权威信息资讯。“两机构”是指成立全国碳排放权注册登记机构、交易机构，对配额登记、发放、清缴、交易等进行精细化管理。“三平台”是指建成并稳定运行全国碳排放权注册登记系统平台、交易系统平台、管理平台三大基础设施，实现了全业务管理环节在线化、全流程数据集中化、综合决策科学化。

三是碳排放核算和管理能力明显提高。建立碳排放数据质量常态化长效监管机制，优化核算核查方法，对企业排放关键数据实施月度存证，实施“国家—省—市”三级联审，充分运用大数据、区块链等信息化技术智能预警，消除数据问题隐患。创新建立履约风险动态监管机制，督促企业按时足额完成配额清缴，目前企业均建立碳排放管理内控制度，管理水平和核算能力显著提升。

四是碳市场活力稳步提升。截至 2024 年 6 月底，全国碳排放权交易市场累计成交量为 4.65 亿 t，成交额约 270 亿元。交易规模逐步扩大，第二个履约周期的成交量和成交额比第一个履约周期分别增长19%和89%，且第二个履约周期企业参与交易的积极性明显提高，参与交易的企业占总数的82%，较第一个履约周期上涨近50%。同时，碳价整体呈现平稳上涨态势，由启动时的48元/t，上涨至7月26日收盘价91.6元/t，上涨了90.8%。

下一步，生态环境部将坚持全国碳市场作为控制温室气体排放政策工具的基本定位，持续完善相关配套政策，扩大行业覆盖范围，发布更多领域的方法学，丰富交易主体和产品，探索推行免费和有偿相结合的配额分配方式，深化碳市场国际交流与合作，着力建设更加有效、更有活力、更具国际影响力的碳市场，助力实现碳达峰碳中和目标，为应对全球气候变化作出更大贡献。

有序推进耕地土壤生态环境保护

中央广播电视总台央视记者：耕地是农产品生产的载体，土壤安全又直接关系到粮食安全与否。生态环境部在耕地生态保护方面做了哪些工作，目前需要关注和解决的突出问题又反映在哪些方面？

赵世新：感谢您的提问。耕地土壤污染防治直接关系国家粮食安全、农产品质量安全。我部会同有关部门，从“治、用、养、研、合”五个方面，深入推进耕地土壤生态环境保护，切实保障老百姓“吃得放心”。

在“治”的方面，紧盯源头治理，有效防范风险。充分利用农用地土壤污染状况普查详查、国家土壤环境监测等数据，在受污染耕地集中的县级行政区整县推进重金属污染成因排查，确定污染源治理清单。实施土壤镉等重金属污染源头防治行动，严格重金属排放监管，在23个省级行政区划定210余个区域，执行污染物特别排放限值，整治完成2 300余个涉镉等重金属行业企业，支持地方实施400余个土壤污染源头防治项目。土壤重点风险监控点重金属含量整体呈下降趋势。

在“用”的方面，推动分类管理，保障安全利用。农业农村部指导开展耕地土壤环境质量类别划分，实行优先保护、安全利用和严格管控分类管理、“以地适种”，指导地方落实品种替代、水肥调控、种植结构调整等措施，全国受污染耕地安全利用率稳步提高。

在“养”的方面，聚焦重点区域，促进土壤健康。配合相关部门指导地方在优先保护类耕地落实用地养地措施，推动化肥农药减量增效，遏制土壤退化趋势。对于黑土地这一“耕地中的大熊猫”，联合北大荒农垦集团有限公司建立黑土地生态环境保护综合实验室，加强综合监测和可持续利用研究，推动土壤有机质含量提升和生物多样性提高。

在“研”的方面，强化科技攻关，提升支撑能力。建成土壤环境管理和污染控制、土壤健康诊断与绿色修复等一批部级重点实验室，加强理论方法、技术研究和科技成果转化。组织实施区域重金属污染全过程精准识别与通量评估技术等国家重点研发计划项目，开展污染溯源创新技术集成示范。

在“合”的方面，加强统筹协调，形成监管合力。建立部门协同机制，加强源头防控、安全利用、粮食收储管理等，形成工作闭环。配合国家发展改革委、国家市场监督管理总局等部门，开展粮食安全、食品安全考核，压实地方责任。

下一步，我们将聚焦管好受污染耕地、养好黑土地、用好盐碱地等重点，大力推动污染防治和生态保护，确保土壤健康和永续利用。

持续推动农村黑臭水体治理

《中国日报》记者：请问目前农村黑臭水体总体情况如何？农村黑臭水体治理试点工作进展如何？针对相关工作，生态环境部下一步有何计划？

赵世新：感谢您的提问。美不美，家乡水。随着生活水平的提高，群众对农村水环境的期待也越来越高。我部会同相关部门，聚焦房前屋后河塘沟渠和群众反映强烈的农村黑臭水体，持续推动源头治理、系统治理、综合治理，让一个个昔日的“臭水沟”变成群众身边的“清水绿岸”。

一是清单化管理。建立任务清单、销号清单、问题清单。组织各地开展农村黑臭水体动态排查，将其中面积较大、群众反映强烈的4 000余个水体纳入国家监管清单，将其余近万个水体纳入省级监管清单，实行“拉条挂账，逐一销号”。对销号后发现返黑、返臭的水体，取消销号，将其列入问题清单。

二是系统化治理。明确“控源截污、内源治理、水系连通、生态修复”的技术要求，结合区域经济发展水平和村民需求等确定治理思路和技术路线，鼓励优先采用资源化、生态化治理措施。财政部会同我部从 2022 年起开展农村黑臭水体治理试点，先后选择 39 个城市，治理黑臭水体 2 000 余个。

三是常态化监督。综合运用卫星遥感、水质监测等方式开展跟踪监管，确保“长制久清”。自 2022 年以来，组织对已完成治理的 2 612 个水体开展水质监测，治理合格率达到 97% 以上。对返黑返臭水体分析问题原因、督促指导地方及时整改，完善长效管护机制。

截至 2024 年 6 月底，全国已完成较大面积农村黑臭水体治理 3 400 余个，达到“十四五”规划目标任务的 80% 以上。一些地区在治理模式和管护机制方面有所创新，形成了一些好经验、好做法。例如，河南周口打造“渔光互补”模式，淮阳区冯塘村引入社会投资 150 万元治理坑塘，在治理好的坑塘上建设光伏发电板，年发电量 150 万余度①，年收益约 55 万元；发动村民利用坑塘养殖鱼虾，形成“上可发电、下可养鱼”的产业新模式，将“纳污坑”变为“生态塘”“经济塘”。山东济宁兼顾村庄防洪除涝及农田灌溉，泗水县青龙庄村治理黑臭坑塘约 4 300 m^2，汛期可蓄积 1.2 万余 m^3 雨水，为周边农田提供 9 000 余 m^3 灌溉水源。

下一步，我部将会同有关部门，持续加大农村黑臭水体治理力

① 1 度 =1 kW · h。

度，加强已完成治理水体监管，确保“长制久清”。

全国地下水水质总体保持稳定

《中国青年报》记者：地下水是重要的饮用水水源和战略资源，请问目前我国地下水污染状况如何？后续将采取哪些措施进一步提升、改善地下水水质？

赵世新：感谢您对地下水污染问题的关注。《2022年联合国世界水发展报告》指出，全球1/2的居民生活用水、1/4的农业灌溉用水来源于地下水。我国北方地区相应的比例更高。

地下水保护关乎饮水安全、粮食安全和生态安全，确保地下水质量和可持续利用是重大的生态工程和民生工程。我部会同有关部门，坚持以保护和改善地下水环境质量为核心，以扭住“双源”为重点，大力推进地下水生态环境保护，取得积极进展。

一是夯实基础，建体系。贯彻落实《地下水管理条例》，建立地下水污染防治重点区、重点单位名录等制度，出台近30项技术规范，推进21个地下水污染防治试验区建设，形成可复制、可推广的污染防治管理模式。

二是强化预防，控源头。确定1.8万余家土壤、地下水污染重点监管单位，将其依法纳入排污许可管理，强化污染隐患排查等义务的落实；实施124个土壤污染源头管控重大工程项目，开展管道化、密闭化改造，污水管线架空建设和改造等，有效防止有毒有害物质渗漏、流失、扬散。在此，呼吁有关企业，可以结合以旧换新，实施绿色化改造，从根本上解决渗漏、扬散污染环境的风险隐患，这样投入最少、成效最好。

三是调查评估，推管控。完成重点化工园区、垃圾填埋场、危险废物处置场等地下水环境状况调查评估，推动地方针对突出的环境问题有序开展管控修复。例如，贵州省凯里龙洞泉，采取“源头减量 + 过程控制 + 末端阻隔 + 应急管控”的治理思路，水质实现了根本性改善，解决了附近 2 000 余人的饮水问题。

四是划定重点，保水源。指导 203 个地市完成地下水污染防治重点区划定，指导地方对 300 余个存在风险的地下水型饮用水水源开展综合整治、风险防范。

五是先行先试，明路径。推进 48 个地下水污染防治试点项目，比选形成一批适用技术。部署实施 12 个在产企业和 12 个化工园区土壤及地下水污染管控修复试点，探索适宜的管控修复技术体系。

经过各地区、各部门的共同努力，全国地下水水质总体保持稳定，国控点位Ⅰ～Ⅳ类水比例 2023 年达到 77.8%。

地下水生态环境保护虽然取得了一定成效，但形势仍不容乐观。下一步，我部将持续加强相关制度建设，不断健全管理体系，加强监管，推动地下水质量稳中向好。

学习“千万工程”经验推进美丽乡村建设

《每日经济新闻》记者： 在推进美丽乡村建设方面，生态环境部开展了哪些工作？还存在哪些突出的问题和难点？

赵世新： 感谢您的提问。美丽乡村是美丽中国的重要组成部分。“十四五”以来，生态环境部会同各地区、各部门深入学习“千万工程”经验，以更高标准打好农业农村污染治理攻坚战，聚焦现阶段农民群众需求强烈的重点实事，深入推动生活污水、黑臭水体、厕所粪污、生活垃圾等农村环境治理。

农业农村部加强农村改厕指导，住房城乡建设部指导开展农村生活垃圾治理。生态环境部推进生活污水、黑臭水体治理，指导113个城市开展“无废城市”建设；梳理氮、磷污染突出的重点水体所在流域涉农县清单，持续加强农业面源污染治理监督指导。

截至目前，“十四五”全国新增完成6.7万个行政村环境整治，农村生活污水治理（管控）率达45%以上、农村黑臭水体治理完成“十四五”规划任务的80%以上，卫生厕所普及率达75%左右，生活垃圾收运处置体系覆盖自然村比例超过90%，农村生态环境明显改善，农业绿色发展水平显著提升。

同时，我们也清醒地认识到，农村生态环境同人民群众对美好生活的期盼相比、同美丽中国建设目标要求相比还有不小差距，仍是美丽中国建设的突出短板和明显弱项。农村生态环境的特点，要求我们必须因地制宜、分类施策，持续提升、久久为功。

下一步，生态环境部将会同有关部门，一是锚定美丽中国建设目标，抓紧制订出台推进美丽乡村建设实施方案。二是坚持精准治污、科学治污、依法治污，统筹推进农村水、大气、土壤污染防治和生态保护。三是整县推进美丽乡村建设，尽力而为、量力而行，推动山清水秀、鸟语花香、田园风光、各具特色的现代版“富春山居图”在广袤乡村渐次呈现。

农民群众是美丽乡村建设的直接受益者和重要参与者。这里，也呼吁广大农民朋友行动起来，美家园、美家乡，共同创造和呵护身边的美好环境，共同绘就各美其美、美美与共的美丽中国新画卷。

裴晓菲：感谢赵世新司长，谢谢各位记者朋友的参与，今天的发布会到此结束。再见！

7月例行新闻发布会背景材料

近年来，生态环境部坚持以习近平新时代中国特色社会主义思想特别是习近平生态文明思想为指导，全面贯彻落实党的二十大精神、全国生态环境保护大会精神，坚持稳中求进工作总基调，积极会同相关部门持续深入打好净土保卫战和农业农村污染治理攻坚战。

一、工作进展成效

“十四五”以来，我们以实施一个规划（《“十四五”土壤、地下水和农村生态环境保护规划》）、落实一个方案（《农业农村污染治理攻坚战行动方案（2021—2025年）》）为抓手，强化源头预防、风险管控、分类施策、协同治理、先行先试，取得明显成效。截至2024年6月，全国受污染耕地和重点建设用地安全利用得到有效保障；地下水国控点位Ⅰ～Ⅳ类水质比例达77.8%，“双源”点位水质保持稳定；“十四五”以来累计完成6.7万个行政村环境整治，完成3 400余个国家监管农村黑臭水体治理，农村生活污水治理（管控）率达45%以上。

（一）土壤污染风险管控取得阶段成效

一是防范工矿企业新增土壤污染。围绕加强源头防控，推动实施124个土壤污染源头管控重大工程项目，85个项目已完成主体工程，53个项目竣工验收，推动消除一批突出环境隐患。强化土壤污染重点监管单位监管，推动实施绿色化改造、清洁生产改造，近8 000家重点单位完成土壤污染隐患排查“回头看”。

二是持续推进农用地分类管理。围绕保障“吃得放心”，实施农用地土壤污染源头防治行动，在污染耕地集中的县开展耕地土壤重金属污染成因排查；指导划定210个重点区域执行颗粒物和镉等重金属污染物特别排放限值，严格排放管控；排查整治受污染耕地周边历史遗留涉重金属废渣及水体重金属污染底泥，解决一批影响耕地土壤环境质量的突出污染问题。全国农用地土壤环境状况总体稳定，土壤重点风险监控点重金属含量整体呈下降趋势。推进黑土地保护和盐碱地综合利用，联合建设北大荒黑土地生态环境保护综合实验室，开展盐碱地综合利用生态环境风险防范调查研究。对严格管控类耕地开展遥感监测，督促落实风险管控措施。

三是严格建设用地准入管理。围绕保障“住得安心”，指导更新建设用地土壤污染风险管控和修复名录，对纳入名录的地块开展遥感监管，防止违规开发利用。加强关闭搬迁地块管控，建立优先监管地块清单，重点识别和防范污染扩散风险。强化土壤污染状况调查监管，指导2 600余个地块开展土壤污染状况初步调查质量控制。推动绿色低碳修复，印发《关于促进土壤污染风险管控和绿色低碳修复的指导意见》。持续推进13个土壤污染防治先行区建设。

（二）地下水污染防治工作加快推进

一是建立地下水污染防治管理体系。落实《地下水管理条例》，生态环境部、水利部、自然资源部联合印发《地下水污染防治重点区划定技术指南（试行）》，强化地下水污染防治分区管理，推动200余个地级市完成地下水污染防治重点区划定，选取相关地市探索开展重点区划定成果与生态环境分区管控衔接。将3 400余家单位纳入地下水污染防治重点排污单位名录管理。出台近30项技术规范，推进21个地下水污染防治试验区建设。

二是加强污染源头预防、风险管控与修复。完成713个化工园区、142个危险废物处置场和143个典型垃圾填埋场地下水污染状况调查，初步掌握“一区两场”等重点污染源地下水环境质量和污染状况；组织12家在产企业和12个化工园区开展土壤及地下水污染管控修复试点，推进48个地下水污染防治试点项目。

三是强化地下水型饮用水水源保护。组织核实优先防控水源清单，指导地方完成人为因素造成的水源超标成因核实并开展综合整治，重要地下水型饮用水水源水质安全得到有效保障。

（三）农业农村污染治理攻坚战成效显著

一是扎实推进农村污水治理。生态环境部、农业农村部印发《关于进一步推进农村生活污水治理的指导意见》，明确因地制宜、分类施策的治理思路，不搞“一头热”“一刀切”“一窝蜂”“一阵风”，推动实现“三基本”。组织全国 2 700 余个涉农县制订农村生活污水治理专项规划（方案），建立年度农村生活污水重点治理村庄清单并动态更新；指导各地筛选建立适合本地区的农村生活污水治理模式和技术工艺。北京、内蒙古等 12 个省级行政区出台农村生活污水处理设施用电优惠有关政策；湖北、重庆、云南等省级行政区编制农村生活污水治理行动方案。

二是协同推进黑臭水体治理。生态环境部、水利部、农业农村部印发《农村黑臭水体治理工作指南》，明确经济适用、利用为先，以控源截污为根本，优先采用资源化、生态化治理措施开展农村黑臭水体治理。建立国家监管农村黑臭水体矢量数据库，组织各地开展动态排查。财政部、生态环境部连续三年联合开展农村黑臭水体治理试点，累计将 39 个城市纳入支持范围。组织开展农村中小微水体水质抽样监测评价试点，探索创新评价方法体系。坚持总结运用基层好经验、好做法，印发两批《农村生活污水和黑臭水体治理示范案例》。

三是持续加强农村环境整治。坚持“问需于农”“问计于农”“问效于农”，集中力量抓好办成一批群众可感、可及的实事。印发《建立农村环境整治常态化摸排调研机制工作指南》《农村环境整治成效评估工作指南（试行）》，生态环境部、农业农村部共同指导省级、市级部门建立农村环境整治常态化问题发现机制。加强社会监督，用好社情民意这座“金矿”，与人民网联合征集农村生态环境问题线索，回应群众关切，推动解决群众反映强烈的突出问题。组织流域局开展农村环境整治成效现场调研评估，实现所有省级行政区全覆盖，并强化遥感监测、水质监测等手段，确保整治成效。将农业农村生态环境突出问题纳入中央生态环境保护督察及强化监督帮扶，以“四不两直”方式开展现场调研，掌握真实情况。将相关结果纳入污染防治攻坚战考核，压实地方责任。

四是推动农业面源污染治理监督指导。国家发展改革委、农业农村部等部门协同推动长江经济带、黄河流域农业面源污染综合治理项目县建设。生态环境部联合农业农村部在28个地区持续开展农业面源污染治理与监督指导试点，部分试点地区面源污染突出区域国（省）控断面水质已得到不同程度的改善；梳理存在氮、磷等突出污染的重点水体所在流域涉农县清单，推动农业面源污染综合治理。农业农村部安排中央预算内投资20亿元，新增支持66个养殖大县实施畜禽粪污资源化利用整县推进工程。全国611个畜牧大县基本完成畜禽养殖污染防治规划编制印发。

看到成绩的同时，我们也清醒地认识到，土壤和地下水污染源头预防压力较大，耕地分类管理任务艰巨，建设用地安全利用任重道远，地下污染防治形势严峻；农业农村生态环境同人民群众对美好生活的期盼相比、同美丽中国建设目标要求相比还有不小差距，仍是美丽中国建设的最大短板和突出弱项。

二、下一步工作安排

我们将结合学习宣传贯彻党的二十届三中全会精神，聚焦提高人民生活品质，聚焦建设美丽中国，大力推进土壤污染源头防控专项行动，整县推进美丽乡村建设，为推进人与自然和谐共生的中国式现代化提供坚实支撑。

一是大力整治农村环境。有力、有序、有效推广浙江“千万工程”经验，深入推进农村生活污水和黑臭水体治理，完成行政村环境整治年度目标，强化常态化摸排调研，确保治理成效。继续开展农村中小微水体水质抽样监测试点，推动美丽乡村建设。

二是强化污染源头防控。深入实施农用地土壤镉等重金属污染源头防治行动。推动一批土壤污染源头管控重大工程项目竣工验收。指导地方更新重点监管单位名录，有序推进土壤污染隐患排查“回头看”，加强周边土壤和地下水监测，严防污染扩散风险。开展化工园区地下水污染防治专项行动。深入推进农业面源污染治理与监督指导试点，强化污染突出区域系统治理。

三是有效保障安全利用。持续开展严格管控类耕地风险管控措施落实情况遥感监测，巩固提升受污染耕地安全利用水平。推动农药、化肥减量增效，强化农膜污染治理，推动规范畜禽养殖粪污资源化利用。推动黑土地生态环境保护。指导地方落实盐碱地利用相关规划和政策要求。加强“一住两公”地块监管，持续开展遥感核查，督促问题整改。加强优先监管地块管理，分批有序推动暂不开发利用地块土壤污染管控。强化土壤污染状况调查质量管理，力争省级抽查全覆盖。

四是持续加强地下水保护。完成地下水污染防治重点区划定，推动将重点区划定成果纳入生态环境分区管控体系。指导推动人为因素造成的超标地下水型饮用水水源综合整治。组织完成地下水环境状况调查评估类项目成果集成，筹备全国地下水污染调查评价。

8月例行新闻发布会实录

2024年8月30日

8月30日，生态环境部举行8月例行新闻发布会。生态环境部水生态环境司司长黄小赠出席发布会，介绍美丽河湖保护与建设有关情况。生态环境部新闻发言人裴晓菲主持发布会，通报近期生态环境保护重点工作进展，并共同回答了记者提问。

8月例行新闻发布会现场（1）

8月例行新闻发布会现场（2）

裴晓菲：各位媒体朋友，大家上午好！欢迎参加生态环境部8月例行新闻发布会，今天发布会的主题是“美丽河湖保护与建设”。我们邀请到生态环境部水生态环境司司长黄小赠先生介绍有关工作，并和我共同回答大家关心的问题。

下面，我先通报一下我部最新情况。

一、《中国噪声污染防治报告（2024）》发布

今天，生态环境部联合中央精神文明建设办公室等13个部委和单位发布《中国噪声污染防治报告（2024）》，这是自2011年以来，连续第13年发布报告。

报告显示，2023年全国城市声环境质量总体向好，声环境功能区昼间、夜间手工监测达标率同比稳中有升。各地、各部门积极探索噪声污染新治理模式，不断强化源头防控，推广低噪声产品设备；夯实声环境管理基础，36个直辖市、省会城市、计划单列市基本完成功能区声环境质量自动监测站点建设并联网；强化重点噪声源监管，将工业噪声纳入排污许可；推动社会共治，开展宁静小区、噪声地图应用试点，持续开展“绿色护考”，对92趟列车设置“静音车厢”，噪声污染防治工作进一步系统化、精细化、科学化。

二、《温室气体　产品碳足迹　量化要求和指南》国家标准发布

为加快推进产品碳足迹管理工作，生态环境部组织编制了《温

8月

室气体　产品碳足迹　量化要求和指南》（GB/T 24067—2024）国家标准，已于近期正式发布。这一标准是产品碳足迹核算通则，规定了产品碳足迹的研究范围、应用、原则和量化方法等，主要借鉴国际标准化组织（ISO）发布的 ISO 14067 国际标准，相较于国际上增加了编制具体产品碳足迹标准的参考框架、数据地理边界信息建议等，内容更加丰富，也更具有可操作性，填补了国内产品碳足迹核算通用标准的空白，为指导编制具体产品碳足迹核算标准提供依据。

三、生态环境部出台《关于以生态环境高水平保护支持长三角生态绿色一体化发展示范区建设的若干政策措施》

近日，生态环境部印发《关于以生态环境高水平保护支持长三角生态绿色一体化发展示范区建设的若干政策措施》（以下简称《政策措施》），从系统谋划、共保联治、管理效能、绿色创新等四方面提出 19 条重点措施。《政策措施》是生态环境领域支持长三角一体化发展政策体系的重要组成部分，是解决示范区在推进一体化生态环境治理中存在的深层次问题的重要举措。下一步，生态环境部将继续推动长三角一体化生态环境保护、绿色低碳发展，引领带动全国高质量发展，大力支持示范区制度创新，不断谱写长三角一体化生态环境保护新篇章。

四、2024年“生态文学周”活动举办

近日，生态环境部宣传教育司联合中国作家协会社联部等单位在海南省五指山市举办“生态文学周”活动，近200名来自全国的知名作家、学者参会，共话生态文学发展助力美丽中国建设。启动仪式上发布了“2023年度生态文学推荐书目”，《白洋淀上》等10部作品入选。现场同时发布《大地文心——第六届生态文学征文优秀作品集》。

活动号召作家们持续关注人与自然和谐共生、乡村振兴和生态环境保护等现实话题，以脚步丈量大地，为祖国河山立传，为英雄人民讴歌，书写新时代生态文明实践故事。

裴晓菲：下面请黄小赠司长介绍情况。

生态环境部水生态环境司司长黄小赠

水生态环境保护取得新的明显成效

黄小赠：大家上午好！长期以来，各位一直关心支持、积极参与水生态环境保护，作出了宝贵贡献，借此机会向大家表示崇高的敬意和衷心的感谢！非常高兴有机会就“美丽河湖保护与建设”这个主题，与大家进行交流。

2024 年是实现“十四五”规划目标的关键一年，也是全面推进美丽中国建设的重要一年。党的二十届三中全会审议通过《中共中央关于进一步全面深化改革　推进中国式现代化的决定》，对深化生态文明体制改革作出重大部署。

各地、各部门深入学习贯彻党的二十大、二十届三中全会和全国生态环境保护大会精神，坚定践行习近平生态文明思想，统筹水资源、水环境、水生态治理，水生态环境质量持续向好，人民群众获得感显著增强，水生态环境保护取得新的明显成效。

一是持续深入打好碧水保卫战，推进大江大河和重要湖泊保护治理。深入实施长江保护修复、黄河生态保护治理攻坚战。推动落实长江保护法、黄河保护法。加快建立长江流域水生态考核机制，印发实施评分细则，组织开展水生态监测评估工作，实现从定性描述到定量评价的转变。全力支持配合各民主党派中央、无党派人士开展长江生态环境保护民主监督，形成共抓大保护的强大合力。实施长江经济带、沿黄省（自治区）工业园区水污染整治，推动解决 1 600 多个突出问题。

印发《关于进一步做好黑臭水体整治环境保护工作的通知》，地级及以上城市黑臭水体整治完成比例为98.4%。坚持底线思维，印发关于加强汛期水环境监管工作的通知，聚焦重点区域、行业、企业，精准识别各类水环境风险隐患，开展溯源整治，及时妥善处置突发环境事件。“一湖一策”强化水华防控，推进重点湖库水生态修复。加强饮用水水源地环境保护，全国累计有2.4万个乡镇级及以上集中式饮用水水源地完成保护区划定，进一步提升了饮用水安全保障水平。

二是健全水生态环境治理体系，强化系统治理、源头治理、综合治理。印发实施《重点流域水生态环境保护规划》，构建“三水统筹”治理新格局。健全以排污许可制为核心的固定污染源监管制度体系，出台《排污许可管理办法》，累计将375.7万个固定污染源纳入管理。深入推进入河排污口排查溯源，以点带线、以线促面，倒逼岸上城乡各类污染源全面整治。

我们印发国家层面的《美丽河湖保护与建设清单》，明确了2 573个水体保护建设任务。共选树了两批56个优秀案例，引导各地打造“清水绿岸、鱼翔浅底”的美丽河湖。推动发布南四湖流域水污染物综合排放标准，这是首个由国家牵头统一编制，以地方标准形式发布的流域型综合排放标准，对推进流域上下游、左右岸协同共治具有重要意义。推动完善跨省流域横向生态保护补偿机制，全国已经有24个省级行政区28个流域签订了补偿协议。

2023年，全国主要水污染物排放总量继续保持下降，国家地表水优良水质断面比例达到89.4%；长江干流连续四年、黄河干流连续两年水质全线达到Ⅱ类，这是了不起的历史成就。

但也要看到，全国水环境质量改善不平衡、不协调的问题依然存在，面源污染防治仍是薄弱环节，黑臭水体从根本上消除难度还比较大，“三水统筹”治理还处于起步阶段。

下一步，生态环境部将以习近平生态文明思想为指导，全面贯彻党的二十届三中全会精神，锚定美丽中国建设目标，以美丽河湖为重要抓手，强化精准治污、科学治污、依法治污，“三水统筹”治理，以更高标准、更有力举措，持续深入打好碧水保卫战，推动重要流域构建上下游贯通一体的生态环境治理体系，以高水平保护支撑高质量发展，努力建设人与自然和谐共生的美丽中国。

裴晓菲：下面进入提问环节，本月发布会提问分为主题问答和热点问答两个环节。其中，主题问答环节由黄小赠司长回答大家关心的美丽河湖保护与建设相关问题，热点问答环节由我回答大家关心的热点问题。

首先进入主题问答环节，提问前请通报一下所在的新闻机构，请大家举手提问。

2 573个河湖水体被纳入《美丽河湖保护与建设清单》

中央广播电视总台央视社会与法频道记者：美丽河湖是美丽中

国在水生态环境领域的集中体现和重要载体。《中共中央　国务院关于全面推进美丽中国建设的意见》提出，到2027年，美丽河湖建成率达40%左右；到2035年，“人水和谐”美丽河湖基本建成。请介绍一下生态环境部的工作进展以及下一步有什么考虑？谢谢。

黄小赠：感谢您的提问。美丽河湖是美丽中国建设的七大重点领域之一。习近平总书记高度重视美丽河湖保护与建设，“十四五”规划纲要和《中共中央　国务院关于全面推进美丽中国建设的意见》都对此作出了重要部署，提出明确要求。

生态环境部以美丽河湖保护与建设为重要抓手，统筹水资源、水环境、水生态治理，深入打好碧水保卫战。我们主要开展了以下三个方面的工作：

一是抓好顶层设计。对于什么是美丽河湖，我们制定了美丽河湖指标体系，明确了“有河有水、有鱼有草、人水和谐”的内涵要求。同时，制定发布了国家层面的《美丽河湖保护与建设清单》，确定了2 573个河湖水体，明确了目标要求和重点任务，涵盖了我国具有重要生态功能、环境敏感脆弱、社会关注度高的大江大河干流、重要支流和重要湖泊水库。指导地方编制本行政区域的美丽河湖保护与建设实施方案，在国家清单的基础上，进一步延伸拓展，把群众身边的小微水体纳入管控范围，加大治理保护力度，让群众“推窗见绿、开门见景”。

二是强化基层创新。各地结合实际，大胆探索，涌现出一批好经验、好做法。生态环境部每年组织开展优秀案例征集活动，加强推广应用，供各地互相学习提高。选树的两批美丽河湖优秀案例，各具特色、各有千秋。有的在生态环境治理方面，壮士断腕、华丽蝶变；有的在生态保护修复方面，系统治理、久久为功，生动诠释了“绿水青山就是金山银山”，为各地开展工作提供了参考指引，起到了“学有榜样、做有标尺、行有示范、赶有目标”的引领作用。

三是加强宣传推广。印发优秀案例经验做法，制作相关视频，央视、生态环境部“一网一报双微”、抖音平台等予以宣介展示，相关报道点击量超过600万次，社会各界给予了好评，纷纷点赞。今年3月，生态环境部启动了美丽河湖、美丽海湾优秀案例“采风行”活动，广大新闻工作者充分挖掘厦门筼筜湖等优秀案例背后的感人事迹、奋勇拼搏和担当作为。通过这次“采风行”活动，公众对美丽河湖保护与建设的知晓度、关注度、参与度都显著提升。“民有所呼，我有所应”，进一步坚定了我们保护与建设美丽河湖的信心和决心。

下一步，生态环境部将进一步健全完善政策措施，加大指导支持力度，引导各地因地制宜、系统施策，让一条条河湖各美其美、美美与共。真诚欢迎新闻媒体朋友们，一如既往予以关注、宣传、支持，让我们携起手来，共同努力，“清水绿岸、鱼翔浅底”的美丽河湖一定会早日遍布祖国大地。谢谢！

全面提升重点流域治理保护水平

封面新闻记者：2023年3月，经国务院同意，生态环境部等部委联合印发了《重点流域水生态环境保护规划》。请问一年多来，重点流域保护治理进展如何？下一步的工作着力点是什么？谢谢。

黄小赠： 感谢这位记者朋友，您提的问题很有意义。这个规划的发布实施，具有重大标志性意义，标志着我国水生态环境保护进入了“三水统筹”、系统治理的新阶段。一年多来，我们会同有关部门，紧盯重点任务，建立联动机制，加强指导帮扶，强化示范引领，重点流域水生态环境保护取得了重要进展。在这里，向大家通报几组数据。

2023年，全国主要水污染物化学需氧量、氨氮排放总量同比分别下降2.0%和7.1%。全国地表水优良水质断面比例为89.4%，同比上升1.5个百分点，已经超出了“十四五”规划目标4.4个百分点。这是各地、各部门和社会各界齐心协力、奋勇拼搏的结果。

今年上半年，整体气象条件复杂多变。在此情况下，各级生态环境部门以及有关地方提前防范，有效应对，全国水生态环境质量保持改善势头，优良水质断面比例同比提高1个百分点。

我们主要抓了以下三个方面的工作：

一是突出重点、攻坚克难。抓牢长江、黄河两个区域重大战略生态环境保护，制订出台攻坚战行动方案，明确水环境综合整治、河湖生态保护治理、减污降碳协同增效等领域共225项重点任务。持续开展排污口整治、黑臭水体治理、水源地保护等专项行动。同时，我们聚焦长江干流、黄河干流重点断面以及入黄支流劣V类断面等重要节点，精准治理、精准帮扶，指导地方实施系统整治，强化控源截污，推动各地加快补齐环境基础设施短板。

二是问题导向、强化保障。一方面，通过发现和解决突出问题，推动规划落实。印发了流域海域局年度重点工作任务，组织开展流域规划以及地市规划要点实施情况的指导帮扶、现场调研，尤其是对工作滞后地区加大帮扶力度，累计帮扶了260个地市。定期开展全国水生态环境形势分析工作，健全问题发现和推动解决工作机制，实施问题清单闭环管理。上半年，针对发现的156个突出水生态环境问题，及时预警通报，压实地方污染治理主体责任。另一方面，狠抓重大工程项目的实施，带动规划重点任务落地见效。党中央、国务院高度重视重点流域生态环境保护，持续加大资金投入。“十四五”以来，中央财政累计下达水污染防治资金891亿元，支持各地大力开展流域水污染防治、水生态保护修复、饮用水水源地保护等相关工作，已经累计实施重点工程项目3 900多个。

三是示范引领、全面推进。2023年，开展了第二批美丽河湖优秀案例征集工作，继续筛选出一批优秀案例。制订了宣传方案，发布案例名单，展现相关河湖治理前后生态环境状况的重要变化，让“有河有水、有鱼有草、人水和谐”看得见、摸得着、感受得到。与此同时，各地互学互鉴，出台政策，强化保障，分批分类安排美丽河湖保护与建设任务。

下一步，对标、对表全面推进美丽中国建设目标任务，坚持系统思维，深入推进《重点流域水生态环境保护规划》实施。坚持“三水统筹”，科学谋划“十五五”规划，推动构建上下游贯通一体的生态环境治理体系，全面提升重点流域治理保护水平。谢谢。

长江干流连续四年水质全线达到Ⅱ类

海报新闻记者：2022 年 9 月，生态环境部等 17 部门印发了《深入打好长江保护修复攻坚战行动方案》（以下简称《攻坚战行动方案》），目前《攻坚战行动方案》已经实施过半，请问长江大保护取得哪些进展，有哪些新的成效？谢谢。

黄小赠：很高兴回答您的提问。长江大保护是“国之大者”。生态环境部牢记习近平总书记殷殷嘱托，坚决扛起这个重大政治责任，持之以恒推进长江保护修复。

生态环境部等 17 个部门联合印发了《攻坚战行动方案》，明确了工作目标，细化了具体任务。前不久，我部联合国家发展改革委对《攻坚战行动方案》开展了中期评估，结果表明，12 项主要目标均达到时序要求，123 项重点任务总体进展顺利。

一是控源截污进一步巩固深化。沿江 11 个省（自治区、直辖市）累计排查 14 万 km 河湖岸线，查出入河排污口 14 万个。城市黑臭水体基本消除，县级城市黑臭水体消除比例接近 80%。完成较大面积农村黑臭水体治理 1 300 余个。1 235 家省级及以上工业园区，建成了 1 769 座污水处理设施。

二是生态保护修复扎实推进。开展长江流域水生态考核试点，组织做好年度水生态监测评估，引导各地加强水生态保护修复。制订了重点湖库突发大面积水华和水生态失衡问题“一湖一策”工作方案，加强太湖、巢湖等重点湖库水华监测预警。同时，全力配合实施长江“十年禁渔”，加强长江上游珍稀特有鱼类保护，推动提升水生生物多样性。

三是绿色发展水平有效提升。加强生态环境源头预防，推动印发《关于加强生态环境分区管控的意见》，沿江省（自治区、直辖市）划定了1.6万余个生态环境管控单元，为高质量发展“明底线、划边框”。大力推进生态环境导向的开发（EOD）模式创新，与国家开发银行等十余家金融机构合作，引导金融资金精准支持攻坚战重点项目103个。

四是环境风险防范能力得到加强。制订长江经济带城市集中式饮用水水源地规范化建设方案，强化环境风险防控。深入推进尾矿库污染隐患排查治理，沿江11省（自治区、直辖市）累计完成1 403座尾矿库整治。深化流域联保共治，长江流域各省（自治区、直辖市）共签订34份跨省流域联防联控协议。

我们认真贯彻党中央决策部署，全力支持开展长江生态环境保护民主监督。各民主党派中央、无党派人士深入基层、调查研究，精准把脉、建言献策，推动解决了一大批突出水生态环境问题，充分彰显了我国新型政党制度的优势和效能。

长江干流连续四年水质全线达到Ⅱ类，“一江碧水向东流”。下一步，我们将按照精准治污、科学治污、依法治污的工作方针，保持共抓大保护的战略定力，持续用力、久久为功，为长江经济带高质量发展提供更坚实支撑。谢谢。

2025 年开展第一次长江流域水生态考核

《南方周末》记者：此前，长江流域开展了水生态考核试点，引导地方加快补齐水生态保护的短板。去年 6 月，生态环境部联合有关部门印发了《长江流域水生态考核指标评分细则（试行）》（以下简称《评分细则》），请问这项工作目前进展如何？下一步有哪些重要举措？谢谢。

黄小赠：谢谢《南方周末》这位记者朋友的提问，谢谢您对水生态考核的关心、关注。

这是水生态环境保护历史上具有里程碑意义的重大政策制度创新。去年出台的《评分细则》，明确了在 50 个具有重要生态功能、社会关注度高的水体开展水生态考核试点，确定考核基数。2025 年开展第一次考核。

《评分细则》构建了以水生态系统健康为核心，以水生境保护、水环境保护、水资源保障为支撑的 14 项指标体系。这个指标体系将“有河有水、有鱼有草、人水和谐”的美丽河湖内涵落实到具体可操作的层面。

一年多来，我们和有关部门、地方一道，在探索中实践，在实践中提升，取得了新的重大进展。一是全面监测调查，在长江干流、主要支流和重点湖泊水库共设置了 331 个点位，每年开展两次水生态监测，掌握第一手的数据。二是综合运用卫星遥感、无人机、地面观测等技术手段，分析研判水生态状况和变化趋势，及时发现问题并反馈给地方，第一时间溯源整改。三是组织技术力量，深入一线调研帮扶，分析问题背后的症结，指导地方采取针对性措施，开展保护修复。

《评分细则》的发布实施起到了很大的促进作用，水生态保护成效已得到显现。2023 年，长江经济带水质优良断面比例为 95.6%，同比提高 1.1 个百分点；监测到土著鱼类 227 种，与 2022 年相比增加了 34 种；监测到国家重点保护水生野生动物 14 种，同比增加 3 种；刀鲚时隔三十年，再次上溯到长江中游江段和洞庭湖区；长江江豚种群数量上升至 1 249 头，与 2017 年相比，增加了 23.4%。“江豚吹浪立，沙鸟得鱼闲”的美景在沿江省、市频频出现。

各位记者朋友，将来有机会，大家到这些地方走一走、看一看，一定会发现很多美好景象，一定会有幸福感、获得感。

下一步，我们继续做好水生态监测评估，开展考核试算，并结合实际评估效果，不断优化完善技术方法，确保考核结果客观、科学反映各地生态保护修复成效。同时，在长江试点基础上总结提炼经验做法，研究全国流域水生态监测评估方法，建立健全水生态标准规范，支撑构建美丽中国建设成效考核评价体系。谢谢！

全面推进水源地规范化建设

《中国日报》记者：党中央、国务院高度重视饮用水水源安全保障工作，将其作为深入打好污染防治攻坚战的重要内容，我国在水源地保护方面开展了哪些工作，实施成效如何，下一步工作有何考虑？谢谢。

黄小赠：感谢您的提问。饮用水水源保护关系千家万户，与我们每一个人息息相关。党中央、国务院历来高度重视，生态环境部自始至终把这项工作摆在突出位置，时时放心不下，丝毫不敢懈怠，坚决筑牢饮用水安全保障防线。

近年来，我们围绕饮用水水源保护主要开展了以下三个方面的工作：

一是完善政策技术规范。印发饮用水水源保护区划分、环境保护技术要点、生态环境状况评估等政策文件，组织开展饮用水水源保护区勘界技术规范等制（修）订工作，为水源地保护和环境管理提供有力支撑。聚焦长江经济带水源保护，今年出台了规范化建设工作方案，进一步强化保护区边界标志设立、环境风险防控、长效机制建设等重点工作，推动提升沿江群众饮用水安全保障水平。我们将城市集中式水源水质目标任务完成情况作为污染防治攻坚战成效评估的重要内容，压实地方治理保护主体责任。

二是强化城乡水源共治。持续推进饮用水水源地环境保护专项行动，按年度开展基础信息和环境状况调查评估，发现问题，推动解决。针对少数水质不能稳定达标的水源，第一时间进行预警通报，指导帮扶地方分析问题成因，采取污染整治、水源替代等综合措施，切实防范风险。全面推进乡镇级集中式饮用水水源保护区划定、立标和环境问题排查整治，定期调度督促，加强技术帮扶，推动建立健全从源头到龙头的水质保障体系。目前，全国共有 2.4 万个乡镇级及以上集中式饮用水水源地完成保护区的划定，其中乡镇级水源地 1.99 万个。

三是提升饮用水安全保障能力。印发年度工作要点，加强监测巡查，保障南水北调工程调水水质安全。出台加强汛期水环境监管、饮用水水源环境监管工作的通知，指导各地精准识别影响汛期水质及饮水安全的主要污染源和各类水环境风险隐患，及时溯源整改。制订实施重点湖库突发大面积水华和水生态失衡问题“一湖一策”工作方案，督促各地加强监测监管，采取有效措施防控水源地水华风险。

下一步，生态环境部将进一步健全完善饮用水水源地保护政策体系、技术规范和管理要求，全面推进水源地规范化建设，切实提升人民群众的饮用水安全保障水平。谢谢！

推动解决 19.5 万个污水直排乱排问题

红星新闻记者：入河排污口排查整治是水生态环境保护的一项重要基础性工作，是推动美丽河湖保护与建设的重要抓手。据我了解，

2022 年国务院办公厅出台了相关文件，请问近两年来，这项工作有何进展？下一步工作有何考虑？谢谢。

黄小赠：谢谢您的提问。这项工作是水生态环境保护的重大基础性工程，对推动实现水陆统筹、以水定岸，保护与建设美丽河湖具有重要支撑作用，需要一以贯之、持之以恒地抓下去。

文件发布两年多来，生态环境部会同国务院有关部门认真抓好落实，重点开展了以下三个方面的工作：

一是健全制度体系。大力推进排污口监督管理法规标准和政策文件制（修）订，先后出台入河排污口排查、溯源、整治、规范化建设、信息采集与传输等 10 项技术指南，指导各地开展相关工作。制定入河排污口监督管理办法，对入河排污口的定义、分类、设置审批、监测监管、信息公开等作出了具体规定；办法即将发布实施，将为排污口监督管理工作提供重要制度支撑。

二是全面推进排查整治。聚焦长江、黄河等重要流域干流和主要支流、重点湖泊，“有口皆查、应查尽查”，开展“地毯式”摸排工作。目前，全国 31 个省级行政区均已印发贯彻落实工作方案，制订本行政区域分级审批权限划分方案，地级城市全部制订实施排污口排查整治具体方案，确保这项工作落地、落细、落实。生态环境部组织各省、各流域海域局加强核查抽查，通过季度调度、通报反馈、核实销号工作机制，紧盯各类问题整改。目前，全国累计排查了 56 万 km 河湖岸线，这都是一步一步用脚丈量出来的，查出入河排污口 29 万个，推动解决 19.5 万个污水直排乱排问题。全国整体水质持续改善，排污口排查整治功不可没，发挥了重大支撑作用。

三是优化服务保障。认真贯彻落实国务院有关要求，进一步下放审批权限，规范审批程序，发布排污口设置审批实施规范和办事指南，印发流域海域局审批权限划分方案，落图落表，一目了然，便于知晓查询。大力推行一网通办，让数据多跑路，群众少跑腿，便民惠企。国家将入河排污口规范化建设纳入中央水污染防治资金支持范围，加大支持力度；初步建成信息化平台，满足排污口“查、测、溯、治、管”等信息化、可视化管理需求。

当然也要看到，在取得重要进展的同时，还存在地区间排查整治进展不平衡、整治效果参差不齐等问题。

下一步，我们将按照党中央、国务院决策部署，围绕重点区域、重要水体，进一步加大工作推进力度，督促指导各地提升截污治污水平，完善长效监管机制，有效管控入河污染物排放，助力美丽河湖保护与建设。谢谢！

全国地级及以上城市建成区黑臭水体基本消除

中国网记者：2022 年 3 月，《深入打好城市黑臭水体治理攻坚战实施方案》提出，到 2024 年县级城市建成区黑臭水体消除比例要达到 80%，到 2025 年达到 90%。请问目前进展如何？下一步将重点开展哪些工作以确保目标顺利实现？

黄小赠：感谢您对黑臭水体治理工作的关心。消除黑臭水体，是以人民为中心的发展思想的具体实践。目前，全国地级及以上城市建成区黑臭水体基本消除。昔日的黑臭水体，治理后变成了一道道亮丽风景线，提升了城市品质，改善了人居环境，有力促进了城市高质量发展。我们主要开展了以下三个方面的工作：

一是巩固地级城市治理成效。联合有关部门印发《深入打好城市黑臭水体治理攻坚战实施方案》《“十四五”城市黑臭水体整治环境保护行动方案》，每年组织开展统筹强化监督，指导督促各省级行政区实施省级环境保护行动，强化监测抽查，建立健全“返黑返臭”防范机制。截至6月底，地级及以上城市纳入国家管控清单的3 082个黑臭水体，已完成治理3 033个，占比为98.4%，成效进一步巩固。

二是着力抓好县级城市和县城黑臭水体治理。认真落实《关于深入打好污染防治攻坚战的意见》，将治理范围扩大到县级城市和县城，组织地方进行全面摸排，建立动态监管清单，制订系统化整治方案。上半年，县级城市黑臭水体消除比例超过70%，其中长江流域接近80%。指导河北、江苏、浙江、福建、山东、广东、海南等7个东部省级行政区率先开展县城建成区黑臭水体治理工作，出台政策文件，加强技术指导，要求到2025年，县城黑臭水体基本消除。目前，各项工作正在有序推进。

三是加强指导帮扶。进一步健全部门协作机制，加强信息共享，联合开展明查和暗访，发现问题及时反馈地方整改落实。组织各流域海域局对整治成效开展抽查，推动解决长效机制不健全、日常监管不到位等问题。充分运用大数据、卫星遥感和无人机等技术，及时发现问题，加大对重点地区的技术帮扶力度，共商对策。

下一步，我们将持续开展城市黑臭水体整治环境保护行动，压实治理主体责任。加强信息公开，督促地方定期公布工作进展，保障公众知情权、监督权。欢迎各位新闻媒体朋友对这项工作给予更多关注，宣传好做法、好成效，曝光反面典型和不良行为，大力营造人人关注水环境、防治水污染、保护水生态的良好氛围，为美丽河湖保护与建设添砖加瓦、贡献力量。谢谢大家。

裴晓菲：下面进入热点问答环节。

全国已创建 1 700 余个宁静小区

新华社记者：据了解，近年来我国噪声污染相关投诉逐年增多，噪声污染受到越来越多的社会关注，已经成为关系每一个老百姓切身利益的重要环境问题。请问在保护群众声环境权益方面生态环境等部门开展了哪些工作？下一步有何打算？

裴晓菲：感谢您的提问。随着经济的发展与城市化进程的加快，噪声污染越来越成为社会广泛关注的问题，已成为制约生态文明建设与美丽中国建设的突出短板。2023 年，全国地级及以上城市“12345”政务服务便民热线以及生态环境、公安、住房城乡建设等部门合计受理的噪声投诉举报案件约 570.6 万件，比上年增加 120.3 万件。在全国生态环境信访投诉举报管理平台接到的投诉举报中，噪声扰民问题占61.3%，排在各环境污染要素的第一位。从上述数据可以看出，噪声污染已经成为老百姓最为关心的环境问题。

习近平总书记在去年的全国生态环境保护大会上强调，要下大气力解决老百姓“家门口”的噪声等问题，积极回应人民群众关切。为保护人民群众声环境权益，提升人民群众对宁静环境的获得感，生态环境部会同有关部门主要开展了以下三个方面的工作：

一是完善监管体系。会同15个部门印发《“十四五”噪声污染防治行动计划》，系统谋划了“十四五”期间噪声污染防治主要目标、任务和措施，加快推动各地政府明确工业、建筑施工、交通运输、社会生活四类噪声的管理职能分工，目前已有约1/3的地级及以上城市完成分工。指导各地开展声环境功能区划定，2023年，首次实现了全国338个地级及以上城市（不含三沙市）及1 822个县级城市声环境功能区划分全覆盖。此外，全国338个地级及以上城市还全部完成声环境功能区划分情况评估工作，有效夯实了噪声污染防治管理基础。

二是创新管理手段。推动噪声监测自动化，2023年，36个直辖市、省会城市、计划单列市基本完成功能区声环境质量自动监测点位核定和系统建设联网。推行工业噪声排污许可证管理，逐步推动28万家工业企业噪声纳入排污许可管理，当前已完成约12万家，“十四五”末将实现工业噪声排污许可全覆盖。深入学习“浦江经验”，针对群众反映强烈的典型案件开展重点督办，当前国家层面已督办6批60起案件，涉及省级行政区30个，惠及百姓3万余人。同时，从今年开始，各省级生态环境部门也参照建立噪声投诉典型案件督办机制，现已督办案件300余起。

三是探索社会共治。组织天津、上海、重庆、杭州、昆明、厦门、嘉兴等城市开展宁静小区试点创建，推动业主、物业、商户等共管、共治噪声问题，截至目前，全国已创建1 700余个宁静小区；会同教育部门持续多年组织“绿色护考”行动，在中考、高考期间，通过发布倡议书、公开信等多种方式引导社会各界自觉减少产生噪声的行为，年均受益考生超过3 000万人；推广“静音车厢”，京沪、京广、京哈、成渝、沪昆、贵南等线路的92趟列车设置“静音车厢”。

下一步，生态环境部将督促各地尽快完成部门职能分工，逐步解决噪声污染管理职能不清的问题；继续开展噪声投诉典型案件督办，推动解决老百姓“家门口”的噪声扰民问题；指导各地做好功能区声环境质量自动监测站点建设工作，确保全国338个地级及以上城市3 800多个自动监测站点今年年底前全部建设完成；持续推动宁静小区建设、噪声地图应用等工作，不断提升老百姓宁静声环境的获得感。

《2023、2024年度全国碳排放权交易发电行业配额总量和分配方案》通过

《每日经济新闻》记者：近日，生态环境部审议通过《2023、2024年度全国碳排放权交易发电行业配额总量和分配方案》（以下

简称《分配方案》)，《分配方案》有哪些变化？另外有行业人士表示，在新结转政策推动下，大量配额释放市场可能加大碳价的波动，对此，生态环境部如何评价？

裴晓菲：谢谢您的提问。按照党中央、国务院的决策部署，生态环境部积极推进全国碳排放权交易市场建设，自2021年7月以来，发电行业启动上线交易，至今已经顺利完成两个履约周期工作。目前，生态环境部正在牵头开展第三个履约周期相关工作，按照"稳中求进、服务大局、鼓励先进"的总体要求，编制了《分配方案》。

《分配方案》结合新的工作形势要求和各方意见建议，做了以下几方面优化和调整：

一是优化履约时间安排。由两年一履约变成一年一履约。全国碳市场的前两个履约周期均是两年一履约。此次《分配方案》将2023和2024两个年度的履约截止时间分别定为2024年年底和2025年年底，实现一年一履约，缓解扎堆交易问题，提升市场活跃度。

二是调整统计核算口径。为从源头防范数据质量风险、提升配额分配方法的科学性与合理性，《分配方案》在调整配额量计算基础参数、优化管控范围、简化和优化各类修正系数等方面进行了改进。

三是可比口径下碳排放基准值略有加严。考虑"十四五"全国碳排放强度目标完成进度等因素，2023、2024年度碳排放基准值同等可比口径下降1%左右。这种方式既能保持一定减排压力，又在企业可承受范围内，能够保障市场平稳运行。

在此基础上，为有效解决配额盈余企业惜售、市场交易不活跃、配额缺口企业履约压力大等问题，我们在深入开展调研、充分借鉴国内外碳市场成熟经验的基础上，提出了配额结转措施。实际上，需要结转配额的只是配额存在盈余的企业，对于2024年度及其之前年度盈余配额需要卖出一定比例，才能将剩余部分结转为2025年度配额继续使用。经测算，在当前结转措施下，将促使配额盈余企业逐步向市场释放与履约需求大致相当的配额量，以更好平衡市场供需。另外，结转截止时间为2025年12月31日，为企业留足时间制订交易计划，避免短期内扎堆交易，导致碳价异常波动。

下一步，我们将加强市场管理，密切跟踪重点排放单位交易活动，共同做好风险管理工作，维护碳排放权交易市场的健康有序发展。

坚持以“零容忍”态度打击造假行为

新黄河记者： 近期，生态环境部公布了第十八批生态环境执法典型案例，再次曝光了一批弄虚作假的第三方检测机构。请问，近年来此类案件有何新特点和新变化？为何会屡禁不止？生态环境部在联合执法和专项整治中有哪些进一步的工作安排？

裴晓菲： 谢谢您的提问。近年来，随着我国生态环境保护工作力度不断加大，第三方环保服务行业得到快速发展，部分第三方机构为了经济利益，不惜违背职业道德和法律法规弄虚作假，扰乱环保服务市场秩序。分析近几年查办的案件，第三方环保服务机构弄虚作假呈现出多样化、隐蔽化、专业化特征。比如擅自减少采样点位、监测时长不足、虚假签字，异地作案，受到处罚后，换个名字重新注册，更换“马甲”，甚至通过一些技术手段进入环境监测系统内部，改变工控机内部参数，干扰污染物监测结果等。

生态环境部始终坚持以“零容忍”态度打击造假行为，“十四五”以来，我们会同最高人民法院、最高人民检察院、公安部、国家市场监督管理总局，连续四年针对第三方环保服务机构造假问题开展专项整治，持续保持高压态势。

一是查处了一批典型案件。截至去年年底，共查处了2 260家有违法行为的第三方环保服务机构，公开曝光457个典型案例，移送刑事立案193起。另外，我们还查处了企业在自行监测方面的造假案件4 255件，向有关部门移送了930起涉嫌违法犯罪的案件，起到了震慑和警示作用。

二是建立了联动执法机制。生态环境部同最高人民检察院、公安部一起构建了行刑衔接、一体化推进的联动执法机制，形成了共同会商、共同挂牌督办、共同公布典型案件以及共同部署相关工作的“组合拳”，有效提升了监管执法效能，解决了过去环评造假案件在查处过程中存在的立案难、取证难、定性难的问题。

三是进一步完善了法律制度。最高人民法院和最高人民检察院修订出台了“两高”司法解释，明确在环境影响评价、环境监测以及碳排放检验检测过程中，第三方环保服务机构提供虚假证明文件犯罪的定罪量刑标准。国务院出台的《碳排放权交易管理暂行条例》，对碳排放数据造假行为的机构与负责人予以严惩，对于情节严重的取消执业资格。这些制度都为我们提供了对第三方环保服务机构的监管依据。

今年，生态环境部将继续会同最高人民法院、最高人民检察院、公安部、国家市场监督管理总局，联合部署深入开展第三方环保服务机构弄虚作假问题专项整治行动，持续保持高压态势，与前几年相比，有以下变化：

一是领域范围更加广泛。在继续对环评和监测两大领域第三方机构弄虚作假重拳出击的同时，也将严厉查处建设项目竣工环境保护自主验收、机动车排放检验、温室气体排放数据质量管理等领域第三方弄虚作假违法行为。

二是不断加大处罚力度。要求各地对近年来依法查处的第三方机构整改情况开展复核复查，对仍存在弄虚作假行为的，依法依规从重处理，特别是“两年内曾因提供虚假证明文件受过二次以上行政处罚，又提供虚假证明文件”等符合涉嫌犯罪移送情形的，及时做好刑事移送。

三是持续提升监管合力。继续发挥多部门协同优势，用好专案督导、提级查办、联合挂牌督办等手段，形成更强的监管合力，提高打击效率和效果。同时，强化溯源打击，对存在违法违规行为的第三方机构以及延伸拓展发现的上下游相关企业和单位，依据相关法律法规实施处罚。

四是全面升级监管手段。进一步加强“大数据＋人工智能”的“穿透式”监管，用科技的力量来筑牢防范造假的防线。利用现场快速监测装备、数据分析技术等手段提高发现问题和查处问题的能力。

最后，我们也欢迎新闻媒体、社会各界充分发挥舆论监督和群众监督优势，及时向我们提供有关问题线索，大家一起推动第三方环保服务市场健康有序发展。

裴晓菲：感谢黄小赠司长，谢谢各位记者朋友的参与，今天的发布会到此结束。再见！

8月例行新闻发布会背景材料

2024年是实现“十四五”规划目标任务的关键一年，也是全面推进美丽中国建设的重要一年。党的二十届三中全会胜利举行，审议通过的《中共中央关于进一步全面深化改革　推进中国式现代化的决定》，对深化生态文明体制改革作出重大部署。在以习近平同志为核心的党中央坚强领导下，各地、各部门深入学习贯彻党的二十大、二十届三中全会精神和全国生态环境保护大会精神，坚定践行习近平生态文明思想，坚决贯彻落实党中央、国务院决策部署，统筹水资源、水环境、水生态治理，深入推进长江、黄河等大江大河和重要湖泊保护治理，推动碧水保卫战向纵深发展，全国水生态环境质量持续向好，人民群众生态环境获得感进一步增强，水生态环境保护取得新的明显成效。

一、水生态环境保护工作情况

（一）持续深入打好碧水保卫战

一是深入打好长江保护修复、黄河生态保护治理攻坚战。推进实施《深入打好长江保护修复攻坚战行动方案》《黄河生态保护治理攻坚战行动方案》，组织开展入河排污口排查整治、工业园区水污染整治、城市黑臭水体治理、饮用水水源地保护等系列专项行动。全面推动实施《中华人民共和国黄河保护法》，印发《关于宣传贯彻〈中华人民共和国黄河保护法〉的通知》，配合全国人大开展黄河保护法执法检查，用法治力量推动黄河流域生态保护和高质量发展。落实《中华人民共和国长江保护法》，积极推进长江流域水生态考核试点，印发《长江流域水生态考核指标评分细则（试行）》，开展水生态考核监测评估，实现从定性描述到定量评价的转变。连续四年全力支持配合各民主党派中央、无党派人士开展长江生态环境保护民主监督，形成共抓大保护的强大合力。实施长江经济带、沿黄省（自治区）工业园区水污染整治，推动解决1 600余个污水管网不完善、设施运行不正常等问题。

二是持续打好城市黑臭水体治理攻坚战。联合印发《深入打好城市黑臭水体治理攻坚战实施方案》，出台《“十四五”城市黑臭水体整治环境保护行动方案》《关于进一步做好黑臭水体整治环境保护工作的通知》，将治理范围扩大到县级城市和县城。组织对城市黑臭水体整治成效开展抽查，指导实施省级环境保护行动，建立健全“返黑返臭”防范机制。充分运用大数据、卫星遥感和无人机等技术，对重点地区开展摸排式调研，组织技术力量帮扶地方深入剖析问题，共商对策措施。截至2024年6月底，地级及以上城市黑臭水体整治完成比例为98.4%，县级城市消除比例超过70%，县城黑臭水体排查整治有序推进。

三是巩固提升饮用水水源保护水平。制订长江经济带城市集中式饮用水水源地规范化建设方案，进一步明确重点工作任务，推动提升沿江群众饮用水安全保障水平。制（修）订饮用水水源保护区勘界技术规范、集中式饮用水水源地规范化建设环境保护技术要求，为饮用水水源地环境管理提供技术支撑。把乡镇级集中式水源保护区划定、立标和环境问题排查整治作为工作重点，按月调度督促，强化指导帮扶，推动各地加快补齐农村水源保护短板。全国累计划定1.99万个乡镇级集中式饮用水水源保护区，农村自来水普及率达到90%。支持服务南水北调后续工程高质量发展，组织开展年度调水水质保障，确保“一泓清水永续北上”。

四是进一步强化工业和城镇水污染防治。大力推进排污口管理改革，贯彻落实《国务院办公厅关于加强入河入海排污口监督管理工作的实施意见》，制定《入河排污口监督管理办法》，出台溯源、整治、规范化建设等10项技术指南，指导各地全面开展排污口排查、监测、溯源、整治，规范设置审批，加强事中、事后监管。已累计排查56万km河湖岸线，查出入河排污口29万个，推动解决19.5万个污水直排乱排问题；各级生态环境部门累计审批入河排污口1.27万个。印发《工业园区水污染问题排查整治工作指南（试行）》，指导各地加快补齐污水收集和处理设施短板。全国2 900余家工业园区建有

3 900余座污水集中处理设施。在38个缺水城市开展区域再生水循环利用试点，推进污水资源化利用。

（二）健全水生态环境治理体系

一是扎实推进重点流域水生态环境保护。经国务院同意，会同有关部门印发实施《重点流域水生态环境保护规划》，明确七大流域及三大片区重要水体水生态环境保护要点。联合印发规划重点任务措施清单，开展规划实施情况现场调研，推动各项任务落地、落细。累计开展260个地市规划要点指导帮扶，规划确定的2 437项任务措施总体进展顺利。"十四五"以来，中央财政下达水污染防治资金891亿元，支持各地开展流域水污染防治、水生态保护修复、饮用水水源地保护等工作。截至目前，已实施重点工程项目3 900余个，有力支撑水生态环境质量改善。支持指导全国24个省级行政区28个流域（河段）签订跨省流域上下游横向生态保护补偿协议,激发流域上下游协同保护积极性。

二是大力推进美丽河湖保护与建设。制定美丽河湖指标体系，印发国家层面的《美丽河湖保护与建设清单》，明确2 573个河湖水体保护建设目标任务，涵盖具有重要生态功能、环境敏感脆弱、社会关注度高的大江大河干流、重要支流、重要湖库等。指导地方编制本行政区域的美丽河湖保护与建设实施方案，把群众身边的小微水体纳入管控范围，加大治理保护力度，让群众"推窗见绿、开门见景"，增强人民群众的生态环境获得感、幸福感。持续开展美丽河湖优秀案例征集活动，选树两批共56个优秀案例，为各地开展相关工作提供了参考指引。启动美丽河湖、美丽海湾优秀案例"采风行"活动，加强宣传推广，引导各地着力打造"清水绿岸、鱼翔浅底"的美丽河湖。

三是不断健全水生态环境综合督导机制。制（修）订流域海域生态环境监督管理局工作规则，印发年度重点任务，强化流域统一监督管理。定期开展全国水生态环境形势分析会商，精准识别突出水生态环境问题，通过分析预警、调度通报、独立调查、跟踪督办等相结合的方式，压实地方主体责任。2024年以来，组织开展7次全国水生态环境形势分析会商，对156个突出问题进行预警。出台加强汛期水环境监管、饮用水水源环境监管工作的通知，指导各地聚焦重点区域、行业、企业，精准识别影响汛期水质及饮水安全的主要污染源和各类水环境风险隐患，推动突出问题整改，防范汛期水环境质量恶化以及发生重大水污染事件，切实保障群众饮水安全。

四是着力深化重点湖库生态保护修复。印发《关于做好2024年重点湖库水华防控工作的通知》，制订实施重点湖库突发大面积水华和水生态失衡问题“一湖一策”工作方案，指导各地采取有效措施防范水源地水华风险。组织地方加强湖库型水源地水华监测和巡查，在藻类易聚集区域和集中暴发时段加密监测，强化取水口藻类围挡和无害化处置，减轻水华灾害影响。在呼伦湖、岱海等北方湖泊试点开展水生态环境质量考核，组织开展水生生物、物理生境、富营养化等监测评价，引导地方加大生态保护修复力度。组建高原湖泊部省联合工作组，加大对云南高原湖泊保护治理技术帮扶力度。在太湖流域开展水生植被恢复、通量监测等试点，着力突破面源污染防治“瓶颈”。

五是健全完善水污染源管控体系。建立健全以排污许可制为核心的固定污染源监管制度体系，出台《排污许可管理办法》，累计将375.7万个固定污染源纳入排污许可管理范围。完善水污染物排放标准，研究制定农药工业水污染物排放标准和柠檬酸、淀粉、酵母等行业排放标准修改单，发布《电子工业水污染防治可行技术指南》（HJ 1298—2023）。推动山东、江苏、河南、安徽四省发布南四湖流域水污染物综合排放标准，统一排放管控要求，这是首个由国家牵头统一编制，以地方标准形式发布的流域型综合排放标准，对于推进上下游、左右岸协同保护具有重要意义。

2023年，全国主要水污染物排放量继续下降，水生态环境质量改善目标顺利完成。国家地表水优良水质（Ⅰ～Ⅲ类）断面比例为89.4%，同比上升1.5个百分点；长江干流连续四年、黄河干流连续两年全线水质保持Ⅱ类。2024年1—6月，国家地表水优良水质（Ⅰ～Ⅲ类）断面比例为88.8%，同比上升1.0个百分点，保持稳中向好态势。

虽然全国水环境质量持续改善，但不平衡、不协调的问题依然存在，城乡面源污染防治仍是薄弱环节，黑臭水体从根本上消除难度较大，水资源、水环境、水生态统筹治理处于起步阶段，与美丽中国建设目标、人民群众期待、高质量发展要求还有差距。

二、下一步主要工作考虑

以习近平生态文明思想为指导，全面贯彻党的二十大、二十届三中全会精神以及全国生态环境保护大会精神，深入贯彻落实党中央、国务院决策部署，锚定 2035 年美丽中国建设目标，将美丽河湖作为美丽中国建设在水生态环境领域的重要抓手，强化精准治污、科学治污、依法治污，统筹水资源、水环境、水生态治理，以更高标准、更有力举措持续深入打好碧水保卫战，推动重要流域构建上下游贯通一体的生态环境治理体系，稳定改善水生态环境质量，以高品质的生态环境支撑高质量发展。

一是扎实推进美丽河湖保护与建设。坚持“河湖统领、三水统筹”，深入实施《重点流域水生态环境保护规划》。做好规划中期评估结果应用，对任务进展滞后地区加强督导帮扶。组织开展“十五五”规划前期研究，科学研判重点流域、重点区域水生态环境保护形势，研究谋划“十五五”规划目标指标体系、主要任务、重点项目和重大政策。制订出台美丽河湖保护与建设行动方案，指导各地大力推进美丽河湖保护与建设，提升河湖生态系统健康水平。持续开展优秀案例征集和宣传推广，让各地“学有榜样、做有标尺、行有示范、赶有目标”。完善问题发现和推动解决工作机制，对突出水生态环境问题和工作滞后地区实行清单管理、跟踪督办、逐一销号。加强水污染防治项目谋划、储备和实施，推动规划任务落地。

二是深入推进大江大河和重要湖泊保护治理。会同各地区各部门抓好《深入打好长江保护修复攻坚战行动方案》《黄河生态保护治理攻坚战行动方案》各项任务落地实施，全力支持长江生态环境保护民主监督。强化长江流域总磷污染综合治理，深化长江经济带和沿黄工业园区水污染整治。全面实施入黄支流消劣整治。推进落实《深入打好城市黑臭水体治理攻坚战实施方案》，组织开展国家和省级环境保护专项行动，到2025年县级城市建成区黑臭水体消除比例达90%以上。强化重要湖泊生态保护修复，指导督促各地加大水华预警防控工作力度。加快推进饮用水水源地保护区规范化建设，保障人民群众饮水安全。

三是推进水生态环境治理体系和治理能力现代化。积极稳妥推进长江水生态考核试点。借鉴试点经验，研究全国流域水生态监测评估方法，建立健全技术规范体系，推动加快形成“三水统筹”治理新格局。贯彻落实《生态保护补偿条例》，深化流域跨省横向生态保护补偿。发布实施《入河排污口监督管理办法》，制定配套技术规范，扎实推进排污口排查整治，建成科学高效的排污口监测监管体系。健全法规标准体系，研究制定饮用水水源水环境质量标准、流域水环境质量标准制定技术导则，发布农药、淀粉、柠檬酸等行业水污染物排放标准，加快补齐国家排放标准体系短板弱项，更好支撑精准治污、科学治污、依法治污。

10 月例行新闻发布会实录

2024 年 10 月 22 日

10 月 22 日，生态环境部举行 10 月例行新闻发布会。生态环境部固体废物与化学品司司长郭伊均出席发布会，介绍创新开展固体废物与化学品环境管理工作有关情况。生态环境部新闻发言人裴晓菲主持发布会，通报近期生态环境保护重点工作进展，并共同回答了记者提问。

10月例行新闻发布会现场（1）

10月例行新闻发布会现场（2）

裴晓菲： 各位媒体朋友，大家上午好！欢迎参加生态环境部10月例行新闻发布会，今天发布会的主题是“创新开展固体废物与化学品环境管理”。我们邀请到生态环境部固体废物与化学品司司长郭伊均先生介绍有关工作，并和我共同回答大家关心的问题。

下面，我先通报一下我部最新情况。

一、2024年1—9月全国空气和地表水环境质量状况

今年前三季度，我国环境空气质量和地表水环境质量总体持续改善。

在环境空气质量方面，全国339个地级及以上城市6项主要污染物指标“四降二平”，其中$PM_{2.5}$平均浓度为27 μg/m^3，同比下降3.6%；PM_{10}平均浓度为47 μg/m^3，同比下降7.8%；O_3平均浓度为147 μg/m^3，同比下降0.7%；NO_2平均浓度为18 μg/m^3，同比下降10.0%；SO_2平均浓度为8 μg/m^3，同比持平；CO平均浓度为1.0 mg/ m^3，同比持平。全国339个地级及以上城市平均空气质量优良天数比例为85.8%，同比上升1.6个百分点；平均重度及以上污染天数比例为1.1%，同比下降0.7个百分点。

从重点区域来看，京津冀及周边地区“2+36”城市$PM_{2.5}$平均浓度为39 μg/m^3，同比持平；平均优良天数比例为65.0%，同比上升4.1个百分点；平均重度及以上污染天数比例为2.0%，同比下降1.9个百分点。长三角地区31个城市$PM_{2.5}$平均浓度为32 μg/m^3，同比上升6.7%；平均优良天数比例为79.2%，同比下降0.9个百分点；

平均重度及以上污染天数比例为0.6%，同比下降0.3个百分点。汾渭平原13个城市$PM_{2.5}$平均浓度为37 μg/m^3，同比下降5.1%；平均优良天数比例为65.9%，同比上升2.5个百分点；平均重度及以上污染天数比例为1.1%，同比下降2.7个百分点。

在地表水环境质量方面，3 641个国家地表水考核断面中，水质优良（Ⅰ～Ⅲ类）断面比例为88.5%，同比上升1.4个百分点；劣Ⅴ类断面比例为0.7%，同比持平。其中，长江、黄河等七大流域及西北诸河、西南诸河和浙闽片河流水质优良（Ⅰ～Ⅲ类）断面比例为90.0%，同比上升0.8个百分点；劣Ⅴ类断面比例为0.4%，同比下降0.1个百分点。监测的210个重点湖（库）中，水质优良（Ⅰ～Ⅲ类）湖库个数占比78.6%，同比上升4.0个百分点；劣Ⅴ类水质湖库个数占比4.3%，同比持平。

二、《生态环境部门进一步促进民营经济发展的若干措施》发布

为解决制约民营企业绿色发展中的关键问题、优化民营企业发展政策环境，近日，生态环境部印发《生态环境部门进一步促进民营经济发展的若干措施》（以下简称《若干措施》），围绕支持绿色发展、优化环境准入、优化环境执法、加大政策支持和健全保障措施五个方面提出22条措施，对生态环境部门更好地支持服务民营经济发展提出了具体要求。

《若干措施》立足生态环境部门职责，坚持稳中求进、问题导向、

强化预期，不断加大政策支持精度和力度，提出了提高行政审批服务水平、优化总量指标管理、支持大规模设备更新、增加环境治理服务供给、加强生态环境科技支撑、落实税收优惠政策、强化财政金融支持、规范涉企收费和罚款等多项创新举措。

下一步，生态环境部将加强对地方的指导帮扶，推动相关政策措施落实落地。

三、《关于发挥绿色金融作用 服务美丽中国建设的意见》印发

近日，生态环境部会同中国人民银行、国家金融监督管理总局、中国证监会联合印发《关于发挥绿色金融作用 服务美丽中国建设的意见》（以下简称《建设意见》），从加大重点领域支持力度、提升绿色金融专业服务能力、丰富绿色金融产品和服务、强化实施保障四个方面提出重点举措。

《建设意见》聚焦美丽中国建设实际需要，围绕美丽中国先行区建设、重点行业绿色低碳发展、深入推进污染防治攻坚、生态保护修复等重点领域，搭建美丽中国建设项目库，有效提升金融支持精准性。《建设意见》强调，持续加大绿色信贷投放，发展绿色债券、绿色资产证券化等绿色金融产品，强化绿色融资支持。聚焦区域性生态环保项目、碳市场、资源环境要素、生态环境导向的开发（EOD）项目、多元化气候投融资、绿色消费等关键环节和领域，加大绿色金融产品创新力度。

下一步，生态环境部将加强与金融管理部门的协调合作，持续做好绿色金融大文章，全力服务支持美丽中国建设。

四、《关于进一步深化环境影响评价改革的通知》印发

环境影响评价是源头预防的主体性制度，对服务经济绿色高质量发展和美丽中国建设具有重要意义。近日，生态环境部印发《关于进一步深化环境影响评价改革的通知》（以下简称《改革通知》），要求统筹优化环评分级分类管理，实现环评分级管理与基层管理能力更相适应。

《改革通知》强调，加强省级对重大项目环评的审批管理，除生态环境部负责审批环评的建设项目外，存在重大生态环境不利影响的项目环评，例如，炼油、引水工程等项目，原则上应由省级生态环境部门审批。地级市（或直辖市的区县）生态环境部门负责审批除部、省两级之外其他编制环境影响报告书的项目。基层区县生态环境部门仅根据市级生态环境部门授权承担部分环境影响报告表审批的具体工作。

《改革通知》还提出，通过开展优化环评分类管理的改革试点，探索环评文件标准化编制、智能化辅助审批，为取消部分生产工艺简单、污染防治措施成熟、环境影响较小的项目环评积累经验，减少污染影响类环评文件审批数量，切实减轻基层和企业负担。

下一步，生态环境部将加强制度衔接融合、提升各级生态环境部门环评管理能力，切实保障环评改革取得实效。

五、中国环境与发展国际合作委员会 2024 年年会召开

近日，中国环境与发展国际合作委员会（以下简称国合会）2024 年年会在北京召开，中共中央政治局常委、国务院副总理、中国环境与发展国际合作委员会主席丁薛祥出席年会并讲话。

本次年会的主题是“开放包容创新合作，共建清洁美丽世界”，除 3 场全会外，还分别围绕生物多样性保护、降碳减污扩绿增长、数字化与气候适应、应对气候变化、绿色丝绸之路、海洋保护、绿色金融设置了 7 场主题论坛。国合会中外委员、中外专家、合作伙伴等约 400 人参加会议。

国合会成立于 1992 年，已成为中国历史最长、层次最高、成果最多、影响最大的环境与发展中外高层对话合作机制。多年来，国合会围绕中国及全球环境与发展领域重大问题开展研究，提出政策建议，对推动美丽中国建设和国际可持续发展进程发挥了积极作用。

裴晓菲：下面请郭伊均司长介绍情况。

生态环境部固体废物与化学品司司长郭伊均

固体废物与化学品环境治理体系和治理能力大幅提升

郭伊均：记者朋友们大家好！首先感谢大家长期以来对固体废物与化学品环境管理工作的关心和支持。固体废物和化学品环境管理是持续深入打好污染防治攻坚战、推进生态文明和美丽中国建设的重要内容。党的十八大以来，以习近平同志为核心的党中央以前所未有的力度推进固体废物与化学品环境管理工作，习近平总书记多次作出重要指示批示，党中央、国务院作出一系列重大决策部署，将全面禁止“洋垃圾”入境、开展“无废城市”建设、强化危险废物监管纳入中央深化改革的总体部署，扎实推动新污染物治理，改革数量之多、印发文件层级之高前所未有，是工作力度最大、举措最实的时期，也是治理体系和治理能力大幅提升的时期。

在看到进展和成绩的同时，我们也清醒地认识到，固体废物规范化管理水平还不够高，新污染物治理工作刚刚起步，固体废物与化学品环境治理体系和环境风险防控能力等与当前形势任务的要求还有一定的差距，需要进一步改革创新。

下一步，我们将以习近平生态文明思想为指导，全面贯彻党的二十大和二十届二中、三中全会精神，立足全面建设美丽中国要求，提前研究谋划“十五五”重点任务，深入推进“无废城市”建设和大宗固体废物综合利用，建立危险废物全过程环境管理信息系统，严守“一废一库一重”生态环境风险防控的底线，扎实推进新污染物协同治理和环境风险管控。

今天我很高兴能够就“创新开展固体废物与化学品环境管理”这个主题与大家深入交流并回答大家的提问，谢谢大家！

裴晓菲：下面进入提问环节，提问前请通报一下所在的新闻机构，请大家举手提问。

“无废城市”建设取得明显成效

《每日经济新闻》记者：《中共中央　国务院关于全面推进美丽中国建设的意见》提出，到2027年，“无废城市”建设比例达到60%，到2035年“无废城市”建设实现全覆盖。请问，目前“无废城市”

建设进展的情况如何？下一步的工作重点和方向是什么？

郭伊均：谢谢您的提问。开展“无废城市”建设是党中央、国务院2018年针对固体废物污染治理作出的一项重要改革举措，在深圳等11个城市和雄安新区等5个地区开展“无废城市”建设试点改革并取得成功的基础上，《中共中央 国务院关于全面推进美丽中国建设的意见》明确将“无废城市”建设向全国推开，标志着“无废城市”进入新的阶段。

经过六年的实践，“无废城市”建设取得了明显成效，具体有以下三个方面：

一是建设工作有序展开。“十四五”期间，全国113个地级及以上城市和8个特殊地区扎实推进“无废城市”建设，计划建设3 700余项工程项目，投资超过1万亿元，吉林、重庆等19个省级行政区积极推进全域“无废城市”建设。杭州创新开展“无废亚运”行动并获得国内外的高度赞扬。各地以机关、企业、学校为对象，累计建设了2.5万余个“无废细胞”，逐步形成从学校到家庭到社会的“无废”文化传播链。今年3月30日“国际无废日”期间，浙江、河南等多地开展了丰富多彩的主题活动，“无废”理念深入人心。

二是支撑体系逐步建立。各地不断健全“无废城市”建设的制度体系，已经完成了400余项制度的制（修）订工作。上海市率先颁布了“无废城市”建设条例，山东等6个省级行政区将“无废城市”建设写入了地方性法规。江苏省等出台了省级“无废城市”建设奖励办法。国家开发银行等金融机构积极提供“无废城市”建设融资支持，2023 年投入“无废城市”建设方面的资金超过 500 亿元。北京银行今年发布了全国首个“无废贷”产品。

三是工作成效日益显现。在源头减量方面，2023 年，在 113 个城市中，除 4 个直辖市外，参与“无废城市”建设的 109 个地级城市工业固体废物产生强度平均为 2.03 t/万元，较 2020 年下降了 6.8%。在资源化利用方面，贵州形成了磷石膏建材利用、生态修复等消纳途径，综合利用率达到 91.8%。重庆市利用建筑弃土回用、回填，完成历史遗留和关闭矿山生态修复面积达到 241 hm^2。江苏省推进 28 家化工园区开展“无废园区”建设，从源头减量和资源化利用共同发力，今年上半年园区危险废物的填埋率降低了 29.6%，省外转移率下降了 24.6%。嘉兴推出了一键预约上门服务的“嘉家收”模式，实现再生资源的全品类兜底回收。

下一步，我们将通过发布“无废城市”建设进展评价办法，引导参与城市和地区在实施固体废物减量化、资源化、无害化具体工程项目建设上下功夫，切实解决工业、生活、建筑和农业等领域的固体废物实际问题，推进“无废城市”建设高质量发展，并从“建设”向“建成”过渡，将“无废”理念和行动转化为生态环境“无废”的现实图景。

稳妥推动典型大宗工业固体废物安全规范利用

海报新闻记者： 各地近年来在典型大宗工业固体废物资源化利用和安全处置方面取得了积极成效，但与庞大的典型大宗工业固体废物产生量以及历史堆存量相比，仍然存在不少问题和挑战。进一步规范典型大宗工业固体废物管理，提高其综合利用水平，对于促进经济社会可持续发展具有十分重要的意义，请问您认为需要从哪些方面入手深入推进相关工作？

郭伊均： 谢谢您的提问。随着经济社会快速发展，我国典型大宗工业固体废物产生量不断增加。据工业固废网数据，2023年，我国煤矸石、粉煤灰、磷石膏、赤泥、冶炼渣等典型大宗工业固体废物产生量达42.34亿t，较2012年的35.7亿t增加了18.6%。党的十八大以来，我国通过将典型大宗工业固体废物用于生产建材等产品化利用和修筑路基等多种途径，持续加大综合利用的力度。2023年，我国典型大宗工业固体废物综合利用量达22.58亿t，综合利用率为53.32%，较2012年提高了10.52个百分点。但是，我国每年仍有20亿t左右的典型大宗工业固体废物没有得到综合利用，历史堆存量累计达到数百亿吨，且还在以“滚雪球”的方式不断增加。大量的大宗工业固体废物堆存不仅破坏生态环境，而且占用大量的耕地、林地、草地等自然资源。目前，典型大宗工业固体废物产品化利用受到技术制约、再生产品标准缺失、应用市场和运输半径有限等多重挑战。与庞大的产生量和历史堆存量相比，工业产品化利用量较为有限，靠把这些大宗工业固体废物生产成工业产品还远远不够，亟待在探索典型大宗工业固体废物大规模综合利用上下功夫。

下一步，我们将认真贯彻落实习近平总书记关于正确处理自然恢复和人工修复的关系等重要指示精神，按照国务院办公厅《关于加快构建废弃物循环利用体系的意见》要求，指导各地结合实际，以防范环境风险为重点，寻求“基于自然”的解决方案，积极探索通过井下充填、生态修复、修筑路基等消纳渠道，稳妥推动典型大宗工业固体废物安全规范利用，让环境污染问题不多、环境风险不大的大宗工业固体废物回到地球循环中。因此，我们要积极探索建立科学论证、制定规范、上报备案、主动公开、全程监督的综合利用监管程序。要在查清典型大宗工业固体废物现状、确保环境风险可控的前提下，认真制定综合利用规程，报上级部门备案认可，同时要主动公开接受公众监督，严格全过程监督，严防综合利用演变为违规倾倒固体废物，努力探索出几种比较成熟、易于推广的综合利用模式，形成配套的技术规范标准体系，着力推动典型大宗工业固体废物历史堆存总量增幅逐年下降，并朝着堆存总量逐年下降的目标前进。

危险废物监管和利用处置能力持续提升

央视网记者：自 2021 年国务院办公厅印发《强化危险废物监管和利用处置能力改革实施方案》（以下简称《实施方案》）以来，

各地加强了危险废物监管，加大了对非法转移倾倒的打击力度，同时进行了危险废物集中处置中心等基础设施建设，请问我国目前危险废物管理和处置状况如何？未来将如何进一步规范管理？

郭伊均：谢谢您的提问。2021 年《实施方案》印发实施以来，我们认真贯彻落实党中央、国务院的决策部署，推动改革任务落实落地并取得了明显成效，危险废物监管和利用处置能力持续提升，非法转移倾倒案件高发态势得到了有效遏制。主要有以下三个方面：

一是进一步健全环境监管体制机制。持续完善危险废物环境管理制度体系，制定完善危险废物名录等规章和焚烧、填埋等技术标准规范，危险废物“四梁八柱”性质的环境监管制度体系基本形成。推进危险废物全过程信息化监管，目前全国有 70 余万家企业被纳入信息系统管理，较 2018 年启动系统使用时增加了近 15 倍；全面运行危险废物电子转移联单，2023 年全国电子联单近 700 万份。深化制度改革创新，持续推进小微企业危险废物收集试点，对危险废物产生量很小的企业，将其产生的危险废物集中收集至收集单位进行管理。全国累计已经有 1 000 多家收集试点单位，服务了近 30 万家小微企业，有效破解了收集难题。

二是不断强化环境风险防控。连续十五年推进危险废物规范化环境管理，统筹开展危险废物自行利用处置专项整治，平均每年排查整治环境风险隐患问题约 10 万个，环境管理规范化水平大幅提升。严厉打击危险废物违法犯罪行为，自 2020 年起连续组织开展深入打击危险废物环境违法犯罪专项行动，截至今年上半年，全国生态环境部门共查处涉及危险废物行政处罚案件超过 1.7 万件，移送公安机关涉嫌犯罪案件 4 215 件，危险废物非法倾倒案件高发态势得到了很好的遏制。

三是着力补齐利用处置能力短板。截至 2023 年年底，全国危险废物集中处置能力达到每年约 2.1 亿 t，较 2020 年提升 50%，危险废物利用处置能力与产废量总体匹配。医疗废物处置能力达到 286 万 t/年，较疫情前提升近 80%，医疗废物实现了 100% 的安全处置。同时，国家还印发了《危险废物重大工程建设总体实施方案（2023—2025 年）》，积极组织实施“1+6+20”重大工程。“1”是指建设 1 个国家危险废物环境风险防控技术中心，“6”是指建设 6 个区域技术中心，“20”是指建设 20 个区域性特殊危险废物集中处置中心。目前，普通的危险废物处置能力是足够的，但是对一些特殊类别的危险废物，比如飞灰，现在的处置能力还是不够。所以我们通过“1+6+20”重大工程的建设，着力补齐处置技术和特殊危险废物处理能力短板。

下一步，我们将继续以严控环境风险为目标，深入推进危险废物环境管理工作。一是加快建成覆盖全国的危险废物全过程监管统一信息系统，强化危险废物全过程实时监管、转移轨迹随时可追溯，实现“一套数、一张网、一套图”的全覆盖监管。二是深化危险废物规范化环境管理，着力推进“五即”（即产生、即包装、即称重、即打码、即入库）规范化建设，只要任何一家企业产生了危险废物，就发放一个“身份证”，无论是在库存环节，还是在转移环节，或

者转出后处置，全部都要通过信息监管。强化危险废物从产生到处置的全过程二维码信息化监管，严控危险废物失控、失管的情况发生，提升环境监管的数智化水平。三是加快推动危险废物“1+6+20”重大工程建设，促进危险废物利用处置能力结构进一步优化，健全完善危险废物环境风险防控技术支撑体系。

强化废动力电池和废光伏组件及风机叶片拆解处理的环境监管

澎湃新闻记者：近年来，我国新能源汽车行业发展迅速，人们担心废旧电动汽车动力电池会造成污染。另外，随着风电光伏等新能源产业的快速发展，一些地区的风电光伏新能源产业装备服役到期。请问生态环境部对退役的废动力电池和废光伏组件及风机叶片处置开展了哪些工作，有哪些成效？谢谢！

郭伊均：谢谢您的提问。近年来，我国新能源产业快速发展，早期投入使用的电动汽车动力电池和太阳能光伏板、发电风机等清洁能源发电装备将陆续退役，不断增加的废动力电池、废光伏组件及风机叶片等“新三样”固体废物问题日益突出，社会各界对此高度关注。我们高度重视“新三样”固体废物问题的环境监管，努力为新能源产业高质量发展提供支撑。针对废动力电池环境监管，我们先后组织制定了《废电池污染防治技术政策》《废锂离子动力蓄电池处理污染控制技术规范》，为加强废动力电池污染防治提供了技术遵循。

针对我国目前尚未制定废光伏组件及风机叶片等污染控制技术规范，一方面，我们正在组织加快制定相应的污染控制技术规范；另一方面，我们通知各地结合实际，严格按照一般工业固体废物的环境监管标准加强对这些退役设备的环境监管，督促业主单位严格履行污染防治主体责任，严防失管、失控的情况发生。同时，我们积极支持江苏、河北、青海等地在“无废城市”建设过程中结合自身实际，积极探索制定废光伏组件及风机叶片污染控制的地方标准，促进废光伏组件及风机叶片综合利用或妥善处置，防止造成环境污染。

为认真贯彻落实国务院《推动大规模设备更新和消费品以旧换新行动方案》工作部署，今年6月我们印发了《规范废弃设备及消费品回收利用处理环境监管工作方案》，明确在全国范围内集中开展包括废动力电池和废光伏组件及风机叶片等六类废弃设备及消费品的环境污染专项整治，严厉打击非法拆解造成环境污染的行为。

下一步，我们将继续强化废动力电池和废光伏组件及风机叶片拆解处理的环境监管，根据“新三样”固体废物循环利用技术研发进展，适时完善相关污染控制技术标准，严控环境风险，促进资源回收利用和产业绿色低碳发展。

出台系列政策助力经济企稳向好

央视新闻记者：我们注意到刚才通报的最新情况中，有几项涉及民营经济、绿色金融等与经济直接相关的工作，当前，很多政府部门出台了促进经济企稳向好的政策，请问生态环境部在这方面是怎么考虑的？

裴晓菲：谢谢您的提问。生态环保工作与经济发展密切相关，对于经济发展具有重要的引领、优化和倒逼作用。近期，生态环境部相继出台了以高水平保护促进新质生产力系列政策，从推动排放标准制（修）订、生态环境分区管控、促进民营经济发展、发挥绿色金融作用、规范废弃设备及消费品回收利用处理、促进中部地区加快崛起等方面印发了一系列政策文件，涵盖了企业的环境准入、技术和资金支持、强化服务保障等多方面内容，助力经济企稳向好。

例如，我刚才谈到，在环境准入方面，我们优化环评审批分级管理，推进环评文件标准化编制、智能化辅助审批试点，对符合生态环境保护要求的重大投资项目开辟绿色通道，实施即报即受理即转评估，提高环评审批效率。我们统筹优化环评和排污许可分类管理，探索对部分排放量很小的污染影响类建设项目免予环评，直接纳入排污许可管理。另外，企业要发展，需要有总量排放指标，我们优化了新建、改建、扩建项目总量指标监督管理，对氮氧化物、化学需氧量、挥发性有机物的单项新增年排放量小于0.1 t、氨氮小于0.01 t的建设项目，免予提交总量指标来源说明。

在对企业的服务保障方面，我们深入开展科技帮扶，依托国家生态环境科技成果转化综合服务平台，为各类市场主体提供技术咨询和推广服务。我们强化财政金融支持，将符合条件的民营企业污染治理等项目纳入各级生态环境资金项目储备库，一视同仁给予财政资金支持。我们将健全企业环保信用修复制度，完善信用修复机制，引导企业“纠错复活”，帮助企业“应修尽修”。我们也减少了企业填表，充分利用现有平台已有数据，实现数据互联互通，推动“多表合一”，探索“最多报一次”。

在对企业的监督执法方面，我们实行生态环境监督执法正面清单管理，对正面清单内的企业减少现场执法检查次数，综合运用新技术、新手段，以非现场方式为主开展执法检查，对守法企业无事不扰。同时，我们持续规范涉企收费和罚款，严禁以生态环境保护名义向企业摊派，切实减轻企业经营负担。我们正在开展打着环保幌子搞“一刀切”问题专项整治，严禁为完成年度工作目标、应付督察等采取紧急停工、停业、停产等简单粗暴行为，以及“一律关停”“先停再说”等敷衍应对做法，对于搞“一刀切”的，发现一起，查处一起，坚决严肃问责。

以上只是我举的几个例子，类似这样的政策还有很多，今后，我们将继续探索和丰富有关政策，持续提升生态环境保护管理水平，为绿色低碳高质量发展提供有力支撑。

推动新污染物治理迈出重要步伐

《南方都市报》记者：党的二十届三中全会提出要建立新污染物协同治理和环境风险管控体系，国务院办公厅于2022年5月印发了《新污染物治理行动方案》。请问该方案印发实施两年多，取得了哪些主要成果？新污染物治理工作后续有何打算？

郭伊均：谢谢您的提问。党的十八大以来，以习近平同志为核心的党中央高度重视新污染物治理的科学谋划和系统部署。《中共中央 国务院关于全面推进美丽中国建设的意见》明确，到2035年，新污染物环境风险得到有效管控。2022年5月，国务院办公厅印发《新污染物治理行动方案》以来，我们积极会同有关部门指导各地坚决贯彻落实党中央、国务院决策部署，推动新污染物治理迈出重要步伐。

第一，建立健全工作推进机制。成立了由生态环境部牵头、15个国家部门组成的部际协调小组，明确部门任务清单，加强联动，形成治理合力。各省级行政区印发了省级新污染物治理工作方案，初步形成了国家统筹、省负总责、市县落实的工作推进机制。同时组建由双院士牵头的专家团队，推动开展新污染物治理重大科技专项研究，为全面开展新污染物治理提供科技支撑。

第二，开展新污染物环境风险摸底调查。我们组织筛选出4 000余种具有高危害、高环境检出的化学物质，完成122个行业、7万余家企业的化学物质生产使用情况摸底调查。将国际上已禁用或者限用的但在我国仍有生产使用的化学物质纳入优先评估计划，持续推进新污染物环境风险评估工作。

第三，积极推进新污染物治理。着力防控与人民群众身体健康密切相关的突出环境风险，对 14 种重点管控新污染物实施禁用、限用等管控措施。启动了一批新污染物治理试点示范。截至 2023 年年底，我国已全面淘汰 8 种类重点管控新污染物的生产、使用和进出口。同时，聚焦“治未病”，将新污染物治理要求作为产业结构调整指导目录的综合决策参考，促进相关产业高质量发展。

下一步，我们将按照党的二十届三中全会关于新污染物协同治理和环境风险管控体系建设的改革部署要求，着力从以下三个方面认真抓好贯彻落实：

第一，推进健全环境风险管控体系。依托现有技术机构力量，探索在国家和区域流域层面建立“1+7”新污染物治理技术中心，并带动地方逐步提升新污染物治理监管技术能力。新污染物治理工作任务比较新，需要通过“强国家、带地方”的方式，有序组织对我国在产、在用的数万种化学物质系统开展环境风险评估，精准锚定应重点管控的新污染物，为科学制定、有效实施环境风险管控措施提供重要技术支撑。

第二，积极探索协同治理。强化战略目标协同，将新污染物治理纳入相关产业发展、区域发展、综合治理和国际履约相关规划统筹。强化监管协同，全面加强中央与地方、部门与部门、政策制定与实施的监管协同，形成工作合力。强化治理手段的协同，针对新污染物分类施策，将禁用、限用、治理等手段协同加以运用。强化污染控制的协同，统筹传统污染物和新污染物，新化学物质和现有化学物质以及大气、水、土壤等多环境介质的协同污染控制。

第三，加快推动完善治理支撑保障体系。推动加快制定出台化学物质环境风险管理法规，为新污染物治理提供法规支撑。推动加快实施新污染物治理重大科技专项，集中解决新污染物环境风险评估与环境风险管控领域面临的“卡脖子”科技难题。多渠道强化新污染物治理资金保障，推动实施新污染物治理重大工程。

持续推动各地强化尾矿库环境隐患排查整治

封面新闻记者：近年来，尾矿库污染治理的力度持续加大，但部分地区尾矿库的环境安全隐患仍然比较突出，请问生态环境部在强化尾矿库污染治理方面做了哪些工作？长江经济带、黄河流域的尾矿库污染治理取得了哪些新的进展？下一步有何工作安排？

郭伊均：谢谢您的提问。我国尾矿库数量多，长江经济带、黄河流域尾矿库数量占43%，总体情况复杂，环境风险较高，监管难度较大。近年来，我们坚持精准治污、科学治污、依法治污，持续推动各地强化尾矿库环境隐患排查整治，守牢尾矿库环境风险的底线。具体有以下四个方面。

一是健全尾矿库环境管理政策法规，先后制定发布《尾矿污染环境防治管理办法》《尾矿库污染隐患排查治理工作指南》《尾矿库环境风险监管分级分类技术规则》等政策规范文件，明确尾矿库运管单位主体责任和生态环境部门的监管责任，细化尾矿库全过程污染防治要求，规范“管什么、如何管”，基本搭建了尾矿库环境监管的“四梁八柱”。

二是实施尾矿库分类分级环境监管。我们按照环境风险高低，将尾矿库分为三个等级，环境风险从高到低分别是一级、二级、三级，建立全国尾矿库环境风险分级清单并动态更新，同步构建环境监管的信息系统。2024 年全国纳入环境监管的尾矿库有 7 820 座，其中一级尾矿库、二级尾矿库、三级尾矿库分别是 76 座、2 109 座和 5 635 座，指导各地按照等级实行差异化的监管，突出重点，有效缓解地方环境监管力量与任务不匹配的矛盾，提升精准治污的能力。

三是持续开展汛期尾矿库环境风险隐患排查整治。2021 年以来，我们坚持每年组织全国生态环境部门开展汛期尾矿库环境风险隐患排查整治，共排查发现存在环境风险隐患的尾矿库 4 340 余座。目前已经完成整改治理尾矿库 3 850 余座，并推动 1 415 座尾矿库建设完善了污染防治设施，不断提升汛期尾矿库环境安全水平。

四是推动长江经济带、黄河流域尾矿库污染治理。我们认真贯彻国家有关重大发展战略部署要求，深入推进长江经济带、黄河流域尾矿库的污染治理，组织专家赴各省（自治区、直辖市）开展尾矿库污染排查整治技术培训和现场指导帮扶，推动按照“一库一策”的原则开展治理，组织开展整改成果“回头看”，确保整改到位。

截至今年 9 月，我们已经推进长江经济带 1 440 座尾矿库、黄河流域 360 座尾矿库完成了整改治理，尾矿库环境安全的水平

明显提升。

下一步，我们将继续推动各地进一步补短板、强弱项、提能力，严密防控尾矿库的环境风险。一是推动深化尾矿库分级环境监管制度，以防控环境风险为重点，优化尾矿库分级技术规程，聚焦重点时段、重点地区加强环境风险管控，坚决守住环境风险安全底线。二是不断完善尾矿库监管的长效工作机制，以长江经济带、黄河流域为重点，推动建立企业日常自查、汛期前排查、汛期巡查、当地生态环境部门定期与不定期的抽查巡查、上级生态环境部门督查的尾矿库环境监管常态化工作机制，形成排查环境风险隐患、限期整改、及时核查整改效果的闭环监管机制。三是加快提升尾矿库环境监管信息化水平，健全“一库一档”的尾矿库数据信息系统，探索运用卫星遥感等技术手段开展尾矿库环境风险状况的动态评估和监测预警，不断提高监管的数字化水平。

废弃电器电子产品处理监管工作取得良好效果

《华夏时报》记者：废弃电器电子产品处理基金已于今年1月1日起停征，近日财政部印发了《废弃电器电子产品处理专项资金管理办法》，表明国家将继续支持废弃电器电子产品处理活动，请问目前废弃电器电子产品回收处理总体情况如何？

郭伊均：谢谢您的提问。我国是电器电子产品生产和消费使用大国，每年都有大量废弃的电器电子产品，如果对其回收处理不当泄漏到环境中，不仅将严重污染环境，而且会造成资源浪费。近年来，我们根据生态环境部门的职能定位，积极推动废弃电器电子产品处理环境监管工作并取得良好效果。

一是积极落实废弃电器电子产品处理基金制度。为落实生产者责任延伸制度，规范废电器回收处理，国务院于 2009 年出台《废弃电器电子产品回收处理管理条例》并于 2011 年实施，建立废弃电器电子产品处理基金制度。通过对符合条件企业拆解处理废电器给予资金补贴，有效促进废弃电视机、电冰箱、洗衣机、空调、微型计算机等“四机一脑”进入正规企业拆解处理。我们积极配合财政部开展废电器拆解处理的种类、数量及补贴资金审核，开展废电器拆解处理行为环境监管，确保拆解规范、基金制度顺利实施。据统计，2012—2023 年，累计约 9 亿台“四机一脑”进入正规企业进行规范拆解处理，拆解产物总量约 2 100 万 t，其中塑料约 443 万 t，铁铜及其合金约 472 万 t，CRT 玻璃约 715 万 t 等，全部交由具备相应资质的企业规范处理或者利用，既有效防范环境污染风险，又促进资源回收利用。

二是积极推进基金改专项资金制度平稳过渡。自今年 1 月 1 日起，由中央财政安排专项资金继续支持废电器规范拆解处理活动，体现国家对废电器规范拆解处理工作的重视和支持。生态环境部、财政部等部门正通过疏堵结合、综合施策等举措，推动废电器回收拆解持续规范有序开展。一方面，配合财政部明确解决历史遗留问题举措，每年将安排部分专项资金分期分批支付 2023 年 12 月 31 日以前的废电器拆解处理基金未补贴部分，消除相关企业担忧。另一方面，配合财政部明确基金改专项资金后支持举措，稳定社会预期。

三是不断加大非法拆解废电器行为环境监管力度。为认真贯彻国务院《推动大规模设备更新和消费品以旧换新行动方案》工作部署，我们及时制定了《规范废弃设备及消费品回收利用处理环境监管工作方案》，明确在全国范围内集中开展违法拆解废弃设备及消费品污染环境专项整治，严厉打击环境违法行为。生态环境部和有关地方生态环境部门在门户网站开设投诉举报专栏，对外公开举报电话及邮箱，接受社会公众提供的相关问题线索，及时整理移交当地生态环境部门查处。此外，针对手机这类拥有量大、普及率高、与公众生活密切相关的电器电子产品，我们正积极配合有关部门进一步完善废旧手机回收利用体系等。

从目前运行情况来看，基金改专项资金制度已经实现平稳过渡，截至今年 9 月底，全国 95 家正规处理企业共回收处理废电器近 7 600 万台（套），产出约 37 万 t 废塑料、52 万 t 废铜铁铝及其合金等，它们均进入下游企业再生利用，各类拆解处理产生的危险废物与其他环境风险物质均得到规范利用处置，全国废电器规范回收利用态势持续回升向好。特别是随着国家“两新”政策[①]的推进发力，预计后期废电器拆解数量还会明显上升。

---

①“两新”政策是指推动大规模设备更新和消费品以旧换新政策。

新化学物质环境管理登记各项工作取得积极进展

《中国青年报》记者： 国务院办公厅2022年发布的《新污染物治理行动方案》要求全面落实新化学物质环境管理登记制度，请问这项工作目前的进展和成效如何？下一步有何打算？

郭伊均： 谢谢您的提问。开展新化学物质环境管理登记，通过对在我国首次生产或者进口的化学物质实施基于环境风险的准入制度，有助于从源头有效预防具有较高环境风险的化学物质进入经济社会和生态环境，是从源头防控新污染物环境风险的重要抓手。我国自2003年实施新化学物质环境管理登记制度以来，相关的政策不断完善，技术标准不断更新，要求也在不断提高，各项工作取得了积极进展，主要有以下三个方面：

一是狠抓建章立制，完善政策体系。近年来，我们不断加强新化学物质环境管理登记政策和技术标准体系建设，目前已经建立了以《新化学物质环境管理登记办法》为核心，以《新化学物质环境管理登记指南》为配套，以化学物质环境和健康危害评估、暴露评估、风险表征三项技术导则，化学物质测试术语和环境管理命名规范、《中国现有化学物质名录》以及相关测试技术方法等为支撑的较为完善的政策标准体系。

二是强化技术评审，促进精准管控。在新化学物质环境管理登记评审工作中，我们严格审查新化学物质的标识信息、测试报告、环境风险评估报告、社会经济效益分析报告等申请材料，2021—

2024 年共识别评估了 566 种化学物质的危害和环境风险，提出了包括“三废”（废水、废气、固体废物）等处置和数量限制等在内的 987 项环境风险控制措施，有效防控新化学物质环境风险。

三是严格环境准入，推动绿色创新。《新化学物质环境管理登记办法》对新化学物质的环境准入设置了严格的条件。在 2021—2024 年批准常规登记的 101 种新化学物质中，有 23 种持久性、生物累积性和毒性均不具有；在批准简易登记的 465 种新化学物质中，有 114 种持久性、生物累积性和毒性均不具有。通过严格的审批，从源头推进我国相关行业研发、生产和使用对环境友好的化学物质，促进绿色化学发展，既防控新化学物质环境风险，又提升相关产品的国际竞争力，有效应对未来可能的绿色贸易壁垒。

下一步，我们将按照国务院办公厅印发的《新污染物治理行动方案》工作部署，继续抓好新化学物质环境管理登记制度的全面深入实施，继续完善相关政策标准，加强监管执法，不断提升新化学物质环境管理的水平，谢谢大家！

裴晓菲：感谢郭伊均司长，谢谢各位记者朋友的参与，今天的发布会到此结束。再见！

10月例行新闻发布会背景材料

固体废物与化学品环境管理是生态文明建设的重要内容，是绘就美丽中国画卷不可或缺的重要组成部分。党的二十大以来，党中央、国务院对固体废物与化学品污染防治提出了一系列重大部署，针对固体废物综合治理、“无废城市”建设、新污染物协同治理、强化危险废物监管和利用处置能力等明确了新任务、新要求，全国固体废物与化学品环境管理领域认真贯彻党中央、国务院决策部署，深化改革创新，取得积极进展。

一、工作成效

（一）“无废城市”建设向纵深推进

自国务院办公厅印发《“无废城市”建设试点工作方案》以来，“无废城市”建设试点累计实施固体废物利用处置工程420余项、涉及资金超过1 200亿元，形成97项经验模式，为“无废城市”建设试点逐步向全国推开奠定了坚实基础。“十四五”以来，全国“113+8”个城市和地区按照“点上有特色、区域有创新、整体有质量”的思路深化推进，先后印发实施方案，计划建设3 700余个工程项目，投资超过1万亿元。浙江等19个省级行政区积极推进全域“无废城市”建设。粤港澳、长三角、川渝等地区积极推进区域“无废城市”共建。江苏省积极推进“无废运河”建设，指导28家化工园区全面启动“无废园区”建设。中石化等6家大型国有企业集团积极开展“无废集团”建设。以机关、企业、学校等为重点累计建设2.5万余个“无废细胞”，“无废”理念深入人心。

（二）不断补齐危险废物监管和处置能力短板

2021年以来，各级、各部门积极落实国务院办公厅印发的《强化危险废物监管和利用处置能力改革实施方案》，着力补齐设施短板，截至2023年年底，全国危险废物集中利用处置能力超过2亿t/年，较2020年增长了50%，与产废情况总体匹配。大力推进危险废物“1+6+20”重大工程建设。持续开展危险废物规范化环境管理评估，2023年全国共排查危险废物相关单位17.6万家次。不断提升危险废物环境监管信息化水平，共约78万家企业纳入信息系统管理，较2018年启动系统使用时增加了近15倍。我部联合最高人民检察院、公安部自2020年以来连续组织开展专项行动，危险废物非法转移倾倒案件高发态势得到遏制。

（三）固体废物规模化利用取得突破

“十四五”以来，多部门联合推动各地大宗固体废物综合利用。内蒙古鄂尔多斯每年综合利用超过6 000万t煤矸石对煤矿采空区、沉陷区等开展生态修复和土地复垦。云南昆明利用超过1 400万t磷石膏用于磷矿石采硫回填生态修复和复垦。浙江台州探索构建“蓝色循环”海洋塑料废弃物治理模式，每年回收的海洋塑料垃圾超过2 200 t，荣获2023年联合国“地球卫士奖”。持续推动废弃电器电子产品规范拆解，2012年以来规范处理企业共拆解处理约9亿台废电器，约产出1 200万t废塑料、废金属等进入下游企业再生利用。

（四）重金属和尾矿库环境监管不断强化

组织排查建立涉重金属重点行业企业监管清单，2024年纳入清单企业11 345家。2021年以来，推动涉重金属产业淘汰落后产能项目730多个，完成重金属深度治理项目240余个。积极探索建立尾矿库分类分级环境监管制度，按照环境风险状况对7 820座尾矿库实施差异化监管。2024年以来，全国共完成一级尾矿库、二级尾矿库2 185座污染隐患排查，抽查三级尾矿库4 201座。

（五）新污染物治理迈出重要步伐

2022年国务院办公厅印发《新污染物治理行动方案》，生态环境部积极会同有关部门扎实推动实施，一是印发实施《化学物质环境信息统计调查制度》，完成122个重点行业4 000余种潜在高风险化学物质的生产和使用情况调查。二是联合印发《重点管控新污染物清单》，针对14种具有突出环境与健康风险的新污染物，实施“禁、减、治”等全生命周期环境风险管控措施。三是积极开展新污染物治理试点，已批复7个省级行政区开展重点领域、行业、流域区域等8个类型试点示范。四是严格落实新化学物质环境管理登记制度，2021—2024年共评估566种新化学物质环境风险，提出987项管制措施，从源头防控新污染物环境风险。五是将新污染物治理要求纳入产业结构调整指导目录中，促进相关行业高质量发展。

（六）严格履行国际环境公约

严格履行《关于持久性有机污染物的斯德哥尔摩公约》，停止了29种类持久性有机污染物的生产和使用；提前完成在涉多氯联苯处置两个公约目标；在生产大幅上升的情况下，重点行业烟气二噁英排放强度大幅下降，大气环境中二噁英浓度相应呈下降趋势。落实《关于汞的水俣公约》要求，停止7个行业的用汞工艺，禁止九大类添汞产品的生产和进出口，现有聚氯乙烯生产的单位产品用汞量较2010年下降了50%以上。

二、当前形势问题

在看到进展和成绩的同时，我们清醒地认识到，固体废物与化学品环境治理体系和环境风险防控能力与当前形势任务要求、与人民群众对全面建设美丽中国的期待还存在明显差距。例如，危险废物监管实现实时全程可追溯规范化、信息化监管目标仍有差距；危险废物利用处置能力建设不平衡，总体过剩与部分区域能力不足矛盾并存；大宗固体废物大量堆存问题突出，煤矸石、煤灰煤渣等涉煤固体废物、磷石膏、脱硫石膏、赤泥、锰渣、建筑垃圾等全国大宗固体废物利用处置不足；新兴固体废物问题逐步出现，新能源产业加快发展的同时，废光伏组件及风机叶片、废动力电池等“新三样”固体废物带来的环境影响已受到国内外普遍关注。新污染物问题日益成为社会各界关注热点，由于我国新污染物治理刚刚起步，环境风险的“筛、评、控”技术手段不足，环境风险防控任务任重道远。

三、近期重点工作考虑

（一）系统谋划“十五五”重点工作

立足全面建设美丽中国要求，在全面摸清固体废物和新污染物治理现状等基本情况的基础上，高质量谋划固体废物和新污染物“十五五”工作，以全面建立危险废物环境管理全过程可追溯信息系统、加快推进典型大宗固体废物综合利用和新污染物环境风险管控为重点，合理确定工作目标以及考核指标，科学规划工作措施、重点项目、组织保障等，以推动实施工程项目为牵引，以解决重点、难点问题为出发点，多渠道争取治理资金投入，努力书写美丽中国建设中的固体废物与化学品环境管理篇章。

（二）深入推进“无废城市”建设和大宗固体废物综合利用

认真组织实施“无废城市”建设进展评价办法，着力推动参与城市通过工程项目措施解决固体废物问题，推动由“建设”向“建成”过渡，探索试点发布反映综合治理成效的“无废指数”。开展典型大宗工业固体废物堆存场所排查，寻求“基于自然”解决方案，以防范环境风险为重点，指导地方探索通过井下充填、生态修复、路基材料等消纳渠道推动煤矸石、粉煤灰、磷石膏、赤泥等典型大宗固体废物安全规范综合利用。加快建筑垃圾和废光伏设备、风机叶片等污染控制规范的制定。

（三）严守“一废一库一重”生态环境风险防控底线

推进危险废物全过程信息化环境监管，启动推进全国危险废物“五即”规范化建设，逐步实现危险废物从产生到处置全程二维码信息化管理。深化危险废物规范化环境管理评估，严格管控危险废物填埋处置，建立健全危险废物环境风险防控长效机制。继续加快推动国家危险废物“1+6+20”重大工程建设。加快健全尾矿库分类分级、“一库一档”数据信息系统，探索运用卫星遥感等技术手段开展尾矿库污染状况动态评估和监测预警，提升监管数智化水平。推动重金属减排，全国重金属污染物累计下降了5%。制定实施进一步加强重金属精准防控工作的意见，探索划定全国重金属特别管制区域、重点防控区域和一般监管区域，创新重金属分区精准控制制度。

（四）扎实推进新污染物协同治理和环境风险管控

加快谋划、积极推进建立新污染物协同治理和环境风险管控体系。深入落实新化学物质环境管理登记制度，严格从源头防控新污染物环境风险。加快推动出台化学物质环境风险管理条例，更新《化学物质环境信息统计调查制度》，制订优先评估计划（第二批）和优先控制化学品名录（第三批），修订《重点管控新污染物清单》。持续开展新污染物环境调查和环境风险评估，持续开展新污染物治理试点示范，组织开展新污染物治理跨部门联合行动。

11月例行新闻发布会实录

2024年11月6日

11月6日，生态环境部举行11月例行新闻发布会。生态环境部应对气候变化司司长夏应显出席发布会，介绍我国应对气候变化工作进展情况，并发布《中国应对气候变化的政策与行动2024年度报告》。生态环境部新闻发言人裴晓菲主持发布会，通报近期生态环境保护重点工作进展，并共同回答了记者提问。

11 月例行新闻发布会现场（1）

11 月例行新闻发布会现场（2）

裴晓菲：各位媒体朋友，大家上午好！欢迎参加生态环境部11月例行新闻发布会，今天发布会的主题是“积极应对气候变化，共建清洁美丽世界”。我们邀请到生态环境部应对气候变化司司长夏应显先生介绍有关工作，并回答大家关心的问题。

下面，我先通报一下我部最新情况。

一、联合国《生物多样性公约》第十六次缔约方大会召开

当地时间10月21日至11月2日，联合国《生物多样性公约》第十六次缔约方大会（COP16）在哥伦比亚卡利举行，各缔约方、利益攸关方上万名代表参加大会。COP15主席、生态环境部部长黄润秋出席开幕式并致辞，与哥伦比亚环境和可持续发展部部长穆罕默德正式交接主席职责。

COP16的主题是“与自然和平相处”，各方围绕保护生物多样性、可持续利用自然资源等展开了讨论。面对生物多样性丧失的严峻形势，COP15达成了“昆蒙框架”等具有里程碑意义的成果，全球生物多样性保护事业翻开了新的篇章。COP16作为“昆蒙框架”达成后的首次缔约方大会，共同审查了“昆蒙框架”实施进展，诊断可能存在的问题与挑战，提出前瞻性解决方案，为后续目标的实现绘制了更为清晰和切实可行的行动蓝图。

COP16期间，还召开了昆明基金理事会第二次会议。昆明基金是习近平主席宣布设立、旨在支持发展中国家生物多样性保护事业的重要举措，为“昆蒙框架”全面有效落实提供积极支撑。会议回

顾了昆明基金启动以来的工作进展，审议并通过昆明基金首批支持项目清单、理事会议事规则、技术咨询小组工作大纲、新一批全额项目指南等。昆明基金首批支持的项目共9个，其中，中东欧区域1个、亚太区域4个、非洲和拉美区域各2个，共覆盖15个国家。后续，昆明基金将继续围绕生物多样性主流化等“昆蒙框架”关键目标，支持实施一批“小而美”项目，持续为广大发展中国家落实“昆蒙框架”提供动力。

二、《全面实行排污许可制实施方案》发布

近日，生态环境部发布《全面实行排污许可制实施方案》（以下简称《实施方案》）。制定《实施方案》是贯彻落实党的二十大和二十届三中全会精神的重要改革举措，对推进生态环境治理体系和治理能力现代化具有重要意义。《实施方案》紧扣改善生态环境质量，谋划全面实行排污许可制度改革任务，持续推动排污许可制度改革走深走实。

《实施方案》提出，到2025年，全面完成工业噪声、工业固体废物排污许可管理，基本完成海洋工程排污许可管理，基本实现环境管理要素全覆盖。到2027年，排污许可“一证式”管理全面落实，排污许可制度效能有效发挥。

《实施方案》聚焦污染物排放量管控，推动多项环境管理制度在深度和广度上进一步衔接融合，明确环境影响评价、总量控制、自行监测、生态环境统计、环境保护税等制度与排污许可制度的衔

接路径，积极探索入河（海）排污口设置、危险废物经营许可证等与排污许可制度衔接。

《实施方案》全面落实固定污染源“一证式”管理，推动排污单位构建基于排污许可证的环境管理制度，强化排污许可、环境监测、环境执法的联合监管、资源共享和信息互通，创新信息化监管方式，完善环境守法和诚信信息共享机制，构建环境信用监管体系，强化社会监督。

三、第三届全国生态环境监测专业技术人员大比武活动全国决赛举行

近日，由生态环境部、人力资源社会保障部、全国总工会、共青团中央、全国妇联和国家市场监督管理总局共同举办的第三届全国生态环境监测专业技术人员大比武活动全国决赛在江苏省南通市举行，这是六部门时隔五年再次联合组织开展的一次重要赛事。

本届大比武分为省级赛和全国决赛两个阶段。省级赛已于8月底全部结束，共选拔出32支代表队、384名选手参加全国决赛。本届大比武紧紧聚焦深入打好污染防治攻坚战和美丽中国建设要求，在保留实验分析项目的基础上，综合比武增设污染源监测、应急监测、环境空气质量自动监测3个项目，涵盖地表水、环境空气、废气、土壤等各要素，专项比武增设辐射应急监测项目，突出内容实战化、技术手段现代化，注重人工智能、卫星遥感、无人机等的应用。大比武是切实保障生态环境监测数据“真、准、全、快、新”的一次

练兵，充分展示生态环境监测工作科技赋能、数智转型的最新面貌，展示生态环境保护队伍爱岗敬业、履职尽责的精神风貌。

本届大比武全国决赛最终决出个人奖项与团体奖项，比赛结果将于近期在生态环境部官网公示。

裴晓菲：下面请夏应显司长介绍情况。

生态环境部应对气候变化司司长夏应显

《中国应对气候变化的政策与行动 2024 年度报告》发布

夏应显：谢谢晓菲司长！各位记者朋友，大家上午好！非常高兴出席本次新闻发布会，向大家介绍我国应对气候变化工作进展，发布《中国应对气候变化的政策与行动 2024 年度报告》（以下简称《年度报告》）。非常感谢大家长期以来对应对气候变化工作的支持、关心、帮助和宣传。

自 2008 年起，我们每年编制中国应对气候变化的政策与行动年度报告，2024 年，我们继续编制《年度报告》。《年度报告》全面展示 2023 年以来各领域、各部门应对气候变化政策、措施和重点工作的进展和成效，以数据和事实体现我国重信守诺、聚焦落实的理念，体现了我国积极应对气候变化的负责任态度。《年度报告》主要包括中国应对气候变化的新部署、新要求以及减缓、适应气候变化，全国碳市场建设，政策体系和支撑保障以及积极参与应对气候变化全球治理等方面的相关进展，并阐述了中方关于《联合国气候变化框架公约》第二十九次缔约方大会的相关立场和主张。

习近平总书记强调，应对气候变化是人类共同的事业。中国始终高度重视应对气候变化，将积极应对气候变化作为实现自身可持续发展的内在要求和推动构建人类命运共同体的责任担当。我们推动产业和能源结构调整，采取节能提高能效、建立完善碳市场、增加森林碳汇、提高适应能力等一系列措施，构建完成碳达峰碳中和“1+N”政策体系，能源和产业结构不断优化，碳市场建设不断取得进展，碳排放统计核算等基础能力持续提升，经济社会发展全面绿色转型取得新成效。

同时，我们坚持多边主义，坚持“共同但有区别的责任”等原则，积极建设性参与应对气候变化全球治理进程，是气候领域的行动派

和实干家，发挥了稳定器、推动者的作用。深入开展气候变化南南合作，帮助最不发达国家、非洲国家、小岛屿国家等发展中国家提高应对气候变化能力。

COP29很快就要召开，我们呼吁各方落实《联合国气候变化框架公约》及其《巴黎协定》目标、原则与安排，发出多边进程不可逆转、国际合作不可或缺的积极信号，为应对气候危机的全球努力带来更多的确定性。中方愿意继续发挥积极建设性作用，与各方一道按照公开透明、广泛参与、协商一致、缔约方驱动的原则，推动COP29取得积极成果。

下面，我愿意回答记者朋友们的提问。谢谢大家！

裴晓菲：下面进入提问环节，提问前请通报一下所在的新闻机构，请大家举手提问。

我国持续加强应对气候变化南南合作

澎湃新闻记者：中国在应对气候变化南南合作方面做了哪些工作，有哪些进展？中国作为最大的发展中国家，未来将在哪些领域开展南南合作？

夏应显：长期以来，中国持续通过气候变化南南合作为其他发展中国家，特别是为小岛屿国家、最不发达国家和非洲国家应对气候变化提供支持。截至目前，中国已与42个发展中国家签署了53份气候变化南南合作谅解备忘录，通过合作建设低碳示范区、开展减缓和适应项目、举办交流研讨班这些方式，帮助提升发展中国家应对气候变化能力。

当前，我们正在着重推动以下工作。一是支持发展中国家能力建设。每年围绕减缓、适应、资金、谈判等主题举办能力建设研讨班，支持发展中国家在应对气候变化领域的专业人才培养。截至目前，已累计举办300多期研讨班，为120余个发展中国家提供1万余人次培训名额。二是积极开展南南合作“非洲光带”旗舰项目。黄润秋部长在首届非洲气候峰会上启动实施“非洲光带”旗舰项目，将帮助5万户左右非洲地区无电贫困家庭解决用电照明问题，助力非洲绿色低碳发展。截至目前，我们已顺利推动与5个非洲国家签署“非洲光带”合作文件，预计将帮助解决近3万户非洲无电家庭日常用电问题。三是积极实施早期预警项目。长期以来，早期预警一直是中方开展应对气候变化南南合作的重点方向。生态环境部与世界气象组织、中国气象局共同签署了《关于支持联合国全民早期预警倡议的三方合作协议》，并与巴基斯坦开展了首个落实三方协议的合作项目，在COP29上，我们将举办“加强早期预警，共筑气候适应的未来”高级别活动，并在活动中签署巴基斯坦物资交付证书。

未来，中国将继续加强应对气候变化南南合作，发挥中国在光伏、新能源汽车、早期预警等方面的优势，通过物资援助、技术援助、交流研讨、联合研究等方式，开展务实合作项目，在力所能及的范围内为其他发展中国家的应对气候变化工作提供帮助。

发达国家应履行出资义务并继续带头调动资金

《每日经济新闻》记者：即将举行的COP29被许多媒体认为是一次气候资金大会，将对全球2025年后气候资金目标作出相应的安排，您认为如何解决气候危机资金缺口的问题？如何动员发达国家拨款协助发展中国家应对气候变化？

夏应显：气候资金作为气候国际进程中的焦点、热点与难点，关乎南北国家互信、发达国家和发展中国家的信任，是多边进程取得进展的关键。各方将在本次大会上完成制定全球2025年后气候资金目标及相关安排。我们注意到发达国家和发展中国家在资金目标涉及的出资方、资金来源、资金规模等问题上有不同看法。中方主张要把握好以下几方面。

一是坚持《巴黎协定》的原则、规定和授权，确保不重新谈判或改写《巴黎协定》相关规定。发达国家应履行出资义务并继续带头调动资金，鼓励其他国家自愿参与。

二是发达国家2025年以前要切实兑现已经承诺的每年向发展中国家捐资1 000亿美元的资金支持的目标，实现适应资金支持翻倍，2025年后在此基础上进一步扩大资金规模。

三是资金来源明确必须以发达国家公共资金为主，通过公共资金向国际社会传递积极稳定的政策信号，进一步撬动和扩大多边开发银行的融资和私营部门的投资。

需要进一步说明的是，在资金问题上，发达国家出资是必答题，其他国家自愿出资是选答题，私营部门融资是课外题。我们认为，首先要把必答题答好，在此基础上通过多边开发银行等金融机构以及私营部门把“资金蛋糕”做大。“全球南方”可以进一步促进南南合作、互助自强，作为资金目标之外的“锦上添花”。

我国全面推动国家自主贡献实施并取得积极成效

《财新周刊》记者：根据《联合国气候变化框架公约》第二十八次缔约方大会（COP28）决定，各国要在2025年更新到2035年的国家自主贡献，这也是《巴黎协定》全球盘点以后各方关注的焦点。中国对国家自主贡献目标落实进展如何，以及对更新2035年的国家自主贡献有哪些考虑？

夏应显：谢谢您的提问。国家自主贡献也就是我们说的NDC，是《巴黎协定》确定的“自下而上”的核心履约机制安排，是《联合国气候变化框架公约》各缔约方根据自身情况自主确定的应对气候变化行动目标。2020年9月22日，习近平主席在第七十五届联合国大会的一般性辩论上郑重宣示：中国将提高国家自主贡献力度，采取更加有力的政策和措施，二氧化碳排放力争于2030年前达到峰值，努力争取2060年前实现碳中和。这是中国基于推动构建人类命运共同体的责任担当和实现可持续发展的内在要求作出的重大战略决策。作为最大的发展中国家，我国将完成碳排放强度全球最大降幅，用历史上最短的时间从碳达峰到碳中和，这不是轻而易举就能实现

的，需要付出艰苦的努力，推动广泛而深刻的经济社会系统性变革。

中国已经采取了一系列行动，全面推动国家自主贡献实施并取得积极成效。您问到的有关进展方面，这里有一组数据：2023年，中国持续推动碳强度下降工作，非化石能源消费占能源消费比重达到17.9%，森林蓄积量达到了194.93亿m^3，比2005年增加了65亿m^3，已经实现2030年目标。截至2024年7月底，风电、太阳能发电总装机容量达到了12.06亿kW，是2020年年底的2.25倍，提前六年多实现了我们所说的2030年的装机容量目标，为应对气候变化作出了重要贡献。目前，中国正在研究制定新一轮国家自主贡献目标，我们将基于国情，在可持续发展框架下，按照《巴黎协定》及去年通过的“阿联酋共识”，于2025年适时向《联合国气候变化框架公约》秘书处通报2035年的国家自主贡献。

中方为推动巴库大会取得积极成果奠定基础

央视新闻记者：当前全球层面各方面复杂因素不断叠加，给今年多边进程带来了不确定性，引发国际社会担忧。中方为推动多边进程和联合国气候变化巴库大会成功做了哪些努力，取得哪些效果？

夏应显：在习近平生态文明思想指引下，本着人类命运共同体理念，一直以来我们积极参与气候变化多边进程。2024年，我们与COP29主席国阿塞拜疆、联合国、《联合国气候变化框架公约》秘书处以及广大发展中国家和发达国家保持密切沟通交流，积极推动全球气候治理，成功主办第八届气候行动部长级会议（MoCA）、“基础四国”气候变化部长级会议、立场相近发展中国家会议等多场气候外交活动，在复杂的国际形势下，我们以坚定不移应对气候变化的确定性对冲了全球范围内存在的气候政策走向多边的不确定性，在气候变化多边进程中发挥了压舱石和稳定器的作用。

前面说到的MoCA于今年7月在湖北省武汉市举办，得到了去年COP28主席国阿联酋、今年COP29主席国阿塞拜疆、明年COP30[①]主席国巴西“三驾马车”也就是三个主席国的支持。我国领导人出席开幕式并作主旨讲话，生态环境部部长黄润秋担任会议主席，来自阿联酋、阿塞拜疆、巴西、澳大利亚、新西兰、德国、美国等34个国家以及联合国秘书长代表、《联合国气候变化框架公约》执行秘书等30名部级代表参加会议，出席会议部级代表数量为历届之最。会议期间，与会代表就联合国气候大会回顾及展望、生物多样性与气候统筹协同、减缓与低碳转型、适应与气候复原力、支持与实施手段、全球气候行动与合作展望、能源低碳转型与发展可再生能源等关键议题，坦诚深入交换意见，努力增信释疑、求同存异。会后发布了主席总结文件，重申了各方坚持《联合国气候变化框架公约》和《巴黎协定》的基本方向，为后续气候谈判捋清了关键问题，平衡反映了南北阵营关切，识别潜在的搭桥方案，为推动今年年底COP29取得积极成果奠定了良好基础。同时，我们作为中国、印度、

① COP30即《联合国气候变化框架公约》第三十次缔约方大会。

巴西、南非“基础四国”主席国，今年还召开了“基础四国”气候变化部长级会议，发表了联合声明，传递了发展中国家坚持多边主义、维护《联合国气候变化框架公约》及其《巴黎协定》、加强国际合作、反对单边贸易措施的积极信号。我们将继续与其他各方一道，对话沟通、相向而行、聚同化异，推动COP29取得积极成果。

全国温室气体自愿减排交易市场取得进展成效

封面新闻记者：全国温室气体自愿减排交易市场启动已经近一年时间，请问目前运行情况如何？下一步在完善自愿碳市场建设方面，生态环境部还有哪些考虑？

夏应显：全国温室气体自愿减排交易市场（自愿碳市场）是继全国碳排放权交易市场（强制碳市场）后，我国推出的又一个助力实现碳达峰碳中和目标的重要政策工具，自今年1月启动以来，主要取得三方面的进展成效。一是构建基础制度框架。生态环境部联合国家市场监督管理总局印发了《温室气体自愿减排交易管理办法（试行）》，指导制定并发布相关配套制度文件，向市场主体提供全流程、全要素的规范指引。二是明确市场优先支持领域。我们首批发布造林碳汇、并网光热发电、并网海上风力发电、红树林营造等4项自愿减排项目方法学，之后我们组织编制煤矿瓦斯利用和隧道照明节能方法学，支持甲烷利用、交通节能等领域发展，进一步扩大市场支持领域。三是完成基础设施和机构建设。组织建设全国统一的温室气体自愿减排注册登记系统和交易系统并已经上线运行，2024 年 1 月自愿碳市场启动。6 月，国家认证认可监督管理委员会批准一批审定核查机构。截至 2024 年 10 月，已经公示减排项目 44 个，按目前已经公示的项目计算，预计每年可产生核证自愿减排量 1 137 万余吨。

下一步，我部将持续完善温室气体自愿减排交易机制，进一步发挥市场机制对控制和减少温室气体排放的积极作用。一是强化制度设计。指导注册登记机构与交易机构建立管理制度，加强机构内部管理。针对项目业主、审定核查机构等不同市场主体，建立健全监督管理机制，规范市场主体行为。二是扩大市场支持领域。常态化开展方法学公开征集和遴选评估。结合我国碳达峰碳中和实现进程和有关行业的发展进步，适时更新方法学的适用条件、减排量核算方法和额外性论证方式，动态管理整个进程，确保制度的科学性、合理性和可操作性。三是建立健全数据质量监管机制。与有关部门合作建立常态化监督帮扶和执法检查工作机制，提升数据质量监管的信息化、智能化水平，严管、严查、严惩自愿减排项目和减排量弄虚作假行为。我们期待从以上三个方面完善自愿碳市场建设。

强制碳市场运行总体平稳

央广网记者：生态环境部印发实施了《2023、2024 年度全国碳排放权交易发电行业配额总量和分配方案》。请问当前强制碳市场启动以来有哪些进展和成效，下一步生态环境部对于推动全国碳排放权交易市场建设有哪些计划与工作重点？

夏应显：谢谢您的提问。全国碳排放权交易市场，也就是您刚才说的强制碳市场，是我们利用市场机制控制温室气体排放、推动绿色低碳的一个制度创新，也是推动实现我国碳达峰碳中和目标和国家应对气候变化自主贡献目标的核心政策工具。强制碳市场于2021年7月启动上线交易，碳排放配额累计成交量接近5亿t，成交额297亿元，交易价格呈稳步上升的趋势，目前在100元/t的价位上下波动，市场运行总体平稳。今年以来，市场建设取得进一步的进展和成效。

一是制度体系进一步完善。今年5月，国务院颁布实施了《碳排放权交易管理暂行条例》（以下简称《条例》），《条例》的出台具有重大意义，作为我国应对气候变化领域的首部专门法规，为碳市场建设提供了上位法依据。《条例》与碳排放核算核查、配额分配、注册登记、交易结算等30多项规章制度和技术规范共同形成了我国碳市场多层级、比较完备的法律制度体系。

二是持续加强数据质量管理。我们坚持将数据质量作为碳市场建设的“生命线”，不断优化碳排放核算核查方法，实施关键参数的月度存证制度，开展“国家—省—市”三级联审，及早消灭数据质量隐患。目前，市场碳排放核算的规范性、准确性和时效性都得到大幅优化，满足了市场平稳运行需要，也为碳足迹管理等其他相关政策提供了关键的数据支撑。

三是有序开展了发电行业2023、2024年度配额发放与清缴。组织制定了《2023、2024年度全国碳排放权交易发电行业配额总量和分配方案》，也就是您刚才问题中提到的方案，印发《关于做好2023、2024年度发电行业全国碳排放权交易配额分配及清缴相关工作的通知》，组织各省级行政区开展了2 200多家发电企业的配额分配和清缴工作，确保市场的平稳有序运行。

四是做好扩大行业覆盖范围的基础准备工作。为落实2024年《政府工作报告》提出的关于全国碳市场扩围的任务要求，我们组织编制了全国碳排放权交易市场覆盖水泥、钢铁、铝冶炼行业工作方案，并征求了各方的意见，印发实施了水泥、铝冶炼行业等核算核查指南等4项技术规范，同时也正在抓紧推进编制钢铁行业的核算核查指南。

下一步，我们将进一步落实《条例》规定，修订出台碳排放权交易管理办法等配套制度，持续夯实数据质量，严厉打击数据弄虚作假等违法行为，积极推动将钢铁、水泥、铝冶炼三个行业纳入全国碳排放权交易市场，也就是我们说的下一步扩围的相关安排，加快建成更加有效、更有活力、更具国际影响力的碳市场。

我国为应对气候变化作出了重要贡献

《瞭望》新闻周刊记者：今年是《联合国气候变化框架公约》生效实施三十周年，《巴黎协定》也将于明年迎来通过十周年。如

何评价自加入《巴黎协定》以来，中国在履行协定、应对气候变化方面做出的努力？这次气候变化大会中方将有何立场和期待？

夏应显：《联合国气候变化框架公约》奠定了国际社会合作应对气候变化的政治和法律基础，三十年来发挥了气候变化多边进程主渠道作用。2015年达成的《巴黎协定》就2020年后全球气候行动与合作作出安排，进一步强化了《联合国气候变化框架公约》的实施，《巴黎协定》达成近十年，为推动全球绿色低碳转型发挥了关键作用。

中国高度重视应对气候变化，是《联合国气候变化框架公约》首批缔约方之一，也是最早签署和批准《巴黎协定》的国家之一。中国与发达国家和其他发展中国家紧密对话合作，在《巴黎协定》的达成、签署、生效和实施各个阶段发挥了关键作用、作出了重要贡献。中国作为应对气候变化全球治理的积极参与者、贡献者和引领者，立足自身实际，主动承担与发展阶段和国情能力相符的国际责任，采取积极行动应对气候变化。

我们持续推动产业和能源结构调整，采取了一系列措施，在前面我已经给大家报告了我们这方面的具体数据，来说明过去十年我们在应对气候变化方面取得的成就。特别是刚才说的“两个提前”：森林蓄积量已提前实现2030年国家自主贡献的目标，风和光电的总装机容量也提前实现了向国际社会承诺的目标。这些数据扎扎实实地说明了中国在应对气候变化方面是一个实干派，我们扎扎实实为应对气候变化作出了重要贡献。

正如您所说的，COP29 是一次承前启后的大会。中国代表团将发挥积极建设性作用，支持主席国阿塞拜疆，推动其他缔约方一道遵循《联合国气候变化框架公约》及其《巴黎协定》授权，推动本次大会达成积极平衡成果。一是希望本次大会坚持并落实《联合国气候变化框架公约》及其《巴黎协定》的目标、原则与安排，发出多边进程不可逆转、国际合作不可或缺的积极政治信号，为应对气候危机的全球努力带来更多确定性，持续促进全球绿色低碳、气候韧性的转型和创新。二是希望发达国家落实为发展中国家提供资金、技术和能力建设支持的承诺，为 2025 年发展中国家提交国家自主贡献营造南北互信的政治环境。发达国家承担对发展中国家支持的出资义务，及早承诺一个远高于 1 000 亿美元的具体目标数字是打开 COP29 成果的“金钥匙”“总开关”。三是希望各方维护多边主义，推动最广泛的国际合作来应对全球气候变化挑战。我们敦促有关国家摒弃单边主义，解决推高气候行动成本的、不合理的单边措施等障碍，切实回应广大发展中国家的关切，为 2025 年提交国家自主贡献奠定公平、公正的基础。

气候变化是全球性问题，没有哪个国家能够独自应对，也没有哪个国家可以独善其身，团结协作才是唯一出路。中方愿与各方一道，为 COP29 取得成功付诸努力，为全球气候治理事业作出贡献。

推动《关于建立碳足迹管理体系的实施方案》工作落实

海报新闻记者：今年，生态环境部等15部门联合印发《关于建立碳足迹管理体系的实施方案》（以下简称《实施方案》），其中分阶段明确了碳足迹管理体系的建设目标。请问，截至目前，生态环境部都开展了哪些工作，下一步如何继续推动落实？

夏应显：谢谢您的提问。前面说的碳市场扩围是今年《政府工作报告》所提的一项重点工作任务，碳足迹管理体系的建设也是今年《政府工作报告》提出的另外一项工作任务要求。为落实这方面的工作任务，我们在今年5月联合14个部门印发了《实施方案》，《实施方案》编绘了我国碳足迹管理体系建设的“任务书”和“施工图”，重点明确产品碳足迹核算标准和碳足迹因子数据库这“两大基石”，分别来解决产品碳足迹“怎么算”和“算得出”的问题；探索构建碳标识认证、产品碳足迹分级管理和信息披露“三项制度”，来实现碳足迹“算得准”、促进产品碳足迹“往下减”和实现碳足迹信息“受监督”的目标。为推动《实施方案》工作落实，帮助外贸企业有效应对国际涉碳贸易壁垒，立足破解碳足迹管理中的难点，我们主要开展了以下四个方面工作。

一是我部组织编制《温室气体　产品碳足迹　量化要求和指南》（GB/T 24067—2024）（以下简称《要求和指南》）并已于近期发布实施，《要求和指南》作为我国产品碳足迹核算“母标准”或者“标准的标准”，来指导具体产品碳足迹核算标准编制。我们组织相关单位编制电力等基础能源和动力电池、光伏等重点外贸产品的碳足迹核算标准并尽快发布。

二是结合相关工作需要，今年4月发布了2021年全国电力平均二氧化碳排放因子，同时从煤电油气等基础能源和交通运输等领域的通用因子着手，加快推进产品碳足迹因子的研究工作。

三是配合市场监管部门开展产品碳足迹标识的认证试点，同时也鼓励地方先行先试。

四是加强产品碳足迹的国际交流，跟踪研判国际涉碳贸易政策和产品碳足迹规则的发展趋势，并积极应对。

下一步，我们将会同相关部门，落实《实施方案》的任务要求，持续建设“两大基石”和“三项制度”，推进我国碳足迹核算标准的规则国际交流互认，加快建立碳足迹管理体系，推动新质生产力发展，助力美丽中国建设。

中国一贯坚持减缓和适应并重，主动适应气候变化

《南方周末》记者：在极端天气事件日益频繁的背景下，气候适应已成为刻不容缓的工作，中国在适应气候变化方面采取了哪些政策和行动，对于COP29气候适应相关谈判，中方有何期待？

夏应显：如您所说，近年来，气候变化对全球的影响日益加剧，

极端降水、台风、高温、极寒等极端天气气候事件日益频繁，今年我国多地还出现了海水倒灌现象，给人民生命财产安全和经济社会发展带来前所未有的挑战，主动适应气候变化已经成为当前面临的一项现实而紧迫的任务。

中国一贯坚持减缓和适应并重，将主动适应气候变化作为实施积极应对气候变化国家战略的重要内容。一是加强适应气候变化顶层设计。2022年，我们联合其他16个部门印发了《国家适应气候变化战略2035》，对当前至2035年适应气候变化工作作出系统谋划。二是强化地方行政区域和重点领域适应气候变化的行动力度。各部门、各地方积极采取行动，截至目前，全国绝大部分省级行政区已印发实施本地区的行动方案，13部门联合印发《国家气候变化健康适应行动方案（2024—2030年）》，有力推动适应气候变化工作取得积极进展。三是开展深化气候适应型城市建设试点，在全国范围内遴选了39个城市作为深化气候适应型城市建设试点，积极探索气候适应型城市的建设路径和模式。此外，我们还积极推动气候变化影响和风险评估，强化黄河流域、青藏高原等重点区域适应气候变化工作。

下一步，我们将进一步推动落实《国家适应气候变化战略2035》，着力完善适应气候变化工作体系，加强气候变化影响和风险评估，加大适应气候变化行动力度，提升重点领域和关键区域气候韧性，积极防范气候风险。

在今年的COP29气候谈判中，适应问题是包括中国在内的广大发展中国家的重要关切和优先事项。去年 COP28 达成了“阿联酋全球气候韧性框架”，进一步细化落实《巴黎协定》关于全球适应气候变化的目标。我们期待今年 COP29 继续就“阿联酋全球气候韧性框架”的实施，特别是发达国家承诺到 2025 年适应气候变化方面资金翻倍作出安排，提升各方互信。

裴晓菲：感谢夏应显司长，谢谢各位记者朋友的参与。再过两天，我们即将迎来第 25 个中国记者节，借此机会，预祝大家记者节快乐！生态文明建设取得的成就离不开记者朋友们的辛苦付出，希望各位能一如既往地关心、支持、宣传生态环保工作，共同讲好中国的生态环保故事！

今天的发布会到此结束。再见！

---

11 月例行新闻发布会背景材料为《中国应对气候变化的政策与行动 2024 年度报告》。

12月例行新闻发布会实录

2024年12月24日

12月24日，生态环境部举行12月例行新闻发布会。生态环境部生态环境执法局局长赵群英出席发布会，介绍生态环境执法助力美丽中国建设相关工作进展情况。生态环境部新闻发言人裴晓菲主持发布会，通报近期生态环境保护重点工作进展，并共同回答了记者提问。

12 月例行新闻发布会现场（1）

12 月例行新闻发布会现场（2）

裴晓菲：各位媒体朋友，大家上午好！欢迎参加生态环境部12月例行新闻发布会，今天发布会的主题是“优化创新生态环境执法 助力美丽中国建设”，我们邀请到生态环境部生态环境执法局局长赵群英先生，介绍有关工作，并和我共同回答大家关心的问题。

下面，我先通报一下我部最新情况。

一、生态环境部公布第三批美丽河湖优秀案例

美丽河湖是美丽中国在水生态环境领域的集中体现和重要载体。自2021年以来，生态环境部组织开展了美丽河湖优秀案例征集活动，截至目前，已评选了两批共56个优秀案例，对全国水生态环境保护起到了良好的示范和借鉴作用。

今年以来，我部组织筛选出了第三批38个美丽河湖优秀案例，这些案例在水环境、水资源、水生态和人水和谐等方面取得了良好成效，既各具特点，又各有侧重，我们将在生态环境部官网和政务新媒体公布完整的案例。在这里我给大家举几个例子，比如，北京清河、天津蓟州区州河、江苏扬州芒稻河、江西赣州寻乌水等注重“三水统筹”、系统治理，构建水生态环境保护新格局；安徽青弋江（宣城段）、广东佛山高明河、云南怒江州独龙江、宁夏黄河（银川段）等注重将生态优势转化为经济优势，探索生态产品价值实现机制，促进流域高质量发展；上海、江苏、浙江共建的太浦河（含水乡客厅），重庆、四川共建的铜钵河等注重跨界水体联保共治，积极构建流域上下游贯通一体的生态环境治理体系；内蒙古乌兰木伦河（鄂

尔多斯段）、山东黄河（东营段）、广西桂林灵渠等注重建章立制，通过立法保障、空间管控、生态补偿等长效机制建设，推动水生态环境质量稳定改善。

下一步，我部还将印发实施美丽河湖保护与建设行动方案，引导各地因地制宜、系统施策，共同推进美丽河湖保护与建设。

二、生态环境志愿服务实施方案将于近期发布

为进一步加强生态环境志愿服务工作，生态环境部、中央社会工作部联合编制了《“美丽中国，志愿有我”生态环境志愿服务实施方案（2025—2027 年）》（以下简称《方案》），将于近期正式发布。

志愿服务是社会文明进步的重要标志，也是现阶段公众参与生态环境保护的重要方式。党中央、国务院高度重视志愿服务，今年联合印发了《中共中央办公厅、国务院办公厅关于健全新时代志愿服务体系的意见》，习近平总书记连续两年给环保志愿者回信，极大地鼓舞了我们做好生态环境志愿服务的信心和决心。

此次编制的《方案》，立足促进生态环境志愿服务事业蓬勃发展，从队伍建设、项目建设、阵地建设、能力建设、文化建设等五个方面作出安排，重点解决可调动的队伍力量有限、优质志愿服务项目缺乏、供需对接不畅、服务能力较弱等突出问题。力争到 2027 年，培育一批生态环境志愿服务队伍，推广一批品牌项目，统筹一批阵地资源，探索形成一系列模式和机制。

按照《方案》安排，未来三年，我们将根据志愿服务的工作基础开展品牌创建和试点工作。其中，志愿服务基础较好的水生态环境保护、海洋生态环境保护、“无废城市”建设、核与辐射安全、宣传教育等领域，组织开展“美丽河湖志愿行动”“美丽海湾志愿行动”“‘无废’志愿行动”“核安全守护美好生活志愿行动”“美丽中国宣讲志愿行动”等品牌创建。志愿服务基础较弱的噪声污染防治、美丽乡村建设、排污许可管理、生态环境执法等领域，开展“向‘宁’致‘静’志愿行动”“美丽乡村志愿行动”“‘许小可’助企志愿行动”“环境监督志愿行动”等四项试点工作。

三、《农药工业水污染物排放标准》等发布

近日，生态环境部与国家市场监督管理总局联合发布了《农药工业水污染物排放标准》（GB 21523—2024）（以下简称《农药标准》），以及柠檬酸、淀粉、酵母三项工业水污染物排放标准修改单。

作为重要的化学原料和化学制品制造业之一，农药工业生产和排放废水成分复杂、毒性较强、处理难度大，是环境风险防控的重点行业。《农药标准》共规定了10项常规污染物、18项特征污染物和1项综合毒性指标，明确了农药工业企业和农药工业污水集中处理设施水污染物排放管理的要求。标准的发布将有利于加强农药工业企业水污染物排放管控，切实有效防控水生态环境风险，落实精准治污、科学治污、依法治污的要求，引导农药企业绿色转型，

推动污染防治水平提升。

三项标准修改单则是根据柠檬酸、淀粉、酵母工业废水的特点，在进一步加强行业废水排放管控的同时，积极促进废水治理减污降碳协同增效，推动行业高质量发展。

四、新四类环保设施向公众开放工作指南发布

近日，生态环境部发布石化、电力、钢铁、建材四个行业的环保设施向公众开放工作指南，鼓励四类行业打开大门，用线下参观或云参观的形式向公众开放。

自2017年以来，生态环境部联合有关部门共同推动生态环境监测、城市污水处理、城市生活垃圾处理、危险废物和废弃电器电子产品处理等四类环保设施，也就是我们俗称的“老四类环保设施”向公众开放，取得了良好效果。截至目前，已有2 101家企业成为环保设施开放单位，共接待参访公众2.2亿人次。

在现有工作基础上，此次我们将开放单位拓展到了石化、电力、钢铁、建材等行业，这四个行业是经济社会发展的重要基础产业和支柱产业，同时这四个行业本身能源消耗大、污染排放多，也是生态环境治理的重点对象。发布新四类环保设施向公众开放工作指南，将有利于进一步保障公众的生态环境知情权、参与权和监督权，激发公众保护生态环境的积极性和主动性，推进相关行业健康有序发展。

裴晓菲：下面请赵群英局长介绍情况。

生态环境部生态环境执法局局长赵群英

坚持严格规范公正文明执法，推动生态环境质量持续改善

赵群英：各位记者朋友，大家上午好！很高兴参加今天的新闻发布会，与大家交流生态环境执法工作。借此机会，我谨代表生态环境部生态环境执法局，感谢大家长期以来对生态环境执法工作的关心与支持！

下面，我简要通报一下生态环境执法工作的情况。2024 年是实现“十四五”规划任务的关键一年，我们深入学习贯彻习近平生态文明思想和习近平法治思想，坚决贯彻党的二十大和二十届三中全会精神，聚焦重点区域、流域、领域和突出环境问题，精准发力，坚持严格规范公正文明执法，做到执法有力度、服务有温度，推动生态环境质量持续改善。

一是坚持方向不变、力度不减，积极投身污染防治攻坚战。坚持用最严格制度最严密法治保护生态环境，严惩恶意违法行为。持续做好重点区域大气监督帮扶工作，发现并推动解决 4.6 万多个固定源环境问题。会同最高人民法院、最高人民检察院和公安、交通运输、市场监管等部门，开展机动车排放检验领域第三方机构专项整治。继续深入开展第三方服务机构弄虚作假专项整治和严厉打击危险废物环境违法犯罪和污染源监测数据弄虚作假违法犯罪专项行动（以下简称“两打”专项行动），会同最高人民检察院、公安部对重点案件实施挂牌督办。推进入河入海排污口溯源整治工作，开展黄河“清废行动”和长三角地区“清废行动”整治情况“回头看”。

二是坚持减负增效、包容审慎，助力经济高质量发展。全面落实执法正面清单制度，对纳入正面清单企业现场检查次数同比下降 17%。研究进一步规范执法行为优化营商环境相关措施，坚持包容审慎，做到惩教结合、宽严相济，实施首违免罚、轻微不罚等政策措施，更加主动服务、支持企业合法合规经营、高质量发展。同时，做好统筹强化监督工作，精简优化任务、时间、地域、人员、方式，检查人员、点位数量均减少近 50%，有效减轻基层负担。

三是坚持改革创新、数智赋能，创新优化监管执法方式。大力推行非现场、穿透式和无感式监管执法，不断完善非现场监管执法体系，开展智慧监管执法试点。深度融合污染源监控、环境质量监测、卫星遥感、用电用能等信息，加强大数据、人工智能、物联网等技术运用，不断完善线索筛选、问题识别、智能预警机制。大气监督帮扶问题线索准确率达 80% 以上。

四是强化规范指引、制度约束，坚持严格规范公正文明执法。完善《生态环境行政处罚办法》配套制度，修订行政处罚听证程序规定及文书制作指南，联合最高人民检察院、公安部印发《办理污染环境犯罪案件证据指引》。加强案例指导，发布七批 38 个第三方服务机构弄虚作假、危险废物非法处置等典型案例。制定生态环境行政执法稽查办法和执法人员行为规范，持续开展执法大练兵活动，推进执法机构规范化、装备标准化建设。

当前，我国生态环境保护结构性、根源性、趋势性压力尚未根本缓解，生态环境违法更趋专业性、隐蔽性。下一步，我们将认真学习贯彻党的二十届三中全会精神，进一步加强改革创新，持续提升执法能力与水平，切实解决群众关心的突出环境违法问题，为持续深入打好污染防治攻坚战、建设美丽中国提供有力保障。

裴晓菲：下面进入提问环节，提问前请通报一下所在的新闻机构，请大家举手提问。

用最严格制度最严密法治保护生态环境

中央广播电视总台央视记者：明年 1 月 1 日是《中华人民共和国环境保护法》（2014 年 4 月修订）（以下简称新环保法）实施十周年，请问近十年来，生态环境部在推进严格规范执法、打击恶意

生态环境违法行为，支撑高水平保护、助力高质量发展等方面做了哪些工作？取得了哪些成效？

赵群英：习近平总书记强调，要用最严格制度最严密法治保护生态环境。对破坏生态环境的行为，不能手软，不能下不为例。2015 年实施的新环保法，被称为史上最严环保法、“长了牙齿”的环保法。十年来，全国生态环境执法队伍 6 万多人，知重负重、担当作为、勇于奉献，坚持严格规范公正文明执法，积极投身污染防治攻坚战，为推动生态环境质量持续改善，助力生态环境保护发生历史性、转折性、全局性变化发挥了重要作用。

一是坚决遏制生态环境违法高发态势。十年来，我们充分利用新环保法的五个配套办法，查办按日连续处罚、查封扣押、限产停产、移送行政拘留和涉嫌环境污染犯罪等五类案件共计 19 万多件，查办环境行政处罚案件 129.5 万件，罚款金额总计 860.2 亿元。其中，“十三五”期间共查办 83.3 万件，相较“十二五”增长了 1.4 倍，充分发挥了新环保法的“钢牙利齿”作用。2018 年以来，随着新环保法的深入实施，全社会环境守法意识显著提升，企业环境治理力度不断加大，生态环境处罚案件呈现下降趋势，2023 年共办理处罚案件 8 万余件，上述五类案件 8 300 件，较最高峰时期的 2017 年分别下降 66% 和 79%。

二是积极投身污染防治攻坚战主战场。我们坚持运用“一竿子插到底”监督帮扶的方式，推动解决政策落地“最后一公里”问题。在大气方面，2017 年以来，共组织投入 11.5 万人次，累计检查点位229万个，覆盖全国155个城市，帮助地方发现并推动整改问题48万个，有效解决一批深层次和难点问题，成为推动大气环境质量持续改善的关键一招。在水方面，自2018年以来，共选派9 000人次开展渤海、长江、黄河等重点流域入河入海排污口排查整治，共排查出入河（海）排污口11.7万个。通过查排口、测浓度、溯污染源、治理污染，建立电子台账，实行“户籍式”管理，整治完成率超过90%，为水生态环境质量改善奠定了坚实基础。

三是切实维护人民群众生态环境权益。连续五年开展打击涉危险废物违法专项行动，共查处环境违法案件1.9万件，向公安机关移送涉嫌犯罪案件4 800余件，有效遏制了危险废物非法倾倒转移等环境违法犯罪高发势头。连续八年开展垃圾焚烧专项整治工作，以“自动监控＋电子督办”方式，推动垃圾焚烧发电行业稳定达标排放，从根本上扭转了社会公众对垃圾焚烧企业的看法，有力地促进了垃圾焚烧产业有序发展。截至今年10月，全国焚烧企业数量为1 010家，焚烧炉2 172台，焚烧能力约111万t/日，为城市健康发展提供了重要保障。

四是不断创新优化生态环境执法模式。我们认真贯彻精准治污、科学治污、依法治污方针，在新环保法实施和执法实践过程中，持续加强自我改进，重塑执法业务，提升执法质量，高效赋能基层，逐步构建起“智慧监管、宽严相济、罚教并重”的执法新模式。一方面，强化科技赋能、智慧监管、数智执法，提高发现问题能力，精准打击违法行为。科学配置执法资源，强化分类差异化监管执法。

另一方面，不断规范行政处罚行为，持续规范裁量权行使，提升执法质量，维护执法权威和公信力。加强守法服务，强化正向引导，提高企业自觉守法的内生动力。

今年大气监督帮扶推动污染减排 20.4 万 t

《南方周末》记者：今年前三季度长三角地区的空气质量出现了一定程度的恶化，今年秋冬季以来，北方地区几次重污染天气，也引发了社会的关注。针对这一情况，生态环境部在大气监督帮扶方面采取了哪些对策？成效如何？下一步有何安排部署？

赵群英：今年以来，全国空气质量总的形势呈改善态势，但是受多重因素的影响，部分地区空气质量出现反弹，在这种形势下，我们深入贯彻党中央决策部署，保持战略定力，进一步规范执法监管，深化线上、线下两个战场，精准科学开展大气监督帮扶。

一是组织实施更科学。根据空气质量形势，综合考虑污染传输、区域污染排放和预测预报，科学确定重点时段和区位，科学调配现场组力量，哪些地方污染重，预测哪里有重污染过程就去哪里，哪些时段有重污染过程就加强力量。对于问题少、形势相对较好的城市，就少派组或者是不派组。

二是工作内容更聚焦。重点抓住两个方面，一是重污染天气的应对。重污染天气过程对全年空气质量指标影响非常显著，一旦启动区域联防联控，就全力督促地方应急措施落实落地，确保污染过程削峰降速。二是严控移动源污染排放。移动源特别是重型货车污染排放量大、占比高，弄虚作假问题也比较突出，已经成为制约空气质量改善的主要因素之一。

三是帮扶对象更精准。深化卫星遥感、自动监控、“一市一策”污染源解析等多源数据信息融合应用，筛选确定重点行业企业和产业集群，精准识别问题线索。我们派出的帮扶队伍带着线索企业名单去查，有效提高了帮扶的针对性和精确度。

四是问题处置更加突出差异化。对于空气质量反弹明显、环境问题突出的城市，对于重污染期间顶风作案的违法企业，依法依规严肃处理到位。对于无组织排放、设施运行不正常等一般性的问题，鼓励地方运用首违不罚、轻微免罚等措施，包容审慎监管执法，指导企业立行立改，提升环境管理水平。

今年以来，共组织开展 11 轮次现场监督帮扶和 14 轮次远程指导帮扶工作，经技术单位测算，可以推动污染减排 20.4 万 t。

下一步，我们将统筹经济高质量发展和空气质量持续改善的目标要求，继续按照问题、时间、区位、对象、措施“五个精准”的要求，扎实高效做好监督帮扶工作，有效促进空气质量改善。

加快推进智慧执法　精准推送问题线索

《每日经济新闻》记者：请问生态环境部在落实中央整治形式主义，为基层减负要求，依靠大数据、人工智能等科技赋能，推行

非现场执法、无感式执法方面有哪些具体的举措和做法，各地探索形成了哪些经验？

赵群英：近年来，中央持续推动整治形式主义，为基层减负，明确要求进一步规范涉企执法监管行为，积极推进严格规范公正文明执法。我们坚决贯彻中央精神，同时按照《中共中央　国务院关于全面推进美丽中国建设的意见》等文件要求，持续优化执法机制和方式，加快推进智慧执法。针对典型场景实行非现场、无感式、穿透式执法，对突出违法问题“利剑高悬”，对合规守法企业“无事不扰”，大幅减少了打卡式、低效率的检查，取得了积极进展和成效。

在大气环境领域，围绕打造信息化助力非现场执法应用范例的目标，以重点区域空气质量改善监督帮扶为主战场，深度融合环境质量监测、污染源监控、卫星遥感等各类环境信息，充分发挥无人机、走航车、便携执法检测仪等装备的优势，形成七大业务场景，以及相应的线索识别算法规则库，实现了“带着线索去，瞄准问题查”。2024 年监督帮扶共推送线索 1.5 万余条，发现问题 2.2 万个，其中弄虚作假、严重超标排放等突出的违法问题有 2 600 多个。

在水环境方面，2024 年以来，我们融合污染源自动监控、卫星遥感、涉水热点网络信息等数据信息，引入人工智能、大数据分析方法，向各地精准推送问题线索 769 个，查处违法问题 359 个，移送公安刑事立案 14 件。

在固体废物方面，充分发掘固体废物监管数据信息、综合网络平台监控和卫星遥感数据，建立了“1+N”危险废物数智化线索识别技术体系，形成23种线索识别模型。2024年推送危险废物违法线索817条，确认并落实整改344个问题，立案调查30件。

各地积极推动智慧监管能力建设，全国各省（自治区、直辖市）均已发布了非现场执法监管制度性文件，也形成了一些典型做法。比如，江苏省完善法规制度，升级监管平台，开发数据模型，推动联勤联动，组建"1（省）+13（地市）"非现场执法专业化数据战队；河北省唐山市整合自动监测、分表计电等13类数据资源，构建非现场监控预警平台，实现"日常不扰、无据不查、轻微不罚"，依托数智平台线索发现环境违法问题占总数的76%。这些做法为全国非现场执法监管体系的建设提供了非常好的经验。

下一步，我们将坚决落实中央整治形式主义为基层减负的要求，坚持以科技创新赋能生态环境监管执法，持续推动非现场、无感式监管执法，既显著提升执法的精准度，有效解决基层人少事多的突出矛盾，又切实减少对企业不必要的干扰，为企业减轻负担。

对监测数据造假保持"零容忍"

封面新闻记者：刚刚赵局长多次提到弄虚作假的问题，我们注意到今年生态环境部发布了多批第三方监测数据造假的典型案例，当前监测数据造假的手段有哪些新的变化和特点？生态环境执法部门如何提升对数据造假的执法监管水平？

赵群英：生态环境部一直高度重视生态环境监测数据质量监管

工作，始终把打击生态环境监测数据造假、提高监测数据质量作为生态环境保护的重要基础性工作。特别是对监测数据造假，保持“零容忍”的态度，坚决予以打击。总体上看，生态环境监测主要包括生态环境质量监测和污染源监测两大类。其中，生态环境质量监测由生态环境部门组织开展，监测数据总体客观准确、独立权威、真实可信，与老百姓的感受保持一致。污染源监测方面，问题主要出现在排污单位委托第三方监测机构开展的监测活动中，弄虚作假现象较为突出。自 2022 年 10 月以来，生态环境部联合最高人民法院、最高人民检察院、公安部、国家市场监督管理总局开展专项整治活动，共查处 1 968 家弄虚作假第三方环境监测机构，移送刑事案件 167 起，公开曝光 62 个典型案例，起到了强大的震慑作用。

今年 10 月，我部公开通报的山西太厚方创公司、陕西西安科纳公司两起刑事案件就是发生在第三方机构监测过程中的弄虚作假问题，造假手段和方式非常典型，可以概括为“不到现场、到了不采、采了不测、测了篡改”。一是不到现场，坐在办公室利用系统造假，并出具虚假的监测数据和报告。二是到了不采，检测人员到现场后进行“表演式”采样，假采样或者少采样，到实验室内伪造数据。三是采了不测，主要表现为故意更换、遗弃监测样品，出具与所采样品无关的监测数据和报告。四是测了篡改，主要是在分析测试或编写报告环节篡改数据。

为了从根源上解决上述造假问题，我们将从“部门联动、科技赋能、法治保障”三个方面继续努力。

一是加强部门联动。生态环境部会同国家市场监督管理总局着力推动建立长效监管机制，研究联合开展第三方监测机构检查工作指南。连续多年联合最高人民检察院、公安部以及最高人民法院，举办生态环境行政执法与刑事司法衔接工作培训班，联合研究制定办理刑事案件证据指引，解决难点、堵点问题，打通“两法”衔接的“最初一公里”和“最后一公里”。

二是强化技防体系。积极探索运用大数据分析、人工智能等信息化技术，进行穿透式监管。同时，推动建立针对环境监测活动“人、机、料、法、环、测”的全过程质量管理体系。通过应用视频监控、北斗定位、数据和参数直联直采等技术，强化技术防控，实现“现场可视、设备可溯、监测可控、样品轨迹可追”。发挥技术优势，破解打假难题，提升监管执法效能。

三是加大立法供给。目前，我部正配合司法部加快推进生态环境监测条例的制定工作。生态环境监测条例将以打击监测数据造假为重点，赋予生态环境部门打假处罚权限，进一步压实排污单位数据质量主体责任，确保数据真实准确，同时提高违法成本。

五年专项行动查处涉危险废物案件 1.9 万件

澎湃新闻记者： 生态环境部连续五年会同最高人民检察院、公安部开展严厉打击危险废物环境违法犯罪专项行动，公布多个涉危险废物典型案例，引起广泛关注。与此同时，媒体也曝光部分地方

存在建筑垃圾跨省非法倾倒问题，能否请您介绍一下生态环境部门在打击固体废物环境违法行为方面采取了哪些措施和成果？以及下一步工作考虑？

赵群英：生态环境部联合最高人民检察院、公安部连续五年开展严厉打击危险废物环境违法犯罪专项行动，对危险废物非法转移、倾倒、利用和处理问题，以及媒体关注的建筑垃圾跨省非法倾倒等问题常抓不懈。主要采取以下几方面措施。

一是坚持严的基调，重拳打击环境犯罪。对环境违法行为重拳出击、露头就打，五年来，全国生态环境部门共查处涉危险废物环境违法案件 1.9 万件，向公安机关移送涉嫌犯罪案件 4 800 余件（截至 2024 年 11 月）。今年 1—11 月，全国生态环境部门共查处涉危险废物环境违法案件 1 614 件，移送涉嫌犯罪案件 1 118 件，涉嫌犯罪人员 2 520 人，有效遏制了危险废物非法倾倒案件高发态势。

二是强化部门联动，充分凝聚执法合力。不断巩固执法司法一体联动模式。在国家层面，三部门联合部署专项行动，联合发布典型案例，联合举办业务培训，联合通报表扬专项行动表现突出的集体和个人。在地方层面，各地三部门加强联动，2024 年前三季度，各省级三部门召开联席会议、会商座谈 159 次，开展联合培训 29 次、近 5 000 人参加培训，组织联合挂牌督办 45 件，有力推动执法司法无缝衔接。

三是加强科技支撑，推进执法数智转型。积极推动危险废物执法数智化转型，分阶段在苏州、青岛等 7 个地市开展危险废物执法数智化试点工作，主要目的是精准发现问题，通过试点，形成20余个违法线索识别模型，推送涉危险废物违法线索800余条，有力提高打击违法犯罪的精准性，数智执法初见成效。

四是压实地方责任，有效形成监管合力。针对媒体曝光部分地方建筑垃圾跨省非法倾倒问题，生态环境部在第一时间核实情况，推动有关问题深入整改，会同最高人民法院、最高人民检察院、公安部、住房城乡建设部等八部门召开座谈会，研究加强部门协同举措。召开长三角地区建筑垃圾治理工作座谈会，加强区域联动。组织开展“清废行动”“回头看”，交办问题线索720个，对相关问题组织全面溯源、清理、整治。

下一步，我们将继续会同有关部门，持续开展专项行动，筑牢环境安全防线。同时，也欢迎新闻媒体以及今天在座的各位记者朋友继续发挥好舆论监督作用，和我们一道推动建筑垃圾、危险废物等领域行业健康有序发展。

渐进式执法模式打造良好营商环境

《南方都市报》记者：近年来，生态环境部生态环境执法局在助企纾困、引导守法方面有哪些经验做法？下一步还有哪些工作思路？

赵群英：近年来，我们坚持精准治污、科学治污、依法治污方针，积极探索执法与服务相统一、守底线和促发展相结合，帮助引导企业自觉守法，让执法既有力度又有温度。具体表现在以下三个方面：

一是加强源头预防，注重事前预警。2024 年以来，我们积极运用污染源自动监控非现场监管数据和排污许可数据库，共向 1.1 万余家重点排污单位和排污许可重点管理单位，推送自动监测日均值超标预警信息 3.7 万余条。通过“污染源监控”微信服务号，向 3.9 万家企业实时开放污染物排放、自动监测设备异常等数据查询功能，帮助企业及时关注自身排污状况，确保稳定达标。这些预警信息集中在事前防范阶段，有效提醒企业主动采取措施，降低违法风险。

二是突出执法重点，强化差异监管。我们着力抓主要矛盾，对弄虚作假、偷排偷放等严重违法问题依法严惩，对轻微违法企业依法实施不予处罚，给予适度的容错空间。今年 10 月，生态环境部印发《关于进一步规范实施生态环境领域轻微违法不予处罚的通知》，指导各地规范行使裁量权。2024 年，全国共实施生态环境轻微违法不予处罚案件 1 万余件，免罚金额 15.5 亿元。同时，指导各地落实监督执法正面清单制度，将信用好、风险低的企业纳入正面清单，原则上以非现场监管为主。截至 2024 年 9 月底，全国各地纳入正面清单企业 5 万余家，对正面清单企业开展现场检查次数同比下降 17%。

三是推行说理式执法，落实执法普法。修订印发《生态环境行政执法文书制作指南》，大力推进说理式文书，通过向当事人详细说明行政处罚的事实、理由、依据以及对当事人陈述申辩、听证意见的采纳情况，以“执法”来“普法”，以“理”服人，提高执法说服力和公信力。

下一步，我们将继续秉持依法依规监管执法的思路，大力推行“普法宣传—教育引导—告诫说理—行政处罚—监督整改”渐进式执法模式，全面强化“事前积极预防、事中审慎考量、事后引导整改”全过程执法服务，为打造良好营商环境提供有力法治支撑。

机动车排放检验领域第三方机构专项整治效果明显

新华社记者：近期，生态环境部组织开展机动车排放检验领域第三方机构专项整治，取得了哪些成效？下一步还有哪些计划和工作重点？

赵群英：机动车尾气排放已经成为当前大气污染的主要来源之一。根据技术单位统计测算，机动车氮氧化物排放量占全国氮氧化物排放总量的34%，机动车当中的重型货车约占机动车氮氧化物排放量的80%，在一些城市占比还要更高一些。因此，机动车特别是重型货车尾气治理，已经成为大气污染治理的重要方面。

机动车排放检验领域第三方机构，主要包括机动车检验机构和维修机构，是重型货车环保达标监管的重要环节。如果重型货车不用尿素或者拆除污染处理设施，第三方机构又在检验和维修过程中弄虚作假、故意“放水”，大量超标车辆将上路行驶，直接造成严重的环境污染。根据技术部门研究，一辆最新标准的国六重型货车，如果不喷尿素或者拆除污染处理设施，则污染物排放量相当于30辆

达标重型货车的排放量。

因此，为了持续深入打好蓝天保卫战，全面加强机动车大气污染治理，严厉打击弄虚作假行为，今年 9 月生态环境部会同最高人民法院、最高人民检察院、公安部、交通运输部、国家市场监督管理总局等六部门，针对机动车排放检验领域第三方机构组织开展专项整治行动。这次专项整治主要是以重型货车检验和维修为突破口，重点查处为超标重型货车出具虚假报告、进行虚假维修的机构；同时延伸上下游，追查作弊软硬件“产—销—用”非法黑色利益链，从而倒逼重型货车实现合规达标排放。

全国各地各部门通力合作、密切配合，组织精干力量开展“百日攻坚”，依法查处了一批违法机构，650 家机构被采取断网等惩戒措施，580 家机构被取消资质资格，110 家性质恶劣的被追究刑事责任。对于不是主观故意且客观上没有造成严重后果的机构，通过教育提醒和帮扶指导，提升其管理规范化水平。

这次专项整治取得了很好的效果，有效遏制了弄虚作假、超标排放等问题频发势头，有效实现了污染减排。具体表现为“一升、一降、一减”。“一升”是不合格车辆维修量上升，根据交通部门的调度数据，11 月机动车环保维修量增长了 30%，有 15.1 万辆次不合格重型货车，通过环保维修恢复使用尿素，实现尾气治理达标。“一降”是重型货车问题比例下降，从生态环境部直接组织的抽查情况来看，专项整治以来，重点地区重型货车问题比例明显下降，比今年上半年问题比例下降超过 30 个百分点。“一减”是污染物实现有效减排，经过技术单位评估，专项整治实现氮氧化物减排约 50 万 t。

下一步，生态环境部将保持严打弄虚作假的高压态势，会同市场监管、交通运输等相关部门加大对机动车检验机构和维修机构的监管力度。同时加强重型货车排放监管，重点针对用车大户和运输公司开展入户抽查，压实各方责任。近期我们也正在研究完善长效机制，进一步加强机动车领域环境监管。

COP29 达成“巴库气候团结契约”的“一揽子”平衡成果

中国新闻社记者：2024 年 11 月 11 日至 24 日，《联合国气候变化框架公约》第二十九次缔约方大会（COP29）在阿塞拜疆首都巴库召开。请问您如何看待此次大会取得的成果？中方在此轮谈判进程中发挥了哪些作用？

裴晓菲：不久前，COP29 在阿塞拜疆首都巴库召开，大会达成了“巴库气候团结契约”的“一揽子”平衡成果，特别是达成了 2025 年后气候资金目标及气候融资安排。

中国政府高度重视本次会议，丁薛祥副总理作为习近平主席特别代表出席峰会并讲话，表明立场主张、宣示政策行动，在当前动荡形势下为国际社会和多边进程注入更多确定性。丁薛祥副总理还出席了“加强早期预警，共筑气候适应的未来”高级别会议、“国际零碳岛屿合作倡议”发布会等活动，有力团结了“全球南方”。

大会期间，中国代表团全面深入参与各项议题磋商，耐心细致做好各方工作，推动聚同化异，为大会成果的达成发挥了建设性引领作用，作出了重要贡献。同时，中方代表团还设立“中国角”，举办了50场边会和10场专题展，共有5.5万人参加，向国际社会大力宣传习近平生态文明思想，介绍应对气候变化的中国方案和中国经验。为了节约环保，此次“中国角”使用了可回收瓦楞纸拼装桌椅、垃圾桶和稻壳制作的水杯，以实际行动践行绿色低碳理念。这些桌椅和水杯成为网红产品，吸引众多外宾外媒前来“打卡”。

中国政府的努力和付出受到主席国及国际社会的高度评价。我也关注到这期间的一些媒体的援引报道，例如，COP29首席执行官称“中国正在成为全球绿色转型的主要驱动力”；BBC报道称“中国是会场唯一的积极因素”；《经济学人》杂志报道称“中国为‘气候救星’”。类似的报道还有不少，我不再一一列举。

下一步，我们将继续加强南南合作，为其他发展中国家应对气候变化提供力所能及的支持。我们也呼吁发达国家发挥领导力，切实履行向发展中国家提供充足的、额外的资金支持义务，提高出资透明度，助力全球应对气候变化行动。

持续发挥我国在生物多样性保护领域的国际影响力和领导力

《经济日报》记者：前段时间，《生物多样性公约》第十六次缔约方大会（COP16）在哥伦比亚卡利举行，会上，黄润秋部长与哥伦比亚环境和可持续发展部部长正式交接主席职责。请问我国作为 COP15 主席国有哪些成就和经验？昆明基金有哪些最新进展？下一步还有哪些工作计划？

裴晓菲： 正如这位记者朋友刚刚提到的，我国已在前不久召开的 COP16 上正式交接了主席国职责。

中国作为 COP15 主席国，始终以最高的政治意愿和最强有力的务实行动，与国际社会共同推动全球生物多样性保护进程。习近平主席两次视频出席会议并发表重要讲话，强调要凝聚生物多样性保护全球共识，宣布中国率先出资 15 亿元人民币成立昆明基金，为大会成功注入强大政治推动力。我国引领达成历史性成果——“昆蒙框架”，为今后直至 2030 年乃至更长一段时间的全球生物多样性保护锚定方向、描绘蓝图。

自“昆蒙框架”达成以来，中国政府继续不遗余力地推进全球生物多样性保护进程。经过两年多的精心筹备，在丁薛祥副总理的亲自推动下，昆明基金今年正式启动。此外，我们牵头发起“昆蒙框架”实施倡议，并发布《中国生物多样性保护战略与行动计划（2023—2030 年）》，彰显出卓越的领导力与大国担当。

在此，我想特别通报一下关于昆明基金的最新进展。目前，昆明基金成立了包含中国、联合国环境规划署、《生物多样性公约》秘书处、柬埔寨、哥伦比亚、埃及在内的理事会，制定了基金规章制度，审批通过了昆明基金首批支持的 9 个项目，并批准启动了第

二批项目的征集。未来，昆明基金仍将遵循多边主义、国际化运作的基本原则，坚持公平、公开、透明地使用资金，急发展中国家之所急，继续实施一批“小而美”的项目。

最后，我想说，尽管我国已完成主席国职责交接，但我们仍将继续推动全球生物多样性保护事业的发展，以昆明基金和“昆蒙框架”实施倡议等为载体，持续发挥我国在生物多样性保护领域的国际影响力和领导力，践行人类命运共同体理念，最大限度地凝聚全球保护生物多样性合力，共建繁荣、清洁、美丽的地球生命共同体。

裴晓菲：感谢赵群英局长，谢谢各位记者朋友的参与。今天这场发布会是2024年最后一场发布会，再过几天，我们将迎来新的一年。借此机会，感谢记者朋友们过去一年来对生态环保宣传工作的大力支持。新的一年，希望大家能够一如既往地关心、支持我们的工作，继续讲好中国生态环保故事。

预祝大家元旦快乐，阖家幸福。今天的发布会到此结束，再见！

12月例行新闻发布会背景材料

2024年是实现“十四五”规划任务的关键一年，生态环境部生态环境执法局深入学习贯彻习近平生态文明思想和习近平法治思想，坚决贯彻党的二十大和二十届三中全会精神，以解决突出生态环境问题为重点，全面推进严格规范公正文明执法，积极投身污染防治攻坚战，推动生态环境质量持续改善。

一、2024年生态环境执法工作

（一）坚持方向不变、力度不减，积极投身污染防治攻坚战

一是扎实做好重点区域大气监督帮扶工作。以京津冀及周边地区、汾渭平原、长三角等地区为重点，采取线下异地互查、线上推送任务属地自查相结合的方式，协同推进“线上＋线下”两个战场，共派出4 091人次469个工作组开展11轮次现场监督帮扶，派出3个批次14个由司局级干部带队的强化监督帮扶组，同步开展14批次远程线上监督帮扶，累计检查点位9万个（含移动源），发现并推动解决各类环境问题7.2万个，其中，弄虚作假、超标排放、旁路偷排、破坏重型车污染控制装置、自动诊断系统（OBD）造假、非道路移动机械冒黑烟、机动车检验机构和维修机构出具虚假或不实报告等突出问题2.5万个，对恶意违法形成有力震慑，有效助力空气质量持续改善。

二是大力开展机动车排放检验领域第三方机构专项整治。联合最高人民法院、最高人民检察院、公安部、交通运输部、国家市场监督管理总局等部门，部署开展机动车排放检验领域第三方机构专项整治工作。截至11月底，各地检查检验机构和维修机构22 141家，依法查处一批弄虚作假典型问题，推动公安机关追究刑事责任85家、市场监管和交通运输部门取消资质和停止经营448家，采取断网、停止采信数据、扣分等惩戒措施569家，对违法行为形成有力震慑，强化移动源污染治理。同时，及时督促机动车守法合规行驶，秋冬季大气监督帮扶累计检查京津冀及周边地区30个城市重型车2万余辆，问题

车辆比例较夏季期间下降了近30个百分点，违法违规问题情况显著好转，有效助力移动源污染减排和空气质量持续改善。

三是持续推进第三方环保服务机构弄虚作假问题专项整治和“两打”专项行动。联合最高人民法院、最高人民检察院、公安部、交通运输部、国家市场监督管理总局等4部门协同发力，通过专案督导、提级查办、联合挂牌督办等手段加大监管力度，巩固第三方环保服务机构弄虚作假问题专项整治成果，截至11月底，全国共查处2 310家存在弄虚作假的第三方环保服务机构，向公安机关移送刑事案件167起。针对习近平总书记批示的陕西西安科纳公司、山西太原方创公司环境监测造假问题，会同最高人民检察院、公安部联合实施挂牌督办，突破虚假报告判定、外围调查取证、涉案金额认定等重点难点，两家公司被吊销资质、9人获刑，依法高效完成案件办理。联合最高人民检察院、公安部连续五年开展“两打”专项行动，截至11月底，共办理“两打”行政处罚案件3 958件，罚没金额5.32亿元，移送公安机关涉嫌犯罪案件1 630件、涉案人员3 276人。继续开展黄河流域“清废行动”，累计整改问题点位4 078个，清理各类固体废物1.18亿t；部署长三角地区“清废行动”整治情况“回头看”，交办问题线索720个。

四是纵深推进入河入海排污口溯源整治。持续督促指导长江经济带、黄河、渤海、赤水河、汉江上游及丹江口库区等重点流（海）域有序推进排污口溯源整治工作，长江、黄河、赤水河及汉丹江流域入河（库）排污口整治完成率分别约为97%、86%、86%、72%，渤海入海排污口基本完成整治。5个重点流（海）域近12万个排污口全部完成命名编码并建立电子台账，相关地区全面实施排污口“户籍式”管理。

（二）坚持规范指引、减负增效，助力经济高质量发展

一是加强制度建设，提高执法规范化水平。完善《生态环境行政处罚办法》配套制度，修订印发《生态环境行政处罚听证程序规定》《生态环境行政执法文书制作指南》。加强行政执法与刑事司法衔接，配合司法部开展“行刑”衔

接试点工作。联合最高人民检察院、公安部印发《办理污染环境犯罪案件证据指引》，进一步规范案件取证、审查工作，提高办案质效。制定《生态环境行政执法稽查办法》和执法人员行为规范，组织开展稽查调研，严格规范执法行为。

二是精简执法检查，为企业"减负纾困"。认真落实监督执法正面清单制度，全国各地纳入监督执法正面清单企业 50 368 家，对纳入正面清单企业现场执法次数同比下降 17% 左右。调研评估各地轻微免罚清单的制定和实施情况，印发《关于进一步规范实施生态环境领域轻微违法不予处罚的通知》，切实减轻企业负担。研究制定进一步规范执法行为优化营商环境措施，突出"三强一减"，大力推进包容审慎、宽严相济的有温度执法，主动服务、支持企业合法合规经营、高质量发展。统筹强化监督工作，精简优化任务、时间、地域、人员、方式，检查人员、城市、点位数量分别减少 48%、67% 和 52%，减轻基层负担。

（三）坚持改革创新、数智赋能，持续加强执法能力建设

一是强化科技赋能，大力推行非现场、无感式执法。积极探索新型监管执法模式，不断完善以自动监控为主的非现场执法监管体系，全国重点排污单位联网 7.1 万家，同比新增 0.8 万家。大气监督帮扶持续优化问题筛选机制，综合运用热点网格、用电用能监控、污染源自动监测等技术手段，融合排污许可、行政处罚、信访举报等 49 类数据信息，问题线索精准性达到 80% 以上。充分整合全国 11 万余条入河（海、库）数据与涉水重点排污单位、工业园区、自动监控、河流监测断面等数据，初步构建涉水环境执法"一张图"。在江苏等 6 个省级行政区实行智慧执法监管试点，在青岛等 7 个城市开展危险废物执法数智化试点。

二是突出实战练兵，提高一线人员执法办案能力。以规范现场执法行为和提升查办案件能力为重点，高质量开展执法大练兵活动，对 11 个省级表现突出集体、97 个市（县）级表现突出集体、106 名表现突出个人以及进步明显的 6 个省级集体进行通报表扬。积极扩大执法机构规范化建设试点范围，启动

执法机构“结对子”帮扶。修订《生态环境保护综合行政执法装备标准化建设指导标准（2024年版）》，优化执法装备配备。

二、下一步工作思路和打算

认真学习贯彻党的二十届三中全会精神，深入贯彻落实党中央、国务院决策部署，全面准确落实精准治污、科学治污、依法治污方针，突出“六个更加注重”，进一步加强改革创新，持续提升生态环境执法水平，以高质量生态环境执法工作为持续深入打好污染防治攻坚战、建设美丽中国提供有力保障。

一是更加注重尊法、学法、守法、用法。系统梳理近年来生态环境领域法律法规、配套文件、执行标准等新要求、新变化，编印执法基本要求手册。总结归纳执法工作基本常识、实践经验，编制涉及污水处理、废气治理等重点行业和新污染物、土壤与地下水、固体废物“新三样”、生态保护等新领域的执法检查技术指南，形成规范的执法流程和模式。研究编制行政执法和弄虚作假刑事案件证据指引，强化办案指导。

二是更加注重融入服务大局。及时跟踪掌握最新宏观经济形势和生态环境相关政策，确保执法行动与宏观政策相协调、与经济社会发展形势相适应。积极推进监督执法正面清单，研究制定环境执法助力优化营商环境的文件，加强对企业的技术帮扶和政策引导，减少对企业不必要的干扰。

三是更加注重聚焦重点集中发力。坚决落实习近平总书记重要指示批示精神，采取有力措施推动落实相关任务，并建立完善长效机制。聚焦重点区域，紧盯移动源、重点排放大户和产业集群等领域，持续开展大气监督帮扶。聚焦重点领域，持续开展机动车排放领域第三方机构专项整治和重型货车专项治理。聚焦重点问题，严厉打击弄虚作假、偷排偷放等恶意违法行为，加大第三方环保服务机构弄虚作假案件查办力度，持续开展“两打”专项行动。

四是更加注重运用先进科技手段。加强数智赋能，继续运用水质指纹、卫星遥感、人工智能（AI）等技术手段，发现并推送违法问题线索，建设人工智能辅助执法的应用场景。持续推进非现场、数智化执法试点工作，进一步研究拓展用电用能监控、工况视频监控等非现场执法手段，优化违法线索识别方法和规则。研究制定进一步推动非现场执法监管的指导意见，升级完善综合执法监管系统。

五是更加注重强化内外协同联动。深化内部监管、监测、执法联动，完善问题线索发现、会商研判、查处督办等机制。强化外部协同，在“两打”专项行动、机动车排放领域第三方专项整治等工作中主动加强与其他部门对接沟通、争取支持，形成工作合力。深化“两法”衔接，在案件移送、证据认定、司法鉴定等关键环节依法高效对接，继续推进“行刑”衔接试点工作。

六是更加注重严管厚爱执法队伍。认真落实“三个区分开来”，着力解决乱作为、不作为、不敢为、不善为问题，进一步推动严格规范公正文明执法。突出实战能力、综合素质，高质量开展执法大练兵活动，对表现突出的集体和个人给予表扬激励。加强稽查监督和案卷评查工作，提升基层现场执法规范化水平和案件办理质量。加强执法培训，打造一批行业实训基地，培养基层执法骨干。

图书在版编目（CIP）数据

生态环境部新闻发布会实录. 2024 / 生态环境部编.
北京：中国环境出版集团, 2025. 3. -- ISBN 978-7
-5111-6174-1

Ⅰ. X321.2

中国国家版本馆CIP数据核字第2025RV6364号

责任编辑　王　琳
图片摄影　王亚京　曾　震　廉　伟
装帧设计　彭　杉

出版发行　中国环境出版集团
（100062　北京市东城区广渠门内大街16号）
网　　址：http://www.cesp.com.cn
电子邮箱：bjgl@cesp.com.cn
联系电话：010-67112765（编辑管理部）
发行热线：010-67125803
印　　刷　北京鑫益晖印刷有限公司
经　　销　各地新华书店
版　　次　2025年3月第1版
印　　次　2025年3月第1次印刷
开　　本　787×960　1/16
印　　张　25.25
字　　数　280千字
定　　价　125.00元